한 권으로 끝내는 펫시터 & 도그워커 매뉴얼

한 권으로 끝내는 펫시터 & 도그워커 매뉴얼

초판 1쇄 인쇄일 2020년 4월 10일 • 초판 1쇄 발행일 2020년 4월 16일
지은이 박효진
펴낸곳 도서출판 예문 • 펴낸이 이주현
기획 정도준 • 편집기획 김유진 • 마케팅 김현주 • 일러스트 조가영
등록번호 제307-2009-48호 • 등록일 1995년 3월 22일 • 전화 02-765-2306
팩스 02-765-9306 • 홈페이지 www.yemun.co.kr
주소 서울시 강북구 솔샘로67길 62(미아동, 코리아나빌딩) 904호

ISBN 978-89-5659-378-4 13490

한 권으로 끝내는

펫시터 & 도그워커 매뉴얼

박효진 지음

예문
YEMUN

P R E F A C E

카렌프라이어아카데미 수석강사,
Legacy Canine Behavior & Training, Inc. 대표

테리 라이언 *Terry Ryan*

펫시팅을 배우고자 하는 한국의 반려인들에게

최근 몇 년 동안 전 세계 사람들은 반려견들의 복지에 더 많은 관심을 기울이고 있습니다. 반려문화는 가정home에 기반하고 있지만, 오늘날 사회에서 온종일 집에 머무르는 사람은 매우 드뭅니다. 그런 까닭에 펫시터와 도그워커라는 개념은 제대로 관심받지 못한 채로 혼자 집에 남겨진 반려견들에게 하나의 좋은 대안입니다. 우리는 이들이 우리 반려견들의 일상을 풍부하게 하는 좋은 일을 하고 있는지 확인할 필요가 있습니다. 이때 좋은 일이란 단지 물그릇을 다시 채워주고 개를 데리고 산책시키는 것 이상일 수 있습니다. 집에 홀로 남겨진 개들과 고용된 도우미들의 보살핌을 받는 개들 사이에는 분명한 간극이 존재합니다. 이런 차이를 메워주는 일을 펫시터와 도그워커 같은 반려동물 전문가들의 역할 중 하나로 포함시키는 것이 중요합니다.

이 책은 반려견의 산책이 더 의미 있고 도움이 되는 경험으로 확장되는 데 필요한 정보를 줍니다. 반려인들에게 반려견의 사회 적응 훈련 시 필요한 조언들을 친절하게 전달하고 있습니다. 또한 어떻게 하면 반려견과 사람들이 함께 행복한 삶을 공유할 수 있는지에 대한 지침을 제공합니다.

나는 몇 년 전 미국과 한국에서 반려견 훈련생으로 저자를 만났습니다. 그리고 클리커 트레이닝에 대한 그녀의 열정과 관심에 깊은 감동을 받았습니다. 그녀는 여전히 사람들과 반려견들을 위한 지속적인 교육을 추구하며, 더 많은 이들이 교육의 기회를 접하게끔 열정적인 행보를 보이고 있습니다. 그녀가 이 귀중한 책을 통해 다른 사람들과 지식을 나누게 되어 매우 기쁩니다. 펫시팅과 도그워킹에 관심을 가진 한국의 반려인들에게 이 책을 강력히 추천합니다.

P R E F A C E

NGKC(중국애견협회) 총재
왕우 *WangWu*

제대로 잘 키우기 위해 반드시 알아야 할 양육 & 훈련의 모든 것

전 세계, 특히 신흥국에서 반려동물 시장은 엄청나게 성장하는 중입니다. 중국을 예로 들자면 2018년 8월 21일, 중국의 반려동물개와 고양이 소비자 시장 규모는 전년 대비 27% 증가한 1,760억에 도달했습니다. 도시에는 5억 4천만 명에 이르는 반려인들이 있으며, 전국 도시의 개와 고양이의 수는 무려 9억 9,491만 마리에 달합니다. 이같은 시장 확대와 더불어 반려동물을 대하는 반려인들의 태도 또한 지난 몇 년간 급변했습니다. 그저 애정만으로 키우던 시절을 지나, 자녀 육아법을 공부하듯 반려동물의 양육과 교육법을 공부합니다. 오늘날 반려동물을 어떻게 키우고 교육할 것인가에 대한 지식은 업계 전문가는 말할 것도 없고, 반려인들에게도 필수적인 것으로 받아들여집니다. 실제로 반려동물의 교사라 할 훈련사는 물론, 전문적인 돌보미들도 촉망받는 직업군으로 떠오르고 있습니다.

그러나 이 같은 변화는 오래되지 않았으며 아직 기반이 충분하지 않습니다. 몇몇 소수의 전문가만이 선구적인 교육을 제대로 이수하고, 현장에서 활동하고 있을 뿐입니다. 이 책의 저자는 그런 면에서 이론과 경험을 겸비한, 보기 드문 업계의 베테랑이라 하겠습니다.

저자 박효진 씨는 저의 오랜 친구입니다. 그녀는 반려동물에 대한 열정으로 미국, 일본, 중국을 오가며 개에 대한 지식을 체계적으로 연구하며 공부하였고, 반려동물 산업에 오랫동안 헌신해왔으며, 반려동물에 관한 광범위한 이론적 지식과 실무 경험을 지니고 있습니다. 그런 그가 반려견 교육에 대한 전문 지식과 실무 노하우를 공유하기 위해 한 권의 책을 집필 중이란 것을 알게 된 후, 그리고 추천사를 부탁받은 후 매우 기쁜 마음으로 밤을 지새우며 원고를 읽었습니다. 펫시터 교육, 반려견 양육과 훈련법을 다룬 이 책은 업계에 드문 종합적이며 실용적인 책입니다. 펫시터 및 도그워커의 실무 교육과 클리커 트레이닝의 방법, 그리고 전반적인 반려견의 양육에 관한 이론과 실용적인 기술을 체계적으로 소개하고 있습니다.

동종업에 종사하는 반려인으로서 서문을 작성하며 본 저서를 독자들에게 추천하게 되어 기쁩니다. 당신의 반려동물을 더욱 사랑스럽고 건강한 파트너로 교육하길 원한다면 이 책과 함께하십시오! 초보 반려인이거나, 반려동물과 여생을 행복하게 살고 싶은 분들이라면 반드시 알아야 할 핵심 지식과 중요한 기술들을 배울 수 있을 것입니다. 또한 이 책은 매우 체계적인 훈련 방식을 담고 있기에, 반려동물 산업에 종사하는 분들에게도 일독을 권합니다.

PREFACE

한국애견협회 사무총장 · 부회장
박애경

좋은 펫시터가 되길 꿈꾸는 이들의 필독서

수년 전, 저자인 박효진 교수를 처음 만났을 당시 그는 애완동물학을 전공하는 학생이었다. 개인 사업과 외국 항공사 승무원 등 다양한 사회 경험을 했다는 것이 범상치 않았다. 어릴 적부터 동물을 유난히 좋아했다는 그는 어느 날 인생 항로를 바꿔 동물 공부를 시작하더니 반려견 훈련사가 되었고 현재는 대학에서 학생들을 가르치고 있다. 길지 않은 기간 동안 계속 발전해온 그가 또다시 어떤 모습으로 변모할지 너무나 기대가 된다.

2000년대 초반 펫시터라는 용어가 처음 등장했을 때 세간의 반응은 시큰둥 그 자체였다. 사람들은 펫시터를 미국 등 선진국에서나 가능한 일종의 사치로 치부하였다. 그런 시절을 지나, 어느새 정부의 동물복지 계획에 펫시터란 단어가 올라가도 어색하지 않을 만큼 사회적 분위기가 조성되었다.

펫시터는 그야말로 반려동물에 관한 모든 직무를 감당한다 해도 과언이 아니다. 미국의 펫시터 관련 사이트가 소개하는 그 역할이란 실로 광범위하다. 음식물 제공, 치아 관리, 그루밍, 산책, 청소 등은 물론 필요시 약도 먹여주고 응급처치도 해야 한다. 동물 관리 및 행동의 모든 면에 대해 익숙하고 건강 관리에 대한 지식이 많을수록 유능한 보모가 될 수 있는 것이다. 미국 노동통계국BLS, 2018 자료를 보면 펫시터의 급여를 별도로 구분해서 수록한 것은 아직 없으나, 비농업 동물 관리 직업 범주의 종사자 평균 연봉은 23,760달러 수준이며 펫시터는 그보다 높은 수준임을 사이트에서 덧붙여 설명하고 있다.

국내 펫시터 시장에 대한 구체적인 데이터는 없지만, 1인 가구가 급속히 많아지면서 펫시터 수요도 부쩍 증가하고 있고 그 직무에 대한 관심도 커져가고 있다. 최근 공공기관에서 반려동물 전문가 양성 지원사업이 크게 늘며 펫시터와 관련된 교육이 많아졌다. 그러나 강사의 지식 수준에 따라 그 내용은 각양각색이며 이론 교육에 그치는 경우가 허다한 실정이다. 직무가 명확하지 않으니 합당한 커리큘럼도 있을 리 없다.

이 책에서 박효진 교수는 국내외에서 수학하고 현장에서 얻은 경험을 토대로, 펫시터의 할 일을 열정적으로 설명하고 있다. 펫시터로 활동하고 있거나 펫시터에 대해 알고자 하는 분들이라면 꼭 읽어볼 필독서로 자신 있게 추천한다.

아는 만큼 보인다. 알아야 동물들을 살필 수 있고, 필요하거나 부족한 부분을 챙겨줄 수 있다. 펫시터는 취미로 할 수 있는 직무가 아니다. 필요한 시기에 전문 서적을 집필하여 고민을 날려 준 박효진 교수의 수고와 노력에 진심으로 감사를 표한다.

소중한 반려견과의

행복한 동행을 꿈꾸는

모든 반려인들께

이 책을 바칩니다.

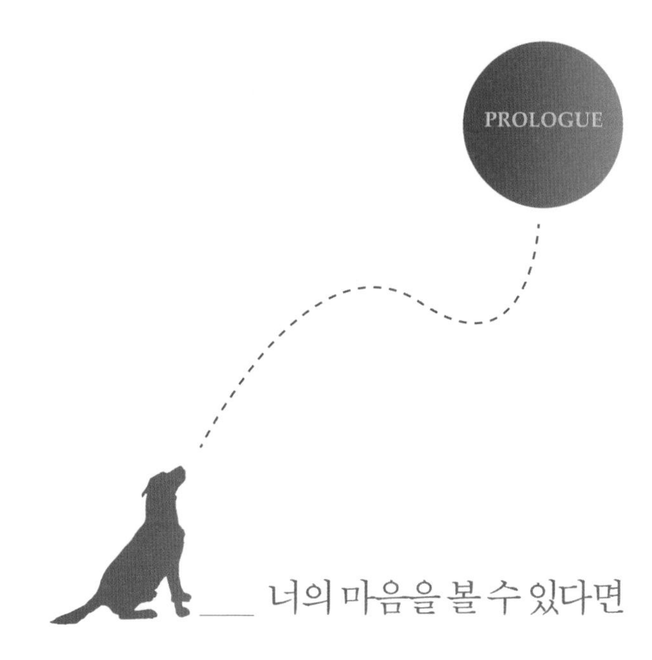

너의 마음을 볼 수 있다면

2012년, 미국에서 있었던 일입니다. 하루는 코네티컷 주 포틀랜드에 거주하는 제나 브루소Jenna Brousseau라는 여성이 버려지는 강아지들 상당수가 보호소에 머무르다가 안락사 당하고 있다는 소식을 듣게 됩니다. 공간 부족과 비용 문제 때문에 어쩔 수 없는 조치라는 관계자의 말을 듣고 그녀는 마음이 아팠습니다. 그리고는 금세 잊어버릴 줄 알았는데, 강아지에 대한 연민은 계속되었습니다. 이후로도 시간이 지날수록 아픈 마음을 달랠 길이 없었습니다.

측은한 마음에 그녀는 안락사의 위기에 놓인 강아지를 구할 방법을 찾기 시작합니다. 뭔가 거창한 일을 할 수는 없다고 생각했습니다. 폐품처럼 버려지는 강아지를 구하기 위해 개인적으로 할 수 있는 자그마한 일을 하고 싶었습니다. 이 문제를 두고 제나는 남편과 계속 상의했습니다. 그리고 주말을 이용해 두 사람은 가까운 동물보호소에 들러서 유기견 한 마리를 입양하기로 결심합니다. 그렇게 브루소 부부는 안락사 직전에 놓여 있던 듀크Duke라는 강아지를 만납니다.

집으로 데리고 온 믹스견 듀크는 매우 순종적이고 애교 많은 아이였습니다. 브루소 부부는 듀크를 통해 삶의 새로운 즐거움을 발견하였고, 부부 관계도 더욱 긴밀해졌습니다. 그렇게 부부는 입양견 듀크와 6년을 행복하게 살아갑니다. 그 동안 부부 사이에 예쁜 딸도 태어났습니다. 남편이 하고 있는 비즈니스는 잘 풀렸고, 아기는 더없이 건강하게 자랐습니다. 제나는 이 모든 것이 듀크가 가져다 준 행운이라고 여겼습니다.

'우리가 널 입양한 게 아니라 네가 우리에게 새로운 삶을 선물해 주었구나.'

그러던 10월 어느 일요일 밤, 듀크는 침대에서 잠을 자고 있는 부부를 매섭게 깨웠습니다. 평소와 달리 듀크는 아예 침대 위로 올라가 입으로 이불을 물고 사정없이 끌어 내렸습니다.

"왜 그래, 듀크? 가서 자야지?"

제나의 말에도 아랑곳하지 않고 듀크는 그녀의 얼굴에 머리를 박고는 낑낑 대면서 연신 혀로 핥았습니다. 전에는 한 번도 보인 적 없던 행동이었습니다.

"듀크, 왜 그래?"

뭔가 다급해 보이는 듀크의 얼굴을 보자, 제나는 심상치 않은 일이 일어났음을 직감했습니다. 그녀는 자기를 따라 오라는 듯 내달리는 듀크의 뒤를 쫓았습니다.

듀크의 달음박질이 멈춘 곳은 태어난 지 9주밖에 안 된 딸 하퍼의 방이었습니다. 다급하게 방문을 열고 들어가 확인하니, 이런, 어린 딸이 호흡을 하지 않았습니다. "여보, 여보! 911! 911!" 제나는 아이를 안고 정신없이 소리를 지르며 집 밖으로 뛰어나갔습니다. 이윽고 앰뷸런스가 도착했고, 긴박한 상황에서 하퍼는 병원에 도착하기 전 심폐소생술로 가까스로 호흡을 되찾았습니다. 눈에 넣어도 아플 것 같지 않은 딸은 그렇게 기적적으로 살아났습니다.

듀크는 주인의 딸이 숨을 쉬지 않는다는 사실을 어떻게 알았을까요? 주인의 사랑을 듬뿍 받고 살다 보니, 그 애정의 힘으로 놀라운 기지를 발휘했는지도 모릅니다. 어쩌면 불침번을 서는 것처럼 매일 밤 아기의 문 앞을 지키고 앉아 그녀에게 나쁜 일이 일어나지는 않는지, 누가 해코지하지는 않는지 돌보았는지도요. 듀크의 혈관 속을 타고 흐르는 피는 수만 년간 인간과 함께 공진화하면서 터득한, 인간의 생명을 안위하고 재산을 지키는 반려견의 본능을 지니고 있었던 것입니다.

모든 반려인이 펫시터가 되는 날을 꿈꾸는 이유는…

인류 문명이 시작된 시기부터 개는 인간과 함께해왔습니다. 우리가 아파할 때 개는 가장 가까운 곁에서 우리를 위로해주었습니다. 우리가 기뻐할 때 개는 마치 자신의 일인 것처럼 그 행복감과 즐거움을 같이했습니다. 일찍이 인간과 함께 사냥을 나간 동물도 개였으며, 인간이 사는 주거 공간 안으로 들어온 가축도 개였습니다. 인간은 개를 자신의 가족, 친구, 동료, 심지어 분신으로 여겼습니다. 지금도 가장 많이 키우는 반려동물은 다름 아닌 개입니다. 무려 500만 명이 넘는 사람들이 일상을 함께 영위할 존재로 개를 선택했고2015년 기준 그 숫자는 계속 늘어나고 있습니다. 그러나 선호도가 높은 만큼 버림받는 경우도 많습니다. 생명보다는 상품으로 취급받는 풍토도 여전합니다. 2017년 한 해 우리나라에서 안락사한 유기견 수가 19,435마리에 달하지만, 여전히 한쪽에는 버려진 강아지들이 넘쳐나고 다른 한쪽에는 펫숍에서 팔려나가는 강아지들이 넘쳐납니다.

해결방안은 없을까요? 있습니다. 교육입니다.
알아야 안 버립니다. 알아야 사랑할 수 있습니다.
강아지와 끝까지 행복하게 함께 살려면 반드시 교육을 해야 합니다.

대부분 주인들은 매일 짖어대는 강아지를 놓고 어찌할 바를 모르다가 결국 지쳐서 유기합니다. 장판이며 소파를 다 뜯어놓는 강아지를 제지하지 못하고 고민 고민하다가 결국 버립니다. 아무 데나 똥과 오줌을 싸는 강아지의 뒤꽁무니를 쫓아다니며 치우다가 '내가 지금 뭐 하는 거지?' 자괴감이 들어서 결국 포기합니다. 간단한 교육이면 문제행동을 예방할 수 있는데, 그 사실을 몰라서 고생하다가 눈에 넣어도 아플 것 같지 않은 강아지를 버리는 괴물이 되고 맙니다.

이 책이 이 같은 문제를 해결하는 데 자그마한 도움이 되었으면 좋겠습니다. 펫시터와 도그워커가 되는 것은 생각보다 어렵지 않습니다. 조금의 관심과 노력으로 강아지의 더 가까운 벗이 될 수 있습니다.

나부터 책임감 있는 펫시터가 되고,
나부터 멋진 도그워커가 되어 미리 교육해야
우리 댕댕이들을 지금보다 더 사랑하고 더 아끼고 더 보호해줄 수 있습니다.

책을 쓰는 일은 너무 힘들고 벅찬 일이었습니다. 여러 번 원고를 고치고 다듬었지만, 여전히 아쉬움이 남습니다. 그래도 포기하지 않고 끝까지 쓸 수 있었던 것은 지금은 하늘의 별이 된 나의 파트너 빽이, 백구, 루키가 응원해주었기 때문입니다. 엉성한 자료를 단행본으로 멋지게 엮어주신 북코디네이터 정도준 님, 두서없는 생각을 책으로 옮길 수 있게 지도해주신 백승기 님, 책에 들어갈 삽화들을 직접 그려주신 조가영 님에게 지면을 빌어 감사의 마음을 전합니다.

동물을 보살피는 직업을 택하며 제가 정한 다짐이 있습니다. 바로 '초심을 잃지 말자'입니다. 처음에는 동물을 좋아서 이 직업을 선택했더라도 시간이 지나 익숙해지면 동물이 물건처럼 되어버리는 경우가 있습니다. 혹시라도 그런 일이 발생하지 않도록 처음의 마음을 항상 되새깁니다. 그래서인지 저에게 '초심'과 '처음'이란 매우 의미 있는 단어입니다.

이렇듯 제가 초심과 같은 마음을 늘 간직할 수 있도록 물심양면으로 도와주신 분들이 계십니다. 처음으로 저에게 훈련을 가르쳐주신 금강애견학교의 배호열 소장님, 늦은 나이에 대학에 재입학하여 동물에 대해 배울 수 있게 용기를 주신 서울연희전문학교 김정연 교수님, 반려동물뿐 아니라 전체의 동물을 바라볼 수 있게 일러주신 서울문화예술대학교 모의원 교수님과 상지대학교 성하균 교수님, 심리학을 동물의 행동연구에 응용할 수 있게 지도해주신 삼육대학교의 정구철 지도교수님, 마지막으로 늘 반려견 문화 양성을 위해 앞장서시는 한국애견협회 신귀철 회장님과 박애경 부회장님께 깊은 감사의 말씀을 전합니다.

박효진 드림

CONTENTS

제2장 행복한 펫시터로서의 첫걸음

제3장 혼자서도 행복해요 : 정서안정을 위한 펫시팅 실전교육

2부 건강한 생활을 위한 도그워킹

제4장 펫시터의 또 하나의 이름, 도그워커

펫시터와 도그워커가 되는 것은 생각보다
어렵지 않습니다.
나부터 책임감 있는 펫시터가 되고,
나부터 멋진 도그워커가 되어 미리 교육해야
우리 댕댕이들을 지금보다 더 사랑하고 더 아끼고
더 보호해줄 수 있습니다.

1부

행복한 양육을 위한 펫시팅

PART 1 PET SITTING

이번 장에서는...

펫시팅이 무엇인지 간략히 알아보겠습니다.

직업으로서의 펫시터가 궁금한 분들을 위한

코너도 마련돼 있습니다.

제1장

모든 반려인은 펫시터가 되어야 합니다

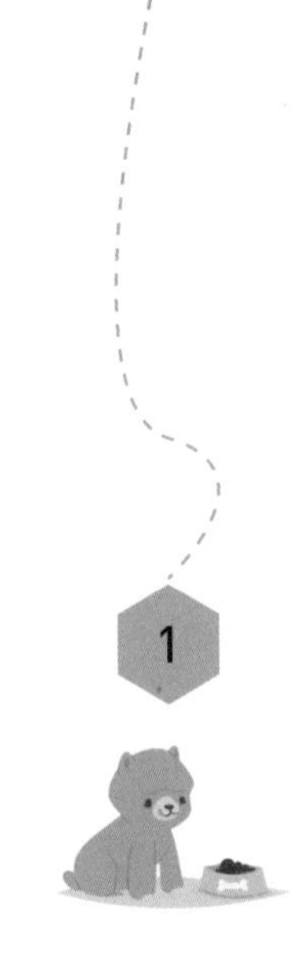

펫시터 시대가 왔다

요즘 VIP라고 하면 '매우 중요한 인물Very Important Person'이 아니다. 요즘은 '매우 중요한 반려동물Very Important Pet'이다. 농담조로 "집에서 강아지가 나보다 서열이 높다."며 쓴웃음을 짓는 이 시대의 아빠들이 적지 않다. 아예 고양이를 기르는 보호자는 스스로를 '집사'로 부르기를 주저하지 않는다. 100% 유기농으로 만들어진 수제 간식에 간단한 터치로 알맞은 양이 급수되는 펫정수기, 철마다 건강을 체크하고 관리하는 펫보험에 강아지와 함께 여행을 데리고 가주는 펫투어 프로그램에 이르기까지 요즘 '댕바보보호자들이 댕댕이를 사랑하는 스스로를 일컫는 표현'들은 반려견에게 투자를 아끼지 않는다.

그만큼 반려동물은 이미 우리들의 생활 속에 깊숙이 들어와 있다. 많은 사람들에게 반려동물은 단순히 '애완동물'이 아니다. 가족의 일원으로 받아들이고 피붙이처럼, 자식처럼 함께 살아간다. 문화체육관광부가 2018년 내놓은 「반려동물에 대한 인식 및 양육 현황 조사 보고서」에 따르면, 우리나라 응답자 2천 명 가운데 27.9%에 해당하는 국민이 반려동물을 기르고 있다고 답했다. 과거에 반려동물을 기른 경험이 있는 이들28.6%까지 더하면, 전체의 56.5%가 반려동물을 길러 본 경험이 있다. 절반을 훌쩍 뛰어넘는 수치이다.

이와 맞물려 반려동물시장은 전례 없는 호황을 맞고 있다. 반려견 용품 및 서비스 산업의 규모는 2020년이면 어림잡아 5.6조 원에 달할 전망이다. 국내 커피시장의 규모6조와 거의 맞먹는 수치라고 할 수 있다. 이러한 경향을 반영하듯, 최근에는 반려동물과 경제이코노미가 합쳐진 '펫코노미Petconomy'라는 신조어가 등장하기도 했다. 펫코노미에는 사물인터넷과 인공지능 등 첨단 ICT 기술로 사람과 반려동물의 관계를 더 가깝게 만드는 '펫테크pet-tech', 반려동물 비즈니스와 신탁 · 적금 · 보험과 같은 다양한 금융상품을 결합한 '펫뱅킹pet-banking', 반려동물과 사람이 함께하는 주거와 공간의 공유, 나아가 교통수단과 반려동물의 장묘 문화를 선도하는 '펫리빙pet-living' 등의 분야가 포함된다.

특히 반려동물의 복지와 레저, 운동과 여행 등 사람과 반려동물의 라이프스타일 전반을 지원하는 '펫플레이pet-play'가 새로운 시장으로 떠오르고 있다. 가구 유형이 다양해지고 핵가족이 늘어나면서 하루 종일 집을 비우는 맞벌이 부부나 도시 직장인들이 자신 대신 반려동물을 산책시키거나 돌봐줄 수 있는 서비스를 찾고 있는 것이다. 도시 한가운데서 반려동물의 복지와 웰빙에 필요한 환경과 조건을 더욱 원하고 있는 셈이다.

이제는 남는 시간에 놀아주는 것이 아니라, 시간을 내서 강아지와 함께 산책하는 문화가 자리를 잡아가고 있다. 그러다 보니 출장이나 여행 등 장기간 집을 비워야 하는 부득이한 상황이 닥쳤을 때 자신의 반려견을 돌봐줄 전문 인력에 대한 요구도 생겨났다. 바야흐로 펫시터의 시대가 도래한 것이다.

들어보셨나요? 자고 나면 생겨나는 반려인 관련 신조어들

최근에는 반려동물(펫)과 가족(패밀리)을 합성한 **'펫팸족**(Petfam)'이나 **'펫밀리**(Petmily)'가 등장했다. **펫팸족**은 반려동물을 마치 자신의 가족처럼 여기고 반려견 용품이나 양육에 투자를 아끼지 않는 이들을 말하며, 펫밀리는 동거인 없이 오직 반려동물과 함께 살아가는 1인 가구를 지칭한다. 어쩌면 그들에게 '1인 가구'라는 말도 틀린 말일지 모른다. 이미 댕댕이와 어엿한 '2인 가구'를 꾸리고 있으니 말이다.

나아가 2인 가구 중에서 자녀를 낳는 대신 반려동물을 자식처럼 키우는 소위 **'딩펫족**(Dinkpet)'도 등장했다. 과거 자녀 없는 맞벌이 부부를 지칭하던 딩크족에서 유래한 **딩펫족**은 반려동물이 인간을 대신하는 신인류의 탄생을 알리는 신호탄인 셈이다. 이처럼 지속적인 저출산과 고령화, 1인 가구의 확산과 소득의 증대 등 다양한 사회구조 변화로 인해 반려동물을 보유하는 가구가 빠르게 늘고 있다.

펫리빙과 펫플레이 : 펫시터 시대의 도래

21세기 펫리빙과 펫플레이 시대는 펫시터를 요청하고 있다. 요즘 우리나라에서도 핫한 직업으로 떠오르고 있는 '펫시터pet-sitter'란 누구일까? 이름에서 쉽게 알 수 있듯이, 펫시터는 '베이비시터baby-sitter'에서 유래된 말로 주인 대신 반려동물을 돌봐주는 사람을 일컫는다. 아기를 기르는 맞벌이 부부에게 베이비시터는 필수적이다. 마찬가지로 반려견을 키우는 직장인이라면 펫시터의 존재는 절대적이다.

펫시터는 반려문화가 성숙한 여러 선진국들에서 반드시 필요한 전문 직업인으로 확고하게 자리잡았다. 일례로, 미국이나 영국에서는 멀리 사는 친척보다 펫시터를 더 소중하고 가까운 사람으로 여긴다. 언제고 자신의 반려견을 믿고 맡길 수 있는 펫시터 한 명쯤 알고 있는 것이 요즘 시대에 얼마나 중요한 일인지 알 수 있다. 국내에서도 2015년 10월 오픈 당시 등록된 펫시터가 고작 10여 명에 불과했던 모 펫시팅 중개회사의 경우, 벌써 400명 이상의 펫시터를 보유한 전문 업체로 거듭났다. 한 번 이상 서비스를 거쳐 간 누적 회원수도 초창기 100여 명에서 1만6,000여 명으로 불어났을 정도이다.

경제적 관점에서 볼 때, 펫시터 시장은 새로운 블루오션으로 떠오르고 있다. 이해를 돕기 위해 간단한 예를 들어보자. 2012년, 여행을 떠나는 견주들에게 자신의 반려견을 믿고 맡길 수 있는 서비스를 제공한다는 단순한 철학을 가지고 출발한 스타트업 도그베케이dogvacay.com의 경우, 미국과 캐나다에서 수천 명이 넘는 반려인들이 수백만 건의 투숙을 예약할 만큼 어마어마한 인기를 끌고 있다. 이 서비스는 호텔 예약과 마찬가지로 소비자가 계정을 만들고 가까이에 있는 펫시터를 검색하고 온라인으로 예약하면 모든 절차가 끝난다. 이처럼 간단하게 반려인과 펫시터를 연결해주는 도그베케이를 창업한 CEO 아론 히르숀Aaron Hirschhorn은 현재 1억 달러가 넘는 자산을 보유하고 있다.

우리나라에서도 번뜩이는 아이디어로 무장한 다양한 펫시팅 비즈니스 업체들이 생겨나고 있다. 개중에는 수의학과 출신 학생들이 펫시터로 나선 업체도 있고, 도그워킹만 전문적으로 제공하는 업체도 있다. 전문화와 함께 사업 확장성을 함께 노리는 업체들도 여럿 있다. 미용 · 뷰티산업과 연계하여 보호자들이 다양한 '펫뷰티pet-beauty' 상품까지 고를 수 있는 서비스를 제공하거나 반려견의 방문 목욕이나 병원 인계 및 장례 절차까지 전담해주는 업체도 등장했다.

그렇다고 반려문화 선진국인 미국이나 호주처럼 성숙한 펫시팅 비즈니스가 뿌리를 내린 것은 아니다. 우리나라 펫시팅 시장은 이제 막 걸음마를 뗀 시작 단계에 있다. 가파르게 성장 중인 국내 반려동물 시장의 규모를 놓고 볼 때, 펫시터의 미래는 현재보다 앞으로 더 밝을 것으로 전망하는 이유이기도 하다.

진정한 펫시터는 보호자 자신이어야 한다

그렇다고 해서 펫시터가 특정한 직종만을 가리키는 것은 아니다. 펫시터는 말 그대로 반려동물을 돌보는 사람이다. 그러므로 제1의 펫시터는 자신의 반려견을 가장 잘 알고 있는 보호자 본인이라 하겠다. 단순히 강아지에게 사료를 주고 자리를 갈아준다고 해서 보호자로서 의무를 다하는 것이 아닐 수 있다. 내 옆에서 세상모르게 자고 있는 사랑스러운 코코에게 그 누구보다 든든한 펫시터가 되기 위해서는 하나에서 열까지 반려동물에 관한 모든 부분을 알고 실천할 수 있어야 한다. 가장 사랑하는 코코와 되도록 오랫동안 행복하게 함께 살아가기 위해서 어떤 보호자, 어떤 펫시터가

반려견이 원하는 보호자가 되기 위한 여덟 가지 질문

- 반려견에게 나는 어떤 보호자일까? .... 강아지를 사랑하는 보호자
- 반려견은 어떤 보호자를 좋아할까? .... 믿을 수 있는 보호자
- 믿을 수 있는 보호자가 되려면 무엇을 해야 할까? .... 교육해야 한다
- 교육은 왜 해야 할까? .... 소통하기 위해서
- 교육은 언제 시작해야 할까? .... 미리
- 교육은 누가 시켜야 할까? .... 보호자가
- 교육은 어떻게 시켜야 할까? .... 재미있게
- 이제 당신은 어떤 보호자가 되어야 할까?........................ 강아지를 교육하는 보호자

되어야 할까?

작은 생명의 여생을 함께하기로 선택한 순간부터 반려인은 막중한 책임을 지게 된다. 함께 잘 살기 위해, 책임감 있게 키우기 위해서는 반드시 반려견의 교육에 관해 배워야 한다.

단순한 보호자에서 펫시터가 되는 첫 번째 단계는 교육이다. 교육은 강아지가 반려견으로 인간과 한 집에서 같은 공간을 공유하며 살아가기 위한 약속이다. 교육과 훈련은 반려견과 소통하기 위한 첫걸음이자 파양과 유기를 막을 수 있는 걸쇠와 같다. 지금도 너무 많은 강아지들이 약간의 훈련을 통해 금세 좋아질 수 있을 문제 행동 때문에 너무 쉽게 버려지고 있다. 강아지에게 든든한 보호자, 믿음직한 펫시터가 되어주기 위해서는 강아지의 생리와 성격을 알고 반려견이라는 범주 안에 강아지를 위치시키는 노력을 게을리 해선 안 된다. 왜냐하면 반려동물은 단순히 좋아했다 금방 싫증을 내는 취미가 아니기 때문이다.

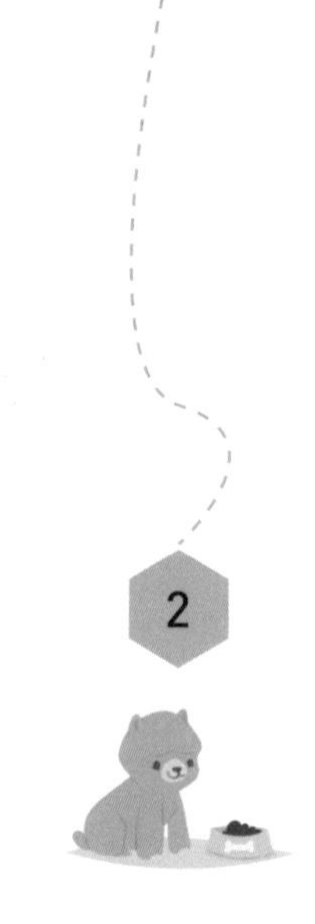

간단히 둘러보는 펫시터의 역사

여러 매스컴에 의해 21세기 최고의 유망 직업으로 선정된 펫시터. 펫시터는 과연 언제부터 시작되었을까? 미국 내에서만 한 해 65억 달러의 시장으로 성장한 펫시터의 시작은 매우 미약했다. 아니, 미약하다 못해 초라했다. 평소 반려견 사랑이 남달랐던 미국 노스캐롤라이나 주의 패티 모란Patti J. Moran 여사는 우연히 이웃의 개들을 돌봐주다가 점차 펫시팅의 상업적 가능성을 보게 되었다.

'베이비시터처럼 반려견을 일정 시간 돌봐주는 전문적인 사람들이 있으면 참 좋겠어.' '만약 펫시터가 생긴다면, 앞으로 그 수요는 점점 늘어날 거야.'

이러한 확신을 갖고 그녀는 1983년 자신의 집 창고에서 펫시팅 사업을 시작했다.

처음에는 인식 부족과 홍보의 어려움으로 사업이 지지부진했다. 돈을 주고 개를 맡기려는 사람도, 자신의 집에 펫시터를 믿고 들이려는 사람도 적었다. 그러나 그녀는 실망하지 않고 미래를 내다보며 지속적으로 사업을 전개했다. 사업이 일정한 궤도에 오르는 데에는 그리 오랜 시간이 걸리지 않았다. 하나 둘 입소문이 나면서 그녀의 펫시팅 사업은 점차 짭짤한 이윤을 내기 시작했고, 급기야 혼자서는 감당이 안 되어 직원들을 뽑아야 하는 상황이 되었다.

1987년에 그녀는 이러한 경험을 바탕으로 『돈 버는 펫시팅Pet Sitting for Profit』이라는 책을 썼고, 이 책이 출간 즉시 베스트셀러에 오르며 펫시터에 대한 대중의 인식을 크게 바꿔놓았다. 그녀의 책은 지금까지 펫시팅에 관한 실전 바이블로 꼽힌다. 언급한 패티 모란의 저서는 우리말로 아직 번역되지 않았다. 그만큼 우리나라 펫시팅 비즈니스는 아직 첫 발도 떼지 않은 셈이다.

패티 모란은 여기서 그치지 않고 1989년부터 자신이 운영하던 비영리협회를 1994년에 국제펫시터협회Pet Sitters International, PSI로 명칭을 변경하면서 본격적인 펫시팅 국제단체를 출범시켰다. 그때부터 지금까지 PSI는 전 세계 펫시터들의 권익과 지위를 보장하고, 서로의 연대와 우애를 다지며, 정기적으로 경험과 지식을 나누

펫시터의 사전적 정의

1997년은 미국의 랜덤하우스가 자사 사전에 최초로 '**펫시터**'라는 항목을 추가한 역사적인 해이다. 전 세계에서 활동하는 모든 펫시터들은 이 해를 펫시팅의 원년으로 경축한다. 보통 하나의 신조어가 사전에 공식 어휘로 등재되는 것은 의미의 보편성과 동시에 사회적으로 인정받았음을 뜻하기 때문이다.
사전은 펫시터를 이렇게 정의하고 있다.

펫시터 : 다른 이의 반려동물을 보통 그 집의 환경 내에서 돌봐주는 사람

Pet sitter—one who cares for the pets of another, usually in the pet's home environment.

는 최대 펫시팅 단체로 자리매김했다. 이 외에도 펫시터와 관련된 유사 단체들이 많이 있지만, 역사로나 회원 수로나 PSI에는 미치지 못한다.

PSI는 현재 「펫시터 세상」이라는 기관지를 발간하고 있으며, 펫시터들을 체계적으로 교육하는 전문가 프로그램Certified Professional Pet Sitter®을 개발하여 운영하고 있다. 또한 매년 한 차례씩 펫시터 엑스포Pet Sitter World Educational Conference & Expo라는 국제적인 펫시팅 콘퍼런스 겸 박람회를 주관하고 있으며, 유기견의 입양을 장려하는 프로그램Take Your Dog To Work Day®도 운영 중에 있다. 한 마디로 PSI는 펫시터 제국을 건설한 셈이다.

PSI의 가장 의미 있는 활동은 1995년 소위 '펫시터 주간Pet Sitters Week'을 제정한 일이다. 이유는 간단했다. 아직 펫시팅에 대한 대중들의 인식이 부족했을 때, 전문적인 경험과 지식을 갖추지 못한 많은 사람들이 펫시터라는 명칭을 남용 · 남발하여 각종 사고들을 일으켰다. 이에 패티 모란과 동료들은 펫시터 주간을 통해 펫시터의 이미지를 제고하고 잠재적인 소비자들이 정식으로 등록된, 전문적인 펫시터들을 쉽게 찾을 수 있는 저변을 만들고자 했다. 펫시터 주간으로 펫시터에 대한 사회적 인식의 고양과 펫시팅 대중화를 꾀한 셈이다. 뿐만 아니다. 전 세계적으로 믿고 구매할 수 있는 반려견 관련 제품을 판매하는 온라인 상점PSIStoreOnline도 운영하면서 자체적인 수익모델도 갖추었다.

이처럼 펫시팅의 역사는 PSI와 함께 시ㄷ작되었다고 봐도 무방할 정도이다. 오늘도 PSI는 많은 펫시터들을 교육하고 배출하는 사업에 매진하고 있다. 펫시터 교육과 관련하여 자세한 정보는 홈페이지www.petsit.com를 방문하면 얻을 수 있다.

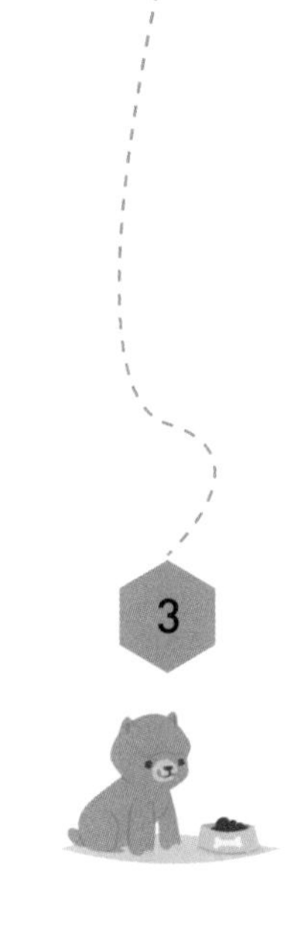

반려견의 제2의 보호자, 좋은 펫시터를 찾는 기준

패티 모란의 소박한 꿈은 오늘날 전 세계의 많은 반려인들에게 펫시터라는 새로운 일자리를 제공해주었다. 뿐만 아니라 펫시터가 반려견 관련 산업의 또 다른 축을 담당하면서 경제적 파급 효과도 무시할 수 없는 수준에 이르렀다. 전미반려견제품협회APPA에 따르면, 2018년 한 해에만 미국 내에서 펫시팅과 도그워킹 관련 서비스로 지출된 금액이 대략 64억 7천만 달러로 추정된다. 이런 추세는 미국뿐 아니라 영국, 캐나다, 호주를 비롯한 여러 나라에서도 그대로 나타난다.

물론 이러한 산업 증대 효과는 오늘보다는 내일이 더욱 기대된다. 반려동물시장의 틈바구니 속에서 생존을 걱정해야 했던 미운 오리 새끼에서 20여 년만에 황금알을 낳는 거위로 대변신에 성공한 셈이다. 이번 장에서는 반려동물 비즈니스계의 신데렐라인 펫시터의 역할과 업무에 대해서 알아보도록 하자.

아마추어 펫시터 vs. 전문 펫시터

아직도 우리나라에서는 자신이 기르는 개를 두세 시간 맡기면서 돈까지 지불하는 것을 왠지 '오버'라고 생각하는 보호자들이 많다. 물론 전문적인 지식이나 경험이 없더라도 강아지와 한두 시간 정도 놀아주는 것은 그리 힘든 일이 아니다. 믿고 맡길 수 있는 이웃이 있다면 얼마든지 도움을 받을 수 있다. 그런 의미에서 옆집 아저씨도 앞집 아줌마도 내 강아지를 봐준다면 모두 펫시터라고 할 수 있을 것이다.

하지만 이러한 일시적이고 즉흥적이며 비정기적인 펫시팅에 업무의 전문성을 요구할 수는 없다. 무엇보다 개에게 문제가 발생했을 때 법적 책임을 묻기가 어렵다. 잠깐 맡긴 개가 다쳐서 돌아오거나 아예 돌아오지 않을 수도다시 말해 개를 잃어버릴 수도 있다면, 과연 그들의 선의에만 의존할 수 있을까?

또, 상대방의 입장에서도 생각해봐야 한다. 도움도 한두 번이지 아무리 개를 좋아해도 계속 남의 강아지 맡는 것을 좋아라 할까?

무엇보다 1차적인 펫시터는 보호자여야 한다. 보호자만큼 자신의 반려견을 잘 아

아마추어와 전문 펫시터, 무엇이 다를까?

비교	이웃, 아마추어 펫시터	보호자 내지는 전문 펫시터
자격증	없다	있다 (보호자의 경우 예외)
보험	없다	있다(보호자의 경우 예외)
전문성과 경험	없다	있다
책임감	없다	있다
법적 책임	질 수 없다	질 수 있다
반려견에 대한 사랑	사랑한다	사랑한다

는 사람은 또 없기 때문이다. 따라서 펫시터를 찾고 싶은 보호자라면, 자신을 대신할 제2의 보호자를 찾는다고 생각하고 눈에 불을 켜고 봐야 한다. 펫시터를 찾을 때 특별히 염두에 둬야 할 질문들은 다음과 같다.

CHECK LIST

내가 찾는 펫시터가...

- 펫시팅 관련 다양한 라이선스를 소지하고 있는가? ☐
- 문제가 발생했을 때 보험 해결이 가능한가? ☐
- 이전에 다른 범죄 이력이나 정신병력은 없는가? ☐
- 과거 펫시팅 경험을 증명해줄 의뢰인 평가가 있는가? ☐
- 펫시팅 관련 표준계약서를 사용하고 있는가? ☐
- 응급처치 자격증이나 전문적인 훈련 및 케어 경험을 갖고 있는가? ☐
- 전문적인 펫시팅 단체나 협회에 소속된 회원인가? ☐

안타깝게도 우리나라에는 아직 관계 법령이 마련되어 있지 않고 펫시팅 관련 보험도 미비한 것이 사실이다. 전문 펫시터임을 확인해줄 공인된 단체도 없으며, 그와 관련된 공식 라이선스도 전무하다. PSI가 현재 활발하게 활동하고 있는 국제펫시팅협회 중에 가장 권위 있는 단체이지만, 우리나라 상황과는 다르기 때문에 위 사항들을 국내에 바로 적용하기 힘든 부분들이 있다. 옆 나라 일본만 하더라도 전일펫시팅협회NAP가 활발하게 활동하면서 정부 관계기관과 협의하여 펫시팅 관련 정책과 법령을 여러 건 확보하고 있는 모습과는 대조적이다.

그럼에도 불구하고 국내 펫시터들 가운데 옥석을 가리는 일이 그렇게 어렵지는 않다. 우선 펫시터 자격증 및 반려동물관리사, 반려동물훈련사, 클리커 트레이닝 자격증수료증, 반려견스타일리스트 등 각종 반려동물 관련 자격증을 갖고 있다면 전문적인 펫시터로 간주할 수 있다.

주변을 둘러보면 현재 회사나 단체에 소속되어 활발하게 활동하는 펫시터들이 많고, 이 일에 사명감을 갖고 뛰는 분들 또한 적지 않다. 단순히 자격증뿐만 아니라 훈련센터나 유기견센터, 동물보호소에서 근무한 경험을 갖춘 분들도 심심찮게 만날 수 있다. 무엇보다 수의학과나 애견 관련 학과를 나와 동물복지에 대한 의식과 생명존중의 마인드를 갖춘 펫시터라면 남다른 경쟁력을 갖추었다고 볼 수 있다

출장형 펫시터 vs. 위탁형 펫시터

펫시터는 활동 유형에 따라 출장형과 위탁형으로 나뉜다. 출장형은 펫시터가 반려인보호자의 집에 직접 가서 반려견을 돌보는 방식이며, 위탁형은 반대로 반려인이 자신의 반려견을 펫시터의 집에 맡기는 방식이다. 둘은 장단점에서 극명하게 갈린다.

출장형 펫시터 출장형은 환경 변화에 민감한 반려견들이나 대형견, 아프거나 신체가 불편한 강아지들에게 안성맞춤이다. 평소 생활하는 공간에서 서비스를 받을 수 있기 때문에 낯선 장소로 인한 스트레스를 원천적으로 막아준다. 평소 먹던 사료나 가지고 놀던 장난감도 모두 그대로이므로 낯선 펫시터와도 식사나 산책, 놀이 등 기본적인 활동을 잘 따라 할 가능성이 많다.

물론 주인이 없는 집에 펫시터가 들어오는 방식에는 적잖은 위험요소가 따른다. 도난 사고, 기물 파손, 화재 등 출장형 펫시터가 대중화되어 있는 선진국에서도 다양한

피해 사례들이 꾸준히 보고되고 있다. 펫시팅 활동에 비례하여 사건 사고의 수도 늘어나기 마련이다. 따라서 아직까지 펫시터라는 직업군이 완벽하게 자리 잡지 못한 국내 시장에서 출장형 펫시터를 선택할 때는 먼저 이러한 부분을 고민해보는 것이 필요하다. 검증되지 않은 개인을 집에 들이는 것이 아무래도 내키지 않는다면, 개인보다는 업체에 소속된 펫시터를 고용하는 것이 하나의 대안이 될 수 있다.

반려묘 돌봄에 적합한 출장형 펫시터

최근에는 특히 출장형과 관련하여 최근 반려묘 시장이 매우 커지고 있는데, 이는 고양이가 강아지에 비해 매우 영역을 중시하고 낯선 장소에 쉽게 맡기기 어려운 동물이라는 측면이 있기 때문이다. 그런 면에서 반려묘 시장에서 출장형 펫시터는 매우 커다란 블루오션이라고 볼 수 있다.

위탁형 펫시터 위탁형은 반려인이 펫시터의 집이나 제3의 공간에 반려견을 맡기기 때문에 좀 더 전문적인 관리를 받을 수 있다는 장점이 있다. 애견호텔이나 동물병원처럼 차가운 공간이 아닌 가정집이다 보니 새로운 곳에 적응해야 하는 반려견 입장에서 좀 더 안락함을 느낄 수 있다. 또한 위탁형은 개를 맡기는 보호자 입장에서 무시할 수 없는 매우 중요한 장점이 있다. 장기간 펫시팅이 필요할 때 자신의 집에 낯선 사람을 며칠 동안 들이는 부담이 없다는 점이다. 아무리 믿고 맡기는 펫시터라지만 사적인 공간을 남에게 노출하는 걸 달가워할 사람은 드물다.

그렇다고 위탁형 펫시터가 출장형보다 모든 면에서 유리한가 하면 꼭 그렇지만도 않다. 위탁형은 자신의 집에서 반려견을 받아서 관리하므로 펫시터 입장에서는 편안하고 부담이 없지만, 반대로 맡겨진 반려견 입장에서는 새로운 환경이 불편하고 낯설게 느껴질 수 있다. 남들보다 예민한 강아지라면 갑자기 바뀐 환경에 적응하기 출장형 펫시터와 위탁형 펫시터, 무엇이 다를까?

비교	출장형 펫시터	위탁형 펫시터
의뢰인 입장	보호자의 집에 방문하여 펫시팅을 제공 보호자의 사생활이 노출될 수 있음 반려견이 익숙한 곳에서 펫시팅 가능	보호자가 펫시터의 집에 반려견을 맡김 보호자의 사생활을 지킬 수 있음 반려견이 스트레스받을 수 있음
펫시터 입장	한 번에 1마리의 펫시팅만 가능 출장 시간과 비용이 들 수 있음 아무래도 불편한 환경에 노출됨	한 번에 2마리 이상 펫시팅이 가능 보호자의 집에 가는 왕복 시간이 절약 편안한 환경에서 펫시팅이 가능

힘들어할 수 있으며, 영역이 달라지고 사료와 환경이 달라지기 때문에 강아지의 건강이 나빠질 확률도 존재한다. 또, 펫시터 입장에서 위탁형은 동시에 한 마리 이상의 반려견을 돌볼 수 있기 때문에 금전적으로 이익이 되지만, 반려견을 맡기는 보호자 입장에서는 오늘 처음 만난 낯선 사람에게 자신의 집 열쇠를 주는 부담감을 덜어낸다는 것 말고는 크게 유리한 점이 별로 없다. 위탁형은 펫시터가 보호자의 집에 가는 왕복 이동시간을 뺄 수 있다는 장점도 있다. 사실 일감이 많은 펫시터의 경우, 방문에 걸리는 시간도 쌓이면 무시할 수 없는 기회비용을 유발한다.

위탁형 펫시터에게 반려견을 맡기기 전, 보호자가 꼭 따져봐야 할 일들로는 다음과 같은 것들이 있다.

POINT

위탁형 펫시터에게 반려견을 맡길 때는...

- 미리 펫시터의 집을 방문해서 주변 환경을 꼼꼼히 체크한다.
- 낯선 장소에서 스트레스를 받지 않도록 평소 좋아하는 담요나 방석을 준비한다.
- 나중에 여러 문제가 발생할 경우를 대비하여 반려견을 맡기기 전에 개의 몸 전체 상태를 살피고 사진을 여러 장 찍어두는 것이 좋다.
- 사료가 바뀌면 설사를 할 수 있으므로, 평소에 먹던 사료와 간식을 충분히 챙겨주는 것을 잊지 말라.
- 반려견의 건강 상태나 투약 유무, 배변 훈련 여부, 중성화 여부, 특이한 습관 등을 펫시터에게 자세히 알려준다.
- 분리불안을 보이거나 낯선 사람에게 예민한 반응을 보이는 반려견이라면, 보호자의 체취가 묻은 옷이나 수건 등을 챙겨준다.

펫시터에게 반려견을 맡기기에 앞서 보호자가 먼저 강아지의 성격이나 습관에 대한 정보를 주는 것이 좋다. 국내에 보험으로 보호를 받는 믿을 수 있는 업체인지, 반려동물관리사나 각종 자격증은 갖추고 있는지, 다른 전과 기록이나 문제를 일으켰던 경력은 없는지 등을 꼼꼼하게 확인하는 것도 보호자의 몫이다.

펫시터에게 반려견을 맡긴 다음에는 후속조치를 하는 것도 잊지 말아야 한다. 요즘에는 SNS나 카톡, CCTV로 반려견의 상태를 실시간 체크하는 모니터링 서비스를 제공하는 업체가 많지만, 여건이 되지 않는 경우에는 보호자가 반려견의 상태를 꼼꼼히 살펴야 한다. 펫시팅 서비스가 끝난 뒤, 강아지가 자신을 보고 달아난다면 펫시팅에 문제가 있진 않았는지 의심해볼 수 있다. 이것은 강아지가 보호자 모르게 혹독하게 다뤄졌거나 대부분의 시간을 홀로 남겨져 있었다는 징후일 수 있기 때문이다. 돌려받은 반려견의 몸에 상처가 있거나 변이 이상하지 않은지도 잘 살펴야 한다. 밥그릇이나 물그릇이 더러워졌는지, 사료가 얼마나 남아있는지 등도 꼼꼼하게 체크한다.

POINT

문제 펫시터 확인을 위한 십계명

: 다음 열 가지 중 해당되는 항목이 있다면 주의하자!

- 평소 싹싹하고 애교 많은 반려견이 나를 보자 갑자기 달아난다.
- 건강하고 멀쩡하던 반려견이 다리를 절거나 상처, 혹은 출혈이 있다.
- 사료나 식품, 간식이 거의 줄어들지 않았다.
- 반려견이 평소 좋아하는 장난감이나 사료에 반응하지 않는다.
- 긁힌 문, 의심스러운 카펫 얼룩, 집안에 이상한 냄새가 남아 있다.
- 개가 이상 배변 행동을 보이거나 변이 묽고 딱딱하지 않다.
- 가구 배치가 바뀌었거나 고가의 물건, 귀중품이 없어졌다.
- SNS나 웹 상에 함께한 반려견 사진이 올라와 있지 않다.
- 기물이 무단으로 옮겨져 있거나 불필요한 가전제품 사용의 흔적이 있다.
- 전체적으로 반려견이 펫시팅 서비스를 행복해하지 않는 것 같다.

COLUMN

직업으로서의 펫시터: 프리랜서형과 소속형

펫시터는 활동 형식에 따라 출장형과 위탁형으로, 고용 방식에 따라 프리랜서형과 소속형으로 나뉜다. 전자는 펫시터가 제공하는 서비스와 관련된 구분이며, 후자는 펫시터의 신분과 관련된 구분이다. 이에 따라 이론 상 네 가지 종류의 펫시터가 존재하는 셈이다. 고용 방식에 있어 펫시터는 프리랜서형과 소속형으로 나뉜다. 말 그대로 프리랜서형은 펫시터를 자영업으로 벌이는 사업자를, 소속형은 회사나 단체에 소속된 사업자를 말한다.

만약 펫시터를 직업으로 진지하게 고민하고 있다면, 프리랜서형으로 활동할지 소속형으로 활동할지 결정해야 할 때가 올 것이다. 처음에는 진입 장벽이 낮은 데다 많은 경험 없이도 손쉽게 반려견 돌봄 활동을 할 수 있다는 점 때문에 프리랜서로 출발하는 편이 쉬워 보인다. 하지만 시간이 지나면서 실제 고객을 상대하고 업무를 하다 보면 개인적으로 활동하는 것이 쉽지만은 않음을 경험하게 된다. 결국 자신의 성격에 따라 비즈니스 모델을 선택하여 정착하게 될 것이다. 예를 들어, 보험 가입 같은 작은 일에서부터 고객 응대와 의뢰인 확보 등에 이르기까지 '번거로운 건 딱 질색이야.'라는 성향이라면 이런 부분들을 모두 일괄적으로 챙겨주는 기업 소속형 펫시터가 알맞을 것이다. 반면 남의 밑에서 일하는 것이 달갑지 않고 사업적 수완이 남달라 '뭐든지 혼자 해야 직성이 풀려.'라는 성향이라면 홍보와 각종 서류 작업 및 세무 관련 일들까지 혼자서 감당하는 프리랜서형 펫시터가 적합할 것이다.

물론 사업성과 운영 방법에 있어 둘은 많이 다르다. 프리랜서형은 펫시팅으로 벌어들이는 이익을 모두 자신의 수익으로 가져갈 수 있지만, 소속형은 기업에 일정 비율의 커미션을 내야 한다. 프리랜서형은 펫시터 자신을 하나의 상품으로 만들어야 하기 때문에 '브랜드화' 과정이 필요하다. 엄격한 자기 관리와 함께 꾸준한 자기 계발이 이뤄져야 한다. 인터넷이나 SNS는 기본이며, 때에 따라 일러스트레이터나 유튜브, 기타 이미지 및 영상 제작 툴도 다룰 수 있어야 한다. 반면 소속형은 대부분의 홍보를 기업이 나서서 해준다. 펫시터 본인은 이러한 홍보 과정을 생략한 채 일정한 사이트나 앱으로 연결된 의뢰자와 바로 만날 수 있다. 따라서 초기 투자비용이 거의 들지 않으며, 마음만 먹는다면 당장 시작할 수 있다는 장점이 있다.
펫시팅 과정에서 본의 아니게 법률적인 분쟁이 생겼을 때도 프리랜서형은 모든 과정을 스스로 해결해야 한다. 물론 상해 보험이나 기타 보장 보험에 가입할 수 있지만, 법률적 다툼으로 갈 소지가 있으면 개인적으로 변호사를 선임해야 할 가능성도 있다. 반면 소속형은 이미 이러한 사건 사고에 따른 분쟁에 대비하여 일정한 보험을 들고 있기 때문에 소속된 기업이나 단체에서 법률 자문을 받을 수 있다. 회사에 펫시팅 관련 계약서 서식이나 표준약관이 구비되어 있으므로, 이러한 일에 경험이 많지 않은 펫시터라면 활동 초기에는 소속형이 좋을 수 있다. 소비자 입장에서 생각해도 프리랜서형과 소속형의 장단점은 보험 문제에서 나뉜다.

현재 국내에는 펫시터들을 상업적으로 연결해주는 업체가 빠른 속도로 늘어나고 있다.

국내 주요 펫시팅 비즈니스 업체

업체명	특징	홈페이지
도그메이트	무료 사전 만남 서비스 돌봄일지 제공 CCTV 대여 서비스	dogmate.co.kr
페팸	전국 펫시터 연결망 구축 모바일 앱 지원	pefam.co.kr
펫플래닛	모바일 앱으로 일지 제공 전국 펫시터 연결망 구축 실시간 반려견 확인 서비스	petplanet.co.kr
펫트너	수의사 펫시터 24시간 수의사 핫라인 제공 파충류 등 특수 동물 가능	petner.kr

대부분 모바일 앱을 제공하고 있으며, 의뢰인들이 휴대폰 상에서 업체를 선택해 지역과 장소를 설정하면 가까운 곳에 있는 펫시터들을 연결해준다. 의뢰인 입장에서는 펫시터들의 인적 사항은 물론 서비스 등급과 이전 사용자의 평가까지 볼 수 있어 적당한 펫시터를 선정하는 데 도움이 된다. 앱을 통해 위탁형과 출장형을 고를 수 있고, 시간과 일정을 조율할 수 있어서 편리하다. 미연의 사고를 방지하기 위해 대부분의 업체는 사전 만남 제도를 무료로 제공하고 있으며, 일부 회사는 사고와 연계된 병원 응급서비스와 각종 상해 보험 서비스도 제공한다. 펫시터를 처음 시작하는 입장에서는 이러한 업체의 도움을 받는 것이 초기에 쓸데없는 시행착오를 줄이는 차원에서 좋은 선택일 수 있다. 그렇게 처음에는 전문 업체에 소속되어 활동하다가 어느 정도 경험과 고객 명단이 쌓이면 프리랜서로

독립하는 것이 현명하다.

최근에는 프리랜서형과 소속형이 절충된 협업형도 생겨나고 있다. 협업형은 한 마디로 프리랜서로 활동하는 펫시터가 기존 애견호텔과 협력하는 형태이다. 명절이나 연말에는 애견호텔도 예약이 꽉 차서 더 이상 강아지를 받을 수 없는 경우가 종종 생긴다. 이럴 때 호텔은 고객을 놓치기보다 주변의 펫시터에게 연결해주는 서비스를 생각하게 된다. 평소 애견호텔과 펫시터의 비즈니스 영역이 일부 겹치기 때문에 서로 경쟁관계에 있다고 생각하기 쉬운데, 호텔 측에서는 어렵게 잡은 고객을 놓치지 않아서 좋고, 펫시터 입장에서는 손쉽게 의뢰인을 받을 수 있어 서로에게 윈윈이 된다. 형식은 여러 가지가 가능하다. 애견호텔에 병가나 휴무로 갑자기 직원이 부족할 때 펫시터가 일일 근무자로 돌보미 역할을 할 수도 있고, 펫시터가 위탁으로 받은 강아지를 집에 문제가 있어 들일 수 없을 때 평소 거래하는 애견호텔이나 애견카페와 접촉하여 저렴하게 장소를 이용할 수도 있다.

창업과 홍보 방법

프리랜서형 펫시터가 되려면 어떠한 부분들을 챙겨야 할까?

사업자 등록 및 보험 가입 의뢰인이나 고객을 받기에 앞서 사업자 등록부터 해야 한다. 지역 시청 또는 비즈니스 자문 그룹에 문의하여 필요한 사항을 확인하자. 그다음으로 펫시팅 중에 발생할지 모르는 여러 가지 사건 사고들에 대비해 다양한 보험에 가입해야 한다. 안타깝게도 우리나라에는 펫시터와 관련된 보험 상품이 없기 때문에 보통 프리랜서형 펫시터들은 반려동물과 사람을 대상으로 각기 상해 보험과 실손 보장 보험을 든다. 간혹 펫시터 중에 보험을 소홀하게 생각했다가 낭패를 당하는 분들이 있는데, 적은 비용으로 법적 골칫거리를 줄일 수 있기 때문에 무슨 일이 있어도 보험은 반드시 들어야 한다.

다양한 홍보 방법 사업자 등록과 보험 가입을 마쳤다면, 본격적으로 홍보를 해야 한다. 동물병원이나 슈퍼마켓, 마트나 쇼핑몰 진입로 게시판에 자신의 전단지와 명함을 놔둔다. 예산이 허락한다면 사람들이 많이 왕래하는 사거리나 지역주민센터에 가판대를 세워두는 것도 좋다. 아파트 정문 게시판이나 엘리베이터 부녀회 게시판도 펫시터 홍보 장소로 손색이 없다. 가능한 여러 개의 명함이나 전단지를 남겨 두면 잠재 고객들이 나중을 위해 가지고 갈 수 있다. 교회나 종교 활동을 하는 경우라면 매주나 매달 정기적으로 발행되는 주보나 뉴스레터에 펫시팅을 홍보할 수 있고, 차가 있다면 차량 범퍼나 옆문에 부착할 연락처 정보와 펫시터 로고를 제작할 수도 있다. 오프라인 홍보만큼 온라인 홍보도 중요하다. 펫시팅 서비스에 대한 자세한 정보와 개인화된 도메인 이름을 사용하여 온라인에 사이트를 만들어 홍보하는 방법은 필수적이다. 최근에는 SNS 마케팅을 통해 다양한 방식의 홍보가 가능하다.

그러나 뭐니 뭐니 해도 가장 강력한 홍보 수단은 입소문이다. 사람들의 '입에서 입으로 mouth-to-mouth' 전달되는 광고 한 번은 불특정 다수에게 무차별적으로 뿌린 수만 장의 DM보다 더 강력한 힘을 발휘한다. 마케팅의 대가 세스 고딘Seth Godin은 입소문 마케팅에 대해 이렇게 단언했다.

"사람들은 당신이 그들에게 하는 말을 믿지 않는다. 당신이 그들에게 보여주는 것도 좀처럼 믿지 않는다. 그들은 종종 자신의 친구들이 하는 말을 믿는다."

특히 펫시팅 비즈니스에서 입소문은 그 어떤 광고보다 효과적이다. 그럴 수밖에 없는 이유가 바로 '내 자식과 같은 아이'를 맡기기 때문이다. 내 자식이 '좋다' 혹은 '안 좋다'를 말로 평가해줄 수 없으니 지인이나 다른 사람들이 좋다고 평가하면 그쪽으로 마음이 쏠릴 수밖에 없는 것이다. SNS 담벼락에 쌓인 누군가의 '좋아요'가 아무 의미 없이 돌린 ARS 전화보다 더 큰 파괴력을 보여준다. 의뢰자와 연결되었을 때, 그들이 당신의 서비스를 어디서 들었는지 기록해두는 것이 중요한 이유이다. 친구의 소개로 찾아온 것인지, 웹사이트나 기타 온라인 검색을 통해 접촉한 것인지 안다면, 어떤 부분에 홍보를 집중해야 할지 알 수 있을 것이다. 펫시팅은 예민한 생물을 대상으로 한 서비스이기 때문에 웬만하면 바꾸지 않고 꾸준히 충성 고객으로 남는다. 반려용품은 충성도가 매우 낮은 제품군에 속하지만, 펫시팅은 반려견과 직접 마주하는 서비스이다 보니 다른 무엇보다도 충성 고객의 입소문과 개인적 소개가 매우 중요하다.

그러므로 펫시팅 서비스를 이용했던 의뢰인들의 주소와 전화번호, 이메일 같은 개인정보를 반드시 남기고 정기적으로 DM을 발송해야 한다. 그러려면 한 번 이상 자신의 서비스를 이용했던 반려견들의 전반적인 신상 정보견종, 색상, 생년월일, 건강 기록, 알레르기 유무, 전담 수의사의 이름 및 동물병원 연락처 등를 가지고 있어야 한다. 먹이 주기, 약물 치료, 운동 스케줄 등을 상세히 기록하고, 강아지와 함께 있었을 때 일어났던 특이 사항들을 일지로 남겨야 나중에 법적인 책임에서 자유로울 수 있다. 개중에 반복해서 서비스를 이용하는 의뢰인의 경우에는 VIP로 파일을 분류하여 따로 관리하고, 매번 서비스 시 발생했던 일들을 글과 사진으로 남겨 일지를 체계적으로 업데이트해야 한다. 이를 위해 모바일과 PC가 동기화된 앱을 사용하는 것은 최근 프리랜서형 펫시터들에게 필수적이다.

프리랜서형 펫시터는 하나에서 열까지 모든 업무를 혼자서 해야 하고 책임도 혼자서 감당해야 한다. 매출과 직결되는 홍보와 고객 관리도 도와줄 수 있는 주변 사람들이 없다면 혼자서 처리해야 한다. 서비스 약관이나 계약서 등도 따로 마련해야 한다. 보험과 동물병원, 수의사와의 관계도 미리 설정해두는 것이 유리하다. 이 모든 것이 번거롭고 자신이 없다면 소속형으로 시작하는 것을 추천한다. 요즘 펫시팅 업체는 자체적으로 펫시터를 훈련 및 교육시키는 프로그램도 운영하고 있기 때문에 적절한 도움을 받을 수 있을 것이다.

PSI에서 발간한 자료에 따르면, 2018년도 기준 북미에서 활동하는 전체 펫시터의 52.8%가 프리랜서로 활동하고 있다. 이중에 81.4%의 펫시터는 여성이며, 45.7%가 도시에서, 43.3%가 교외에서, 11%가 시골 지역에서 활동하고 있는 것으로 나타났다. 이와 비교해서 우리나라 펫시터 시장은 아직 걸음마 단계에 머물러 있다. 앞으로 6조 원에 이를 것으로 예상하는 반려동물시장에서 펫시터 분야는 앞으로 발전 가능성이 매우 풍부한 블루오션이다.

이번 장에서는...

정서 발달에 좋은 행동풍부화 노하우와
반려동물의 건강관리 및 응급처치 방법에 대해
알아보겠습니다.

제2장

행복한 펫시터로서의 첫걸음

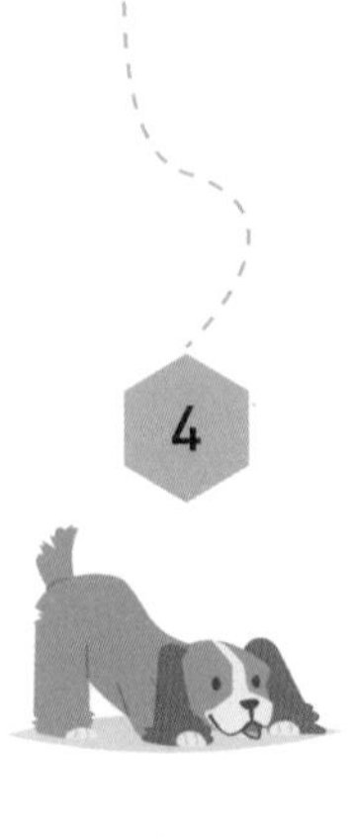

효과적인 펫시팅을 위한 행동풍부화 실천하기

펫시팅은 반려견을 행복하게 해주는 다각도의 모든 활동을 일컫는다. 반려동물에 대한 인식이 변화하고 반려문화가 발달하면서 펫시팅의 범위 역시 매우 넓고 다양해졌다. 단순히 집에 강아지를 가만히 앉혀놓고 먹이를 주는 데 그쳤던 시기를 지나 오늘날 펫시팅은 산책도 시키고, 노즈워크도 시키고, 나아가 도가반려견과 함께하는 요가 · 도그피트니스반려견의 체형과 특성에 맞는 운동 및 체형 교정 프로그램 · 일상에서 필요한 기초 훈련 · 도그스포츠 등 신체와 정서 모든 영역을 다루며, 펫시터는 이러한 것을 두루 섭렵한 포괄적인 전문가로 이해된다. 직업적인 펫시터는 보호자가 자리를 비웠을 때 반려견과 관련된 모든 일을 처리해야 할 책임, 즉 정서 및 신체 발달에 도움을 줄 수 있는 모든 활동을 장려하고 반려견의 안위와 생명을 위협하는 모든 위험에서 반려견을 지키고 보살펴야 할 책임을 지닌다. 이 책에서는 직업으로서의 펫시팅과, 자신의 반려동물을 직접 케어하는 측면에서 펫시팅을 두루 다룬다.

반려동물의 신체적 · 정서적 건강을 위해 알아야 할 '풍부화'란?

본래 '**풍부화**(enrichment)'라는 용어는 동물원 사육지를 중심으로 생겨난 개념이었다. 이 개념은 영장류 연구의 선구자로 꼽히는 심리생물학자 로버트 예르키스에 의해 처음 소개되었고, 동물행동학자 할 마코위츠에 의해 정착되었다. 이들로 인해 전 세계 동물원은 단순히 동물들을 가둬두는 수동적인 역할에서 벗어나 행동과 자극의 풍부화를 통해 동물의 신체와 정서적 건강을 확보하고 그에 맞는 훈련을 제공할 수 있게 되었다. 더불어 철장에 갇힌 동물에게 단순히 죽은 사료를 던져주는 것이 아닌 종의 특성에 맞게 적극적인 먹이 활동을 제시하고 식량 포획이나 각종 재료, 도구 사용 같은 다양한 프로그램을 활용하게 되었다.

이처럼 동물 복지와 생태에 대한 관심과 연구가 활발해지면서 풍부화 개념은 '**행동풍부화**(behavioral enrichment)'와 '**환경풍부화**(environmental enrichment)' 등으로 넓어졌다. 이는 본래 야생에서 경험했던 신체적 · 정신적인 자극들을 구현하고 자연과 유사한 냄새와 소리에 반응할 수 있도록 동물의 행동 습성을 유도하는 작업이다.

개가 야생에서 생활할 때는 시간과 에너지를 들여 먹이를 찾아 헤매고 생애 주기와 발달 단계에 따라 자연에서 짝짓기를 하며 자손을 번식시켰다. 하지만 인간과 함께 살고 그 삶에 적응하는 과정에서 개의 본능, 이를테면 동료를 향해 컹컹 짖거나 도망치는 먹잇감을 달려가 이빨로 낚아채는 등의 종특이(種特異)적 행동을 발현할 기회를 가질 수 없게 되었다. 더 이상 보금자리를 만들거나 애써 먹이를 찾을 필요가 없어지면서 본능적인 환경풍부화를 제대로 얻지 못하게 된 것이다.

이는 반려견의 정서와 신체에 여러 가지 문제를 일으키는데, 특히 우리가 흔히 말하는 문제행동의 원인이 된다. 반려인들이 강아지들에게 풍부화를 제공해주는 것이 필요한 이유이다.

펫시터에 대한 관심이 높아지면서 최근 서구를 중심으로 반려문화에도 '풍부화'라는 개념이 적용되고 있다.

개와 인간이 함께 살아가기 위해 어쩔 수 없이 개가 지니는 종특이성특정 종에게서 나타나는 생물학적 현상을 억제시켜야 하는 경우가 있다. 일례로, 개는 본래 짖도록 되어 있다. 울지 않는 아기가 없듯이 짖지 않는 개란 없다. 그런데 시도 때도 없이 본능적으로 개가 짖어대는 바람에 주변에 불만이 쌓이고 이웃 간 분쟁이 일어난다면 어떻게 해야 할까?

2015년, 서울시가 반려동물로 인한 민원을 자체 조사한 결과, 8개 자치구에 소음 및 배설물, 개 물림 등 문제로 접수된 민원이 총 1,018건에 달했다. 이 중에서 개 짖는 소리 등 소음 관련 민원이 331건으로 가장 많았다. 이 수치는 같은 해 접수된 아파트 층간 소음 민원188건에 거의 두 배에 육박하는 것으로, 개의 짖는 행위가 사회적으로 얼마나 문제가 될 수 있는지 단적으로 보여준다.

이 때문에 짖음 방지용 목걸이, 성대 스프레이를 사용하거나 심지어 반려견의 성대를 끊어내는 수술도 행해지고 있다. 성대 제거 수술과 관련해서는 말이 많지만, 소음 때문에 우울증 및 만성 두통을 호소하는 주민들의 입장, 그리고 수술을 해서라도 강아지를 끝까지 포기하지 않으려는 보호자의 마음을 헤아리면 어느 정도 이해가 되기도 한다. 수술대에 반려견을 올리는 주인의 심정이야 오죽할까. 실제로 유기견 센터에 모이는 상당수의 강아지들은 이처럼 짖는 문제로 파양되거나 유기된 경우다.

"시끄러워서 도저히 같이 살 수가 없었어요." "훈련소고 출장교육이고 별의별 노력을 다 해보았지만 결국 고쳐지지 않아서 눈물을 머금고 수술을 했어요." 이런 두 가지 입장이 있다면, 반려견을 유기하는 것보다 성대 제거 수술을 하는 것이 그나마 나은 방법일지도 모른다.

가치판단은 차차하고, 여기서 중요한 핵심은 이러한 일에 대한 '예상'이다. 반려견을 기르기로 결심했을 때 이 정도 상황은 예측하고 예상했어야 한다는 것이다. 보호

반려견을 키우려면, 보호자는 미리 예상하고 교육하며 주변 환경을 따져봐야 한다

예상	교육	환경
짖을 수 있다	배변 훈련	환경 풍부화
털이 날릴 수 있다	기초 훈련	주거 환경 마련
아플 수 있다	복종 훈련	
불편할 수 있다		
번거로울 수 있다		

자들 중에는 순간의 기분에 따라 강아지를 집에 들였다가 뜻하지 않게 난처해하는 경우가 종종 있다. 예상과 이해가 없어 생기는 일이다. 예상만 한 예방도 따로 없다.

예상 다음으로 필요한 것은 '교육'이다. 그러한 상황이 나에게도 얼마든지 일어날 수 있으니 미리 교육으로 대비하고 예방할 수 있어야 한다.

그와 동시에 '환경'이 중요하다. 개는 수평적인 동물로 다양한 신체 활동을 할 공간이 절대적으로 필요한데, 이러한 환경의 중요성은 간과한 채 그저 나만 좋으면 된다고 착각하는 보호자가 너무 많다.

환경풍부화는 이처럼 반려견을 둘러싸고 있는 예상과 교육, 환경이라는 요소들이 충분히 이해되었을 때 실현될 수 있다. 시끄러워서 강아지의 성대를 제거한다 해도 개가 양이 될 수는 없는 노릇이다. 짖지 못하는 개는 자신의 본능을 발휘할 곳을 찾지 못해 다른 곳에 화풀이를 할 수 있다.

아파트가 대부분인 우리나라 주거 형태의 특성상, 반려인과 반려견 그리고 비반려인이 함께 살아가기 위해서는 어쩔 수 없이 개의 종특이성을 일정 부분 포기해야

하는 것 아니냐는 입장을 모르는 바 아니다. 다만 반려견에 대한 사회적 인식과 반려 문화에 대한 성숙한 관용, 당사자 간의 합의가 전제되지 않은 채 모든 희생을 개의 몫으로만 돌리는 것은 여러모로 고민해볼 필요가 있다.

환경풍부화가 실현되면 문제행동이 줄어든다

반려견의 이상행동과 상동행동을 최소화하기 위해서는 실제 종의 생존과 번식에 관련된 자연스러운 행동을 할 수 있도록 실내 환경을 풍부하게 만들어주는 것이 필요하다. 풍부화의 목표는 정도를 벗어난 행동을 감소시키거나 제거하기 위해 종에게 요구되는 적절한 행동의 기회를 제공하는 것이다. 또한 만성적인 스트레스의 잠재적인 원인들을 줄이고, 자연에 가까운 먹이 활동을 할 수 있도록 최대한 복잡하고 예측할 수 없는 환경을 제공함으로써 종특이적 행동을 증진시키는 것이다. 사료도 평이하게 주는 것이 아니라 모험적이고 자극적인 방식으로 제공하여 반려견 스스로 먹이를 찾아다니도록 하는 것, 애견카페나 공원에서 다른 강아지들과 정기적으로 만나서 뛰어놀 수 있는 시간을 주는 것, 향신료나 다양한 냄새, 다른 강아지의 분뇨 등을 통해 반려견이 늘 후각을 활용할 수 있도록 하는 것이 모두 행동풍부화이다.

강아지가 다양한 자극을 느끼며, 강아지다운 자연스러운 행동을 할 수 있는 환경을 만들어주면 이상행동이나 상동행동이 눈에 띄게 줄어들 것이다.

반려견을 위한 놀이터를 만들 외부 공간이 있다면 진흙 구덩이나 그늘막, 나뭇가지 등을 조성하여 강아지가 다양한 환경을 느끼고 살아갈 수 있게 배려해주는 것도 좋다. 강아지가 다양한 지형 환경에서 마음껏 뛰어놀고 야생의 본능과 모험심을 충족시킬 수 있는 상황을 만날수록 생활 속 문제행동이 불거질 확률이 현저하게 줄어든다.

이처럼 풍부한 실외 환경을 만들 수 없는 보호자라도 실망할 필요는 없다. 실내에서도 얼마든지 환경풍부화를 실험해볼 수 있기 때문이다. 보호자가 조금만 더 세심한 주의를 기울인다면, 평면적이고 단선적인 실내 환경도 수직적이고 다양한 공간으로 변신할 수 있다.

일례로, 평범하게 그릇에 주던 사료를 여기저기 흩어서 배치해주거나, 종이나 천에 싸서 숨겨 두어 강아지가 노즈워크로 하나씩 찾도록 배식 환경을 조성할 수 있다. 강아지에게 식사는 드라마틱한 모험으로 거듭나야 한다. 집에 온 택배 상자를 버리지 말고 모아 두었다가 사료와 간식을 넣어 집안 구석구석 배치하면 익숙한 실내도 멋진 급식 장소로 탈바꿈된다. 평소 바빠서 이런 부분까지 신경 쓸 겨를이 없다면 장난감을 이용하여 사료를 주거나 사료를 주는 시간을 변경하거나, 아니면 급여대의 위치를 바꿔주는 단순한 변화만으로도 환경풍부화에 근접할 수 있다.

또한 향신료 및 허브나 향수, 다른 강아지의 냄새를 이용한 후각 자극을 통해 강아지 양육 환경을 업그레이드할 수 있다. 개는 본래 산책의 욕구만큼이나 냄새를 맡고 싶은 욕구를 가지고 있다. 산책을 하며 동료 강아지가 마킹해놓은 냄새도 맡고, 옆집 강아지 꽁무니를 졸졸 따라다니며 항문에서 나는 냄새도 맡고, 실내에서는 맡을 수 없는 흙냄새와 낙엽 냄새, 기타 다양한 냄새들에 노출될 필요가 있다. 집안에도 외부 흙이나 물건들을 자주 들여놓아 새로운 냄새에 반려견의 후각이 자극받을 수 있도록 배려해야 한다.

이처럼 풍부한 환경에서 생활하는 반려견은 신체적 · 정서적 안정을 얻기 때문에 보다 정상적으로 '개답게' 행동한다. 정말이지 개는 개다워야 한다!

반려견의 기본적인 건강관리와 응급처치

2014년 한 해 우리나라 119 상황요원들이 가장 황당하다고 꼽은 사례가 바로 반려견과 관련된 사건이었다고 해서 화제가 된 적이 있다. 다급하게 상황실로 전화가 와서 받아보니 "우리 아기 숨넘어가요."라며 아주머니가 소리를 질렀다. 심상치 않은 상황을 직감한 대원들은 즉시 현장으로 출동했다. 그런데 정작 현장에 도착하니 안방에 반려견 한 마리가 누워있고 그 옆에서 아주머니가 발만 동동 구르고 있더라는 것이다. 반려인의 한 사람으로서 마냥 웃을 수만은 없는 이야기이다. 평소 자신의 반려견을 위해 기초적인 건강관리와 응급처치를 알고 있는 펫시터라면 이런 상황에 조금 더 현명하게 대처할 수 있지 않을까?

부위별로 본 기본적인 건강관리

반려견은 아파도 아프다는 말을 할 수가 없다. 단순히 낑낑거리거나 주저앉으면서 아픔을 호소할 수 있을 뿐이다. 책임감 있는 펫시터라면 반려견이 보내는 이러한 건강 이상신호에 민감하게 반응할 수 있어야 한다. 강아지들은 보통 어떤 질환으로 아파하고 어떤 증상을 보일까? 반려견들에게 일반적으로 일어나는 질환들을 부위별로 알아보도록 하자.

❶ 뼈

슬개골 탈구는 반려견의 뒷다리에 있는 슬개골이 정상적인 위치활차구에서 빠져 탈구된 상태를 말한다. 초기에는 증상이 없다가 탈구가 진행되면서 점점 다리를 땅에 닿지 못하거나 바닥에 질질 끄는 증상을 보이고, 만지면 아파한다. 주로 작은 개에게서 흔히 나타나는 질병이다.

슬개골 탈구의 원인으로는 선천적인 요인과 후천적인 요인이 있는데, 선천적 요인이 전체 발병의 70%를 차지한다. 선천적인 경우, 대개 4~6개월 사이의 강아지에게 나타난다. 토이푸들처럼 인위적으로 조그만 체형으로 만들어진 강아지는 무릎관절의 인대와 근육이 보통 견종보다 약하게 태어나기 때문에 선천적으로 슬개골이 탈구되기 쉽다. 포메라니안과 요크셔테리어, 치와와, 몰티즈 같은 소형견들도 슬개골 문제로 어려움을 겪는 경우가 많다.

반면 후천적 요인은 높은 곳에서 추락하거나 비만으로 인해 관절에 무리가 가서 생기는 경우가 많다. 실내에서 생활하는 반려견의 경우, 마룻바닥이 미끄러워 다리관절에 지속적인 부담이 가는 경우에도 슬개골이 탈구될 수 있다. 강아지들이 마룻

반려견 슬개골 탈구의 4단계

Grade 1(1기)	Grade 2(2기)	Grade 3(3기)	Grade 4(4기)
탈구가 일어나지만 정상적인 상태로 돌아가기 때문에 증상이 없어 눈치채기 어려운 경우가 많다.	때때로 탈구된 다리를 띄워 걷지만 스스로 다리 스트레칭을 하거나 사람이 조금 만져주면 쉽게 원위치로 돌아간다.	대부분 탈구되어 있는 경우가 많으며, 다시 붙여도 즉시 탈구되기 때문에 탈골된 쪽의 다리를 아예 들고 다니는 경우가 많다.	항상 탈구가 되어 있는 상태로 되돌릴 수 없고, 무릎을 구부린 상태에서 걷는 등 보행 이상을 보인다.

바닥이나 미끄러운 장판, 대리석 위를 걷는 것은 마치 여성들이 하이힐을 신고 얼음판 위를 걷는 것과 같다. 보통 땅 위를 걸을 때는 터벅터벅 걷지만, 얼음 위에서는 미끄러지지 않기 위해 살금살금 걷게 된다. 이런 보폭은 무릎과 그 위쪽에 무리를 준다. 결국 미끄러운 바닥에서 지속적으로 생활하는 것은 반려견의 관절에 심각한 부담을 줄 수 있다.

위 도표에서 2~4 단계의 강아지가 걷는 데 어려움이 있다면 즉시 수술을 받아야 한다. 필요한 수술은 유형에 따라 달라지지만, 대부분 슬개골이 들어갈 수 있도록 깊이를 만들어주거나 힘줄을 조절해주는 수술을 진행한다. 4단계의 일부는 대퇴골 및 경골을 재조정하기 위해 더 복잡한 수술이 필요할 수 있다.

반복적인 슬개골 탈구는 보행의 문제를 낳을 수 있기 때문에 수술보다 예방이 중요하다. 그럼 어떻게 하면 슬개골 탈구를 방지할 수 있을까? 무엇보다 무릎에 부담을 주지 않는 것이 좋다. 특히 체중이 많이 나가는 강아지는 그렇지 않은 강아지보다 관절에 무리가 가기 쉽다. 사람도 식단을 조절하고 운동을 통해 다이어트를 하듯이, 강아지 역시 식단 조절과 운동을 통해 평소 체중을 유지하는 것이 바람직하다.

보기엔 귀여운 이족보행, 그러나...

강아지는 해부학적으로 본래 네 발로 걷도록 되어 있는 동물이다. 그런 개를 두 발로 걷도록 훈련시키면 관절에 무리가 갈 수 있다. 당장은 애교 넘치는 동작으로 보호자에게 즐거움을 줄지 모르지만, 두 발로 깡충깡충 뛴다든지 사람처럼 이족보행을 하도록 지속적으로 훈련시키면 슬개골에 부담이 간다. 또한 높은 곳을 오르내릴 때는 반려견의 보폭에 맞는 계단이 있으면 좋다. 반려견이 미끄러지지 않도록 미끄러운 바닥 대신에 매트를 깔아서 관절을 보호하는 것은 펫시터로서 할 수 있는 최소한의 노력이다. 마지막으로 평소 관심을 갖고 반려견의 슬개골을 마사지해주면 더없이 좋을 것이다.

❷ 눈

각막염 눈 역시 여러 가지 반려견의 건강상 문제들을 일으킬 수 있는 부위이다. 가장 일반적인 질환은 각막염인데, 자연적으로 발생하는 경우와 주변 사물에 의한 외상이 원인인 경우가 있다.

각막염에 걸린 반려견은 햇살에 눈이 부신 듯한 표정을 짓는 것이 특징이다. 가려움과 통증 때문에 눈을 자주 문지르거나 얼굴을 바닥에 비비는 행동도 보인다. 각막은 샴푸 같은 가벼운 화학적 자극이나 먼지, 티끌, 눈썹, 털 같은 물리적 자극에 의해서도 쉽게 손상될 수 있으므로 주인이 평소 강아지의 각막 상태를 점검해야 한다. 특히 털이 눈을 덮은 견종들은 주기적으로 눈 주위의 털을 관리해주는 것이 필요하다.

백내장 백내장은 반려견에게 두 번째로 흔한 안구 질환인데, 다른 질환과 달리 무서운 것은 별다른 초기 증상이 없다는 점이다. 처음에는 시력에 전혀 문제가 없다가 시간이 흐르면서 갑자기 백내장으로 시력을 잃을 수 있다. 강아지가 자주 여기저기 부딪치거나 움직이는 물체에도 반응하지 않으면 백내장을 의심해봐야 한다. 사료나 간식을 손으로 줄 때 자꾸 음식을 놓치거나 떨어뜨린다면, 시력에 문제가 생겼다는 신호이다. 백내장은 자연적인 노화나 당뇨병, 외상 등의 원인으로도 일어나기 때문에 노견이라면 어느 정도 피할 수 없는 질환이다. 치료로는 안약 및 물약으로 병의 진행을 억제하거나 수술을 받는 방법밖에 없다.

녹내장 백내장과 달리 녹내장은 안압이 높아지면서 시신경이 영향을 받아 시야가 좁아지는 질환이다. 백내장처럼 녹내장도 병세가 깊어지면 실명할 수 있다. 녹내장 역시 초기에는 별다른 증상을 느낄 수 없다. 그래서 평소 펫시터가 반려견의 눈을 수시로 확인하고 체크하는 수밖에 없다. 눈에 희끄무레한 막이 보이거나 반려견이 익숙한 지형에서 자주 넘어지는 등 이상한 행동을 반복한다면 녹내장을 의심해봐야 한다. 이러한 전조 증상들을 대수롭지 않게 넘기면 나중에 큰 문제를 일으킬 수도 있다.

❸ 피부

반려견의 피부는 다른 장기와 달리 외부 자극이나 병원체에 직접 접촉하는 기회가 많으므로 각종 질환에 특히 취약하다.

피부염 대표적인 피부 질환은 접촉성 피부염으로 붉은 반점이나 발진, 부종을 동반한다. 곰팡이에 감염된 동물이나 물체 또는 사람, 오염된 토양과 접촉하면서 전

파된다. 피부염을 예방하기 위해서는 반려견이 생활하는 주변 환경을 언제나 깨끗하게 유지하고 알레르기를 일으키는 물질들과 접촉하지 않도록 치워줘야 한다. 치료는 항히스타민 연고제를 처방받아 꾸준히 바르면 금세 호전된다.

습진 습진은 몸 전체에 생길 수 있는 피부염과 달리 축축한 부위에 집중적으로 발생한다. 특히 반려견의 발은 털이 많고 땀샘이 분포되어 있어 자주 습진이 생기는 부위이다. 습진은 가려움증을 동반하므로 발을 핥거나 피부가 벗겨질 때까지 긁어서 고름이 생기기도 한다. 이렇게 되면 몸 전체로 습진이 퍼질 수 있기 때문에 빨리 치료해주는 것이 좋다. 기생충과 같은 외부 환경에 의한 감염, 또는 물기를 잘 말리지 않아 생기는 곰팡이균에 의한 감염, 탄수화물 과다 섭취로 인한 급성 습진 등을 주의해야 한다. 목욕 후에는 강아지의 몸을 완전히 건조해주고, 사람이 먹는 음식은 되도록 섭취하지 않도록 제한하는 것이 좋다.

상황별 응급처치

사고는 방심하는 순간 누구에게나 일어날 수 있다. 내 강아지가 식사를 하다가 사료가 목에 걸릴 수도 있고, 저녁에 동네를 산책하다가 자동차나 오토바이에 치일 수도 있다. 이처럼 강아지가 응급상황이나 사건 사고로 뜻하지 않은 어려움에 봉착했을 때 펫시터로서 신속하게 대처하는 방법들에는 어떤 것들이 있을까? 응급처치는 대부분 사람에게 바로 쓰일 수 있는 응급처치first aid와 마찬가지로 개에게 바로 적용될 수 있어야 한다.

❶ 화상

반려견을 키우면서 가장 주의해야 하는 사고 중 하나가 바로 화상이다. 흔히 인간과 달리 개들은 피부 위에 두터운 털이 쌓여있기 때문에 화상에서 자유로울 것이라고 착각하지만, 사실은 전혀 그렇지 않다. 피부 표면이나 진피층에 가해진 화상은 반려견들에게 상처를 남긴다. 문제는 사고 즉시 볼 수 없는 화상의 경우이다. 사고가 발생한 지 12시간~만 하루가 지나면 화상에 따른 수포나 상처가 나타날 수 있다.

반려견들은 말을 할 수 없기 때문에 화상을 입어도 보호자가 세심하게 주의를 기울이지 않으면 모르고 그냥 지나칠 수 있다. 그러므로 육안으로 쉽게 보이는 등 부위 외에 배 안쪽이나 겨드랑이처럼 잘 보이지 않는 곳까지 구석구석 점검하는 것이 필요하다. 반려견 화상은 난로나 버너 같은 직접적인 화염에 의해 일어날 수도 있지만, 부식성 화학물질이나 방사선, 전기담요나 장판에 의해 간접적으로 일어날 수도 있다. 화상까지는 아니어도 달구어진 기름이나 촛농, 전기포트 물 등에 델 수도 있다. 강아지가 화상을 입었다고 판단될 때는 간단한 응급처치를 한 다음, 바로 동물병원이나 수의사에게 데리고 가는 것이 좋다.

First Aid for Dogs

강아지가 화상을 입었을 때의 대처 요령

① 흐르는 차가운 물로 데인 부위를 식힌다.

② 화상 부위를 물에 담그거나 차가운 팩으로 최소한 5분 정도 찜질한다.

③ 축축하고 차가운 압박붕대를 화상 부위에 두른다.

④ 갑작스러운 체온 저하에 대비해 담요로 몸을 감싼다.

⑤ 즉시 동물병원으로 데리고 간다.

❷ 질식

의외로 질식사로 죽는 반려견이 한 해 꽤 된다. 2018년, 미국 텍사스 주에서는 보호자가 출근한 뒤 혼자 남겨진 핏불테리어가 집에 남아 있는 과자를 훔쳐 먹다가 과자 봉지에 머리가 감겨 질식사하는 사고가 일어났다. 통계에 따르면, 미국에서만 매주 반려동물 3~5마리가 질식사했는데, 사고의 42%는 보호자가 옆방에 있을 때 벌어졌다고 한다. 반려동물이 질식사하는 데 채 3분이 걸리지 않았다는 것이다.

반려견이 사료를 먹다가 갑자기 컥컥거리거나 입을 벌리고 고통스러워하면 기도 폐쇄를 의심해야 한다. 반려견의 혀가 기도를 막고 있는 경우가 많으니 먼저 이를 체크하고, 과자나 사료 · 기타 간식으로 막혀 있는 경우 신속하게 손가락을 넣어 이를 제거해야 한다. 장난감이나 플라스틱 물건들이 기도 안으로 깊숙이 들어간 경우에는 진공청소기의 흡입구를 제거한 후 개의 입 안에 넣어 빨아내는 것도 좋은 방법이다. 때에 따라 하임리히 응급법Heimlich maneuver을 이용하여 개를 뒤에서 안고 등 뒤를 여러 차례 세게 쳐주는 방법도 시도할 수 있다. 65페이지 참고.

First Aid for Dogs

강아지 목에 이물질이 걸렸을 때의 대처 요령

① 강아지가 사료를 먹다가 컥컥거린다면 조금 기다려준다.

② 그래도 강아지가 계속 컥컥거리면 등을 뒤쪽에서 가볍게 쳐준다.

③ 개 뒤에 서서 양 팔로 개 허리를 감싸고 복부를 강하게 서너 번 쓸어내린다.

④ 장난감이나 골프공 같은 물건을 삼켰다면, 혀를 잡아 빼고 눈에 보이는 이물질을 제거하여 기도를 확보한다.

⑤ 강아지가 의식이 없다면, 신속히 동물병원으로 데리고 간다.

소형견의 경우, 뒷다리 허벅지를 잡고 강아지를 거꾸로 든 후에 부드럽게 흔들어 주어 중력의 힘으로 이물질이 자연스럽게 빠질 수 있도록 한다. 중대형견의 경우에는 반려견 뒤에서 뒷다리를 잡고 안아 올린다.

그럼에도 강아지가 숨을 쉬지 않으면 하임리히 응급법을 시행하는데, 강아지의 갈비뼈는 사람보다 연하고 부드럽기 때문에 부러질 위험이 있으니 너무 강한 압박은 삼가는 것이 좋다. 반려견의 허리를 양팔로 감싸 안고 엄지가 반려견 복부 쪽을 향하게 하고 주먹을 쥔다. 갈비뼈 아래 복부를 주먹 쥔 손으로 세게 5회 미만 압박한다. 어깨뼈 사이를 손바닥으로 4~5회 두드려주고, 이물질을 뱉을 때까지 이 과정을 반복한다.

❸ 발작, 경련

잘 놀던 반려견이 갑자기 발작이나 경련을 일으키면 보호자들은 상당히 놀라게 된다. 대체 강아지들은 왜 경련을 일으키는 걸까? 발작을 일으키는 개들은 며칠 전 혹은 몇 시간 전부터 '전구증상prodrome'을 보인다. 평소 좋아하던 활동을 꺼리거나 불필요한 행동을 자주 반복하는 경우, 사료를 먹다가 토하는 등의 모습을 보이면 발작이나 경련 가능성을 의심해야 한다. 전구증상이 암시적인 증세라면, '전조증상aura'은 보다 직접적인 증세를 보인다. 갑자기 강아지가 숨거나 신경질을 부린다든가 침을 흘리거나 반복적으로 짖는 행동을 보이면 발작이나 경련을 예상할 수 있다.

반려견의 발작의 원인은 다양하다. 신경계의 이상이나 뇌의 질환, 간질이나 유전적인 요인, 극심한 활동이나 놀람, 부딪히거나 떨어져서 생기는 일시적인 신경 장애가 그 원인이 되기도 한다. 보통은 근육이 수축하거나 꿈틀거리는 모습, 배변 장애나 침 흘림, 기억 상실이나 불안, 공포 등을 보인다. 경련이나 발작은 수분 내로 끝나는 경우가 대부분이지만, 발작이 끝난 이후에도 한동안 신체가 제 기능을 회복하지 못할 수도 있다. 경련이나 발작이 5분 넘도록 지속되면 즉시 반려견을 데리고 동물병원으로 가야 한다. 대부분의 간질성 경련이나 발작은 쉽게 회복되는데, 그렇지 않다면 뇌나 신경계에 다른 심각한 요인이 문제일 수 있기 때문이다.

First Aid for Dogs

강아지가 발작 · 경련을 일으킬 때의 대처 요령

- 발작을 일으키는 반려견 주변에 위험한 물건들을 치운다. 침대나 소파 위에 누워 있다면 굴러 떨어질 수 있기 때문에 강아지를 바닥에 내려놓는다.
- 괜히 도와준답시고 반려견에게 불필요한 터치를 하지 않는다.
- 의식은 있는지, 숨을 쉬고 있는지, 기도를 막고 있는 이물질은 없는지 체크한다.
- 발작을 일으킬 때 음식이나 물을 주려고 해서는 안 된다.
- 발작에서 깨어나면 반려견을 따뜻하게 안아준다.
- 경련이나 발작이 자주 반복되거나 지속되면, 즉시 수의사나 동물병원을 찾는다.

❹ 기절

2012년, 미국 위스콘신 주의 한 가정집에서 화재로 기절한 반려견을 소방관이 인공호흡으로 살린 기적이 일어났다. 기적의 주인공인 7살 난 래브라도는 화염에 휩싸인 집에 갇혀 있다가 연기에 정신을 잃고 쓰러졌는데, 다행히 출동한 소방관이 발견하여 밖으로 옮긴 후 지체 없이 인공호흡을 실시하여 살아났다. 용기와 기지를 발휘하여 귀한 반려견의 목숨을 구한 두 명의 소방관, 제이미 기스와 제러드 톰슨은 이 사건으로 전국적인 칭송과 박수를 받았다.

이 일이 우리 자신의 일이 될 수도 있다. 기절은 특히 위급한 상황 대처가 필요하다. 만약 반려견이 3~5분 정도 숨을 쉬지 않으면 뇌사에 빠질 수가 있기 때문이다. 의료적인 문제는 항상 수의사와 상담하고 동물병원으로 직행하는 것이 최선이나, 특수한 상황의 경우에는 발 빠른 응급조치가 이루어지지 않아 병원 이송 중에도 사망할 수 있으니 간단하게 따라 할 수 있는 반려견 인공호흡 및 대처법을 배워두면 도움이 된다. 기본적인 반려견 인공호흡법은 다음과 같다.

First Aid for Dogs

강아지에게 인공호흡하는 법

① 제일 먼저 입과 기도에 막힌 이물질이 없는지 확인한다.

② 입 밖으로 혀를 뽑는다.

③ 혀가 다치지 않게 하고 반려견의 입을 닫는다.

④ 반려견의 코를 손으로 둥글게 쥔다.

⑤ 소형견이라면 입으로 개의 코와 입을 모두 물고 개의 가슴이 부풀어 오를 때까지 숨을 불어넣는다.

대형견이라면 입으로 개의 코만 문 채로 숨을 불어넣는다.

⑥ 첫 1분 간 매 3~5초마다 숨을 불어넣는다.

⑦ 반려견이 호흡을 재개하고 맥박이 다시 뛰는지 확인한다.

⑧ 이후부터는 매 6초마다 숨을 불어넣는다.

⑨ 숨과 맥박이 잡히면 즉시 반려견을 동물병원으로 데리고 간다.

COLUMN

강아지와 함께하는 삶, 그 아름다운 선택에 관하여

바오밥나무에 온통 점령된 소행성 B612에서 어린 왕자는 사막여우를 만난다. 어린 왕자는 여우에게 함께 놀기를 청한다.

"여우야, 이리 와서 나하고 놀자. 나는 지금 너무나 슬퍼."

여우는 어린 왕자의 부탁을 정중히 거절한다.

"난 너와 놀 수가 없어. 난 너에게 길들여지지 않았거든."

어린 왕자는 골똘히 생각하다가 묻는다.

"길들인다는 것이 무슨 뜻이니?"

"…."

여우는 어린 왕자에게 서로 길들이는 법에 대해 차근차근 설명한다.

"그건 자칫하면 잊기 쉬운 거야. 그건 관계를 맺는다는 뜻이지. … 내게 있어서 너는 지금 수많은 소년들 중 하나일 뿐이야. 그러므로 난 너를 필요로 하지 않지. 그리고 너도 역시 날 필요로 하지 않을 거야. 너에게 있어 나는 수많은 여우들 중 하나일 뿐이니까. 하지만 네가 나를 길들인다면, 우리는 서로를 필요로 하게 되지. 너는 나에게 세상에서 단 하나뿐인 존재가 되는 거야. 나 역시 너에게 세상에서 단 하나뿐인 존재가 되는 거고….”

프랑스 공군비행사이자 작가였던 생텍쥐페리Antoine de Saint-Exupéry가 1943년 발표한 소설 『어린 왕자』의 한 대목이다. 이 부분을 읽을 때마다 펫시터와 반려견의 애틋한 관계가 떠오르며 나도 모르게 입가에 미소가 피어난다. 세상에 모든 반려인들이 오늘도 길들이고 길들여지는 관계를 통해 반려견과 함께 지구라는 행성에서 살아가고 있다. 반려동물이 없다면 분명 지구별은 지금보다 훨씬 쓸쓸할 것이다.

반려, 생을 함께하는 관계에 관하여

‘길들인다tame’라는 말은 ‘가축화한다domesticate’는 말보다 훨씬 관계적이다. 길들임은 기계적이고 수직적인 이해관계를 염두에 두지 않고 서로가 서로에게 필요한 존재임을 인정하는 원초적이고 적극적인 행위이다. 오랜 시간을 두고 반려견과 길들임의 관계를 갖는 것은 반려자와 평생 해로하는 결혼 관계에 비견할 수 있다. 보호자에게 있어 반려견은, 어린 왕자에게 사막여우가 그랬듯, 지구 상에 존재하는 수많은 개들 중에서 가장 소중하고 의미 있는 대상이다. 보호자가 반려견을 길들인다면 주인은 그 반려견이 갖는 모든 특징과 성격, 심지어 적잖이 괴랄한 버릇까지 사랑하게 될 것이다.

“네가 날 길들인다면 내 생활은 햇빛을 받은 듯 환해질 거야. 모든 발소리와는 다르게 들릴 발소리를 나는 듣게 될 거야. 다른 발소리는 나를 땅속에 숨게 하지. 네 발소리는 음악처럼 나를 굴 밖으로 불러낼 거야. … 네 머리칼은 금빛이야. 그래서 네가 나를 길들인다면 정말 놀라운 일이 일어날 거야. 밀은, 금빛이어서, 너를 생각나게 할 거야. 그래서 나는 밀밭에 스치는 바람 소리를 사랑하게 될 거고….”

생텍쥐페리가 그린 어린 왕자와 사막여우의 이야기는 인간과 반려동물 간의 길들임에 대한 우화이다.

사막 한가운데에 불시착한 조종사에게 어린 왕자는 서로를 길들이고 길들여지는 관계가 얼마나 세상을 다르게 보게 하는지 알려준다. 그 이야기는 자칫 없었다면 차가운 세상이 되었을 법한 오늘 이 지구별에서 서로를 보듬고 사랑을 나눌 수 있는 반려동물이라는 유일무이한 존재의 가치를 가르쳐준다. 반려동물은 인간의 가슴을 뛰게 하는 존재이다. 팍팍한 삶을 살아가도록 힘을 주는 친구이자 동료이며 도반道伴이다.

『어린 왕자』의 여우는 말한다.

"가령 오후 4시에 네가 온다면, 나는 3시부터 행복해지기 시작할 거야. 시간이 갈수록 난 더 행복해질 거야. 4시가 되면, 벌써 나는 안달이 나서 가만히 있지 못하게 될 거야. 난 행복의 대가가 무엇인지 알게 될 거야!"

같은 맥락에서 반려동물에 대해 물리학자 앨버트 아인슈타인은 이렇게 말했다.

"인생의 비참함에서 도망칠 수 있는 피난처는 단 두 개밖에 없다. 하나는 음악이고 다른 하나는 고양이다."

반려동물로 인간은 언제나 행복해질 수 있으며, 반려동물은 불행한 인간을 언제나 웃게 할 준비가 되어 있다. 펫시터와 반려견의 관계는 인생이라는 리허설이 없는 무대에서 생사의 과정을 함께 하는 반려자이기도 하다.

「모나리자」를 그린 위대한 화가 레오나르도 다빈치가 생전에 개를 그렸다는 사실을 아는 사람은 그리 많지 않다. 다빈치의 천재성은 익히 알려진 바다. 그가 남긴 36장짜리 얄팍한 스케치 노트가 마이크로소프트의 창업자 빌 게이츠에게 경매로 340억에 팔렸을 정도로, 그의 족적 하나 하나가 오늘날 말로 다할 수 없는 가치를 지닌다. 그랬던 그가 1490년 즈음 문득 개의 앞발에 지대한 관심을 갖기 시작했던 이유는 무엇이었을까? 혹시 그도 펫시터가 아니었을까? 그가 남긴 삽화들을 보면 얼마나 강아지를 사랑했는지 알 수

있다. 세밀한 선과 면의 조합은 그림 속 개가 실제로 종이를 찢고 금방이라도 튀어나올 것만 같은 생생함을 보여준다. 레오나르도 다빈치는 유독 개의 왼쪽 앞발을 면밀히 그렸는데, 그 덕분에 사슴 사냥개로 보이는 15세기 견종의 앞발을 오늘날 우리들 또한 다양한 각도에서 볼 수 있게 되었다. 한 위대한 화가가 남긴 다양한 강아지 그림들을 통해 역사적으로 인간과 오랜 시간 함께 지내온 반려동물의 그림자를 보고 있노라면 울컥해진다.

삶의 가치를 더해주는 존재

정말이지 인생에서 반려동물이 없는 모습은 상상할 수도 없다. "강아지를 길러본 적이 없는 사람은 인생에서 정말 멋진 부분을 놓친 것이다."라는 미국의 유명한 TV쇼 진행자 밥 바커Bob Barker의 말을 인용하지 않더라도, 강아지는 이미 우리의 삶에서 커다란 몫을 차지하고 있다. '멍멍이'든 '댕댕이'든 혹은 뭐라고 부르든 상관없이, 인간은 네 발로 걷고 후각이 뛰어나며 주인을 보면 꼬리를 사정없이 흔드는 바로 그 존재와 수천 년을 함께 사랑하고 공생하며 진화해왔다.

"개로서의 내 삶에서 내가 배운 건 이거야. 즐거워해라. 분명하게, 언제든 가능하다면 구해야 할 이를 찾아 구해줘라. 사랑하는 이들을 핥아주어라. 할 수 있는 일에 망설이지 말아라. 그냥 지금 여기에 있어라."

영화 「베일리 어게인」에 등장하는 베일리의 독백이다. 베일리라는 강아지의 독백으로 시작하는 이 영화는 인간에게 온몸으로 사랑을 가르쳐주는 다양한 견생犬生을 파노라마로 보여준다. 베일리는 네 번이나 환생하여 다양한 보호자들의 곁에서 사랑스러운 반려견이 되는데, 위의 대사를 곱씹어 보면 '개의 목적A Dog's Purpose'이라는 영화의 원제가 의미심장하게 다가온다.

강아지를 키운다는 것은 단연코 인생에서 가장 아름다운 선택이다. 반려견이 인간에게 가르쳐주는 것은 단순히 생명에 대한 존중만이 아니다. 개는 인간에게 사랑을 가르쳐주기 위해 이 땅에 존재한다. 이를 두고 노벨 문학상을 수상한 터키의 국민 소설가 오르한 파묵Orhan Pamuk은 "개는 오로지 들을 줄 아는 사람들에게만 말을 한다."라고 했다.
당신은 어떤가? 지금 내 곁에 함께하는 반려견의 무엇이 들리는가?

이번 장에서는...

강아지의 마음을 안정시키는 홈얼론 교육과

기분 좋은 목욕 & 빗질 방법을 배워보겠습니다.

제3장

혼자서도 행복해요 :
정서 안정을 위한
펫시팅 실전교육

혼자서도 잘 지내는 홈얼론 교육

함께 있을 때는 아무런 문제가 없던 반려견도 주인이 집을 비우면 각종 문제와 말썽을 일으키는 경우가 있다. 벽지나 장판을 물어뜯거나 방문이나 가구, 또는 베란다 방충망을 마구 긁는 등 집안을 쑥대밭으로 만들어놓는다. 외출 후 돌아온 보호자는 폭격을 맞은 듯한 집안을 보고 기겁하게 되는데, 그 방식도 엽기적이다. 충전기 전선을 잘근잘근 씹어서 끊어놓질 않나, 어떻게 올라갔는지 싱크대 위에 놓아둔 밀가루 포대를 물어뜯어 거실 바닥을 온통 백색가루 천지로 만들어 놓질 않나, 매번 진화하는 그 기발함과 독창성에 혀를 내두르게 된다. 머리끝까지 화가 치밀어 올라 매를 들었다가도 아이를 하루 종일 집에 혼자 두었다는 자책감에 혼낼 엄두조차 내지 못한다. 보호자를 보고 아무렇지 않은 듯 반갑다고 달려와 꼬리를 살랑살랑 흔드는 녀석을 바라보면 '에구, 나 없이 혼자서 얼마나 외로웠을까.' 미안함도 밀려온다. 이처럼 하루 종일 집에 남겨진 반려견들로 인해 골머리 썩고 또 죄책감을 느끼는 것이 일상이 되어버렸는가? 그렇다면 홈얼론 교육을 생각해봐야 한다.

홈얼론 교육의 필요성

개를 집에 혼자 내버려 두면 문제가 되는 행동을 보이는 데에는 여러 가지 이유가 있다. 따분함 때문일 수도 있고, 분리불안separation anxiety 때문일 수도 있다. 아니면 폐쇄된 공간에 대한 나쁜 기억을 갖고 있거나, 평소 실내에서 생활하는 데 요구되는 적절한 교육을 받지 못했을 수도 있다. 주인이 나간 사이 집을 엉망으로 만들어놓는 것은 소위 '악마견'이라고 불리는 견종들만의 문제는 아니다. 평소엔 배변을 잘 가리던 아이가 혼자 남겨지기만 하면 이 방 저 방을 돌아다니며 찔끔찔끔 뿌려놓기도 한다. 개중에는 베란다에 내놓은 화초를 마구 뜯거나 두루마리 휴지를 가지고 미라 놀이를 하는 경우도 적지 않다.

사실 어떤 반려견도 갇힌 공간에 장시간 방치해서는 안 되겠지만, 분리불안이 있는 강아지는 주인이 시야에서 사라진 단 몇 분조차도 가만히 있지 못한다. 주인이 현관문을 닫는 순간, 자신을 버리고 간 주인에게 앙갚음이라도 하듯 미치광이가 되어 소파를 물어뜯는다거나 수십 분간 시끄럽게 짖어대면서 주인을 부르는 경우가 흔하다. 볼 일을 보다가도 그 소리에 마음이 약해져 돌아와 문을 빠끔히 열면, 언제 그랬냐는 듯 천사가 되어 주인을 향해 사정없이 꼬리를 흔든다. 특히 입양된 개들은 거의 예외 없이 새 집에서 처음 몇 주 동안 분리불안을 경험한다. 평소 수줍고 민감하며 순종적인 성격의 반려견들 중에는 나이가 아무리 들어도 보호자와 떨어지는 상황을 견디지 못하는 경우도 있다.

그렇다면 이러한 분리불안을 어떻게 해결할 수 있을까?

궁극적으로 강아지가 주인의 부재를 참고 기다릴 수 있는 법을 가르쳐야 한다. '아, 내가 주인을 기다렸더니 주인은 반드시 돌아오는구나.'를 알게 해줘야 한다. 이렇게 일정한 시간 보호자를 떠나 반려견 스스로 생활할 수 있는 신체적 · 정신적 환경을 마련하는 훈련, 보호자와 떨어진 일정 시간 동안 재미있는 놀거리를 주거나 상황에 적응시켜 반려견 혼자 남겨진 시간 동안 지루함이나 불안함을 느끼지 않도록 하는 교육을 통칭하여 홈얼론 교육이라고 한다.

'홈얼론 교육home alone training'은 비교적 독립적인 반려묘에 비해 분리불안 증세가 압도적으로 많이 나타나는 반려견에게 특히 필요한 훈련이다. 특성상 고양이가 개에 비해 독립적이긴 하지만, 고양이 역시 외로움도 타고 분리불안도 경험한다. 다만 그 깊이와 표현 방법에 있어 개와 차이가 날 뿐이다. 특히 우리나라의 도심 주거 시설 대부분이 지닌 공간적 제약으로 인해 반려견들은 하루의 상당한 시간을 좁은 실내에 갇혀 지내게 된다. 이런 반려견의 상황을 놓고 봤을 때 홈얼론 교육의 필요성은 더욱 커진다.

홈얼론 교육의 방향

반려견이 있는 가정은 매일 아침마다 전쟁을 치른다. 반려견 몰래 현관을 나서는 것이 가히 007작전을 연상시킨다. 발버둥 치는 강아지와 떨어지는 순간만큼은 피난길에 생이별을 하는 이산가족을 방불케 한다. 굳은 마음을 먹고 야멸차게 돌아서는 순간, 등 뒤에서 들리는 반려견의 울부짖음은 주인의 발을 얼어붙게 만든다. 보나 마나 뻔하다. 문제행동은 주인이 떠나자마자 시작된다. 처음 15분 동안은 최악이고, 심하면 30분까지 이어진다. 그 시간 동안 반려견은 주인에게 버림받았다는 생각에 극도로 화가 난다. 심장과 호흡수가 증가하고, 헐떡거림과 활동량이 증가하며, 배변이나

홈얼론 교육은 선택사항이 아니다

견종을 막론하고 반려견들에게 반드시 가르쳐야 하는 세 가지 기본적인 훈련이 있다. 첫 번째는 배변 훈련이고, 두 번째가 홈얼론 훈련이며, 마지막 세 번째가 사회화 훈련이다. 반려견을 집에 들이는 순간부터 한 달 동안 지속적으로 이 세 훈련을 시켜야 주인과 반려동물이 함께 생활할 수 있는 환경을 만들 수 있다. 무슨 일이 있어도 이 세 가지 교육은 뒤로 미뤄서는 안 된다. 사랑하는 만큼 교육을 해야 한다. 내 자식처럼 너무 귀여워서, 혹은 혼자 남겨질 아이가 너무 가련하고 불쌍해서 나쁜 습관을 봐주면서 훈련을 시키면 금세 문제행동을 보이게 되고, 이러한 문제행동들이 쌓이다 보면 어느새 나도 모르게 내 개를 귀찮고 성가신 존재로 여기게 되기 쉽다. 유기견이 발생하는 가장 큰 요인 중 하나가 바로 가정에서 배변 교육과 홈얼론 교육을 제대로 학습시키지 못해서 일어난다. 배변 실수로 인한 문제는 나 하나, 내 가족만 불편하면 되지만, 홈얼론 교육이나 짖음 문제는 이웃과 주변에게 그 피해가 고스란히 전가될 수 있어 반드시 선행되어야 할 교육이다. 나와 반려견이 함께 생활할 수 있는 가능성을 높이는 차원에서 홈얼론 교육은 그 무엇보다 우선한다고 할 수 있다.

발한 등 모든 생리적 징후가 나타난다. 절망감과 낭패감에 휩싸여 개는 문을 긁거나, 문틀을 씹거나, 카펫을 긁거나, 창문턱에 뛰어올라 탈출구를 찾으려 할 수도 있다. 주인이 돌아오도록 설득하기 위해 울부짖거나, 고래고래 소리를 지르거나, 낑낑거릴 수도 있다.

혼자 남겨진 강아지가 어떤 활동을 하는지 보여주는 관찰 카메라를 모 TV 프로그램에서 방송한 적이 있었다. 주인이 떠난 뒤에도 한참을 우두커니 현관만 응시하는 반려견의 모습을 보며, 보호자는 그만 울음을 터뜨렸다. 반려견은 저녁에 주인이 돌아올 때까지 외로움과 사투를 벌이며 힘겨운 하루를 보냈다. 닭똥 같은 눈물을 뚝뚝 흘리던 보호자가 말했다. "저렇게 애타게 나를 기다리는 줄은 몰랐어요."

영상을 보면서 필자는 보호자가 반려견에게 적절한 홈얼론 교육을 시켜주었다면 어땠을까 생각했다. 하루 종일 나만 기다리는 것이 아니라 개도 나름의 알찬 시간을 보내고 있으리란 생각은 외출한 보호자들의 부담감과 죄책감을 덜어줄 것이다. 반려견은 분리불안에 이상행동을 보이지 않게 되고, 반려견이라는 이름이 무색하지 않은 정신적 · 신체적으로 원숙한 인생의 동반자가 될 것이다.

❶ 실내훈련

그렇다면 어디서부터 어떻게 홈얼론 교육을 시작할까? 가장 중요한 훈련은 훈련이라는 인식이 들지 않을 만큼 일상 속에서 이뤄져야 한다. 집에 반려견과 함께 있을 때부터 혼자 남겨지는 상황을 미리 학습하는 것이 이상적이다.

반려견과의 생활 공간을 분리하라 같은 공간에 있을 때도 반려견과 늘 붙어있지 말고 한동안 공간을 분리해서 생활하라. 평소에도 반려견이 방마다 주인을 따라다니도록 만들어서는 안 된다. 보호자는 안방을 나와 다른 방으로 들어갈 때 문을 닫아 몇 분간 반려견이 격리되는 상황을 만드는 것이 좋다. 기다리면 금세 주인이 돌아온다는 인식을 집 안에서부터 가르쳐야 한다.

안쓰럽다고 안아주지 말 것 혼자 남겨진 반려견에 마음이 쓰여 괜히 호들갑을 떨거나 안아줘서는 안 된다. 이 과정이 지극히 자연스럽게 겪어야 하는 당연한 현실이라는 점을 행동으로 주지시킬 필요가 있다. 이 실내 훈련은 반려견을 집에 데리고 오는 순간부터 시작해야 한다.

독립심을 키워주는 교육은 실내에서부터 이뤄져야 한다.

고립에 적응시켜라 반대로 반려견이 남겨지게 될 방에 개를 놔두고 보호자가 문을 닫고 나가는 것도 좋다. 약 5분 정도 시차를 두고 별다른 인기척 없이 '아무렇지 않은 듯' 다시 그 방으로 들어간다. 반갑게 달려드는 강아지의 응석을 받아주지 말라. 이런 과정을 여러 번 반복하여 반려견으로 하여금 고립된 시간이 점차 견딜 만해지도록 해야 한다. 다만 시차를 너무 급하게 벌리지 말고 점진적으로 연장하여 반려견이 천천히 적응할 수 있도록 배려해야 한다. 만약 반려견이 일정한 시간을 참지 못하고 주인이 나간 방향을 향해 짖거나, 문을 긁기 시작하거나, 휴지나 리모컨처럼 눈에 보이는 물건을 씹는다면 다시 원점으로 되돌아가 시차를 조정한다. 꾸준함과 인내심이 요구되는 부분이다.

모의 이별 훈련을 하라 반려견이 어느 정도 고립 상황에 적응했다고 판단이 들면, 조금 대담한(?) 시도를 시작한다. 이별을 연습하는 훈련을 해보는 것이다. 보호자는 평소 외출할 때 하는 행동들, 이를테면 코트를 입는다든지, 열쇠를 집어 든다든지, 신발을 신는다든지 하는 행동들을 반려견에게 보인다. 산책 때와는 전혀 다른 분위기를 연출하는 것이 포인트이다. 이때 강아지가 분리불안을 보이지 않으면 일단 성공이다. 만약 강아지가 불안해하거나 이상행동을 하면 다시 원점으로 돌아간다.

반려견의 행복을 위해, 주인과 강아지의 영역을 분리하라

때로는 보호자가 반려견의 분리불안을 증폭시키는 행동을 하기도 한다. 강아지가 처음 집에 왔을 때 너무 귀여운 나머지 끌어안고 잠을 자는 보호자가 많은데, 개의 성격에 따라 그런 행동이 개의 분리불안을 가중시킬 수 있다. 분리불안 증세를 보이는 개일수록 평소에 끼고 살지 말고 정확히 주인과 개 사이의 공간을 분리해주는 것이 좋다. 자리를 비운 만큼, 혼자 남겨둔 만큼 미안해서 그 부분을 더 채워주고 싶은 마음이야 십분 이해하지만, 내 아이와 평생 행복하게 살고 싶다면 지금 당장 반려견의 행복감보다는 나와 떨어져서도 충분히 행복해야 할 미래의 시간을 먼저 생각하는 보호자가 되어야 한다.

그러기 위해서는 강아지가 주인의 영역과 자신의 영역을 분리해서 지낼 수 있는 서로의 룰이 필요하다. 안방이 주인의 공간이라면 여간해서 강아지가 안방에 들어오지 못하도록 훈련하는 것도 하나의 방법이다. 이런 방식이 반려견을 무시하는 것이 아니라 아이의 자존감과 독립심을 키워주는 것임을 이해시켜야 한다. 반려견으로 하여금 가장 안락하고 편안한 장소가 보호자의 품이 아니라 먼저 자신의 집, 자신의 방석, 자신의 담요가 되도록 도와주자.

❷ 실외훈련

분리불안을 가지고 있는 반려견들에게 불안 증세를 완화시켜주는 여러 실외 활동들을 미리 제공하는 것도 좋다. 뭐니 뭐니 해도 가장 좋은 것은 역시 산책이다. 보호자가 장시간 외출하기 전, 미리 산책시키고 터그 놀이를 시켜줌으로써 반려견의 에너지를 소진시키면 강아지가 분리불안을 탈출하는 데 많은 도움이 된다. 보호자가 나간 뒤에도 반려견은 주인과 즐겁게 놀았던 기억을 가지고 곯아떨어질 것이다. 산책할 때는 노즈워크도 활발하게 하고 뒷마당이나 공원의 흙밭도 마음껏 파헤칠 수 있도록 충분한 시간을 개에게 허락해준다.

간혹 정원이 있는 보호자들은 외출 시에 바깥에서 자유롭게 있으라고 실내가 아닌 정원에 반려견을 두는 경우가 있는데, 이는 바람직하지 않다. 실내에서 생활하는 반려견들을 실외에 장시간 두면 도리어 문제행동을 낳을 수 있다. 무엇보다 낯선 환경에 불안을 느낀 개가 자꾸 짖으면 주변 이웃들의 민원이 발생할 수 있다는 점도 감안해야 한다. 자칫 정원을 탈출하여 동네를 어슬렁거리다가 교통사고를 당할 수도 있고 낯선 사람에게 끌려갈 수도 있다.

강아지가 분리불안을 극복하기에 가장 좋은 장소와 도구는 평소 익숙한 공간, 그리고 보호자의 체취가 묻은 안전한 물건이나 옷가지이다.

❸ 실전훈련

옛말에 '소 잃고 외양간 고친다.'는 속담이 있다. 강아지가 문제행동을 보이기 전에 미리 이 부분에 대한 훈련을 시켜야 하는데 우리는 언제나 문제가 터지고 나서 행동을 교정하거나 일을 수습하려고 든다. 홈얼론 교육의 실전은 바로 이런 부분에 초점을 맞추어야 한다.

위험하거나 망가지기 쉬운 물건은 미리 치워둬라 외출 시에는 제일 먼저 반려견이 망가뜨릴 수 있는 물건들은 개의 손길이 닿지 않는 곳으로 치워두는 것이 좋다. 여기에는 단순히 물건들을 지키려는 소극적인 목적뿐만 아니라 반려견을 안전하게 보호하려는 적극적인 목적도 있다. 개가 무심코 건드렸다가 커다란 상처를 입을 수 있는 물건들은 아예 보이지 않는 곳에 두자. 각종 전선과 커피포트, 헤어드라이어, 다리미 등 가전제품이나 빗자루, 마대자루, 앞으로 넘어질 수 있는 옷걸이 같은 물건들은 물고 당기는 과정에서 강아지들에게 커다란 부상을 입힐 수 있는 무기로 돌변한다. 2019년 11월, 부산에서 일어난 사고도 이러한 위험 요소들을 미연에 처리하지 못한 보호자의 부주의로 인해 일어난 것이었다. 아파트 18층에 살았던 주인이 자리를 비운 사이 반려동물 중 하나가 주방에 있던 인덕션의 버튼을 눌렀고, 그 위에 놓여있던 플라스틱 빨래 바구니에 불이 붙으면서 졸지에 화재가 발생했다. 이 사고로 반려견 다섯 마리와 반려묘 세 마리가 화재에 죽고 말았다.

집안 곳곳에 씹을 거리를 숨겨둬라 남겨진 반려견에게 특별한 씹을 것을 남겨 두는 것은 홈얼론 교육의 좋은 접근이다. 다양한 사료와 간식으로 채워진 '콩' 같은 장난감을 집안에 숨겨둔다. 반려견은 냄새가 나는 쪽으로 열심히 노즈워크를 할 것이고, 콩을 발견하면 장난치듯 사료를 꺼내 먹을 것이다.

주인의 체취가 있는 물건을 제공하라 집을 떠나기 전에 낡은 스웨터나 티셔츠를 입어서 강아지의 침대 위에 놓는 것도 홀로 남겨진 반려견에게 때때로 도움이 될 수 있다. 반려견은 주인의 체취를 맡으면서 심리적 안정을 느낄 수 있다.

외출 시 강아지에게 말을 걸지 말라 집을 나설 때는 강아지에게 말을 걸거나 다가가지 않는 것이 좋다. 할 수 있다면 불필요하게 자주 만지거나 바라보지도 않는다. 이별하기 전, 미리부터 강아지에게 주인의 부재를 각인시키면서 쓸데없이 반려견의 분리불안에 부채질을 할 필요가 없다. 집을 나설 때는 힘들겠지만 아무 일도 없다는 듯이 자연스럽고 쿨하게 나간다.

집을 엉망으로 만들었더라도 화내지 마라 정말 중요한 홈얼론 교육의 마침표는 보호자가 집에 돌아왔을 때이다. 만약 집에 돌아와 현관문을 열었는데, 집이 폭격을 맞은 것처럼 엉망이 되어있거나 돼지우리처럼 어질러져 있다고 해서 절대 짜증을 내거나 혼내서는 안 된다. 분노를 감지한 반려견들은 주인을 달래고 자신에게 주어질 처벌을 줄이려고 불쌍한 표정을 짓는다. 최대한 납작하게 엎드리거나, 머리는 내리고 다리는 웅크린 채 꼬리를 다리 사이로 말아 넣는다. 이런 상황에서 혼내면 반려견은 자신의 외로움과 처벌을 연관시켜 홀로 남겨졌을 때 외로움을 키울 우려가 있다. 어차피 바닥에 떨어져 산산조각 난 꽃병이 매섭게 강아지를 혼낸다고 해서 다시 원상태로 붙진 않는다. 중요한 것은 반려견이 홀로 남겨졌을 때를 즐거운 경험으로 기억하게 만들어야 한다는 점이다.

우선은 혼자 있는 시간이 즐겁다는 개념을 만들어주는 것이 중요하다.

❹ 홈얼론 교육에 적용 가능한 풍부화 개념

하루 종일 집에서 보호자를 기다리는 반려견을 위해 앞서 언급한 풍부화 개념을 고민해보자. 맛보고, 구경하고, 듣고, 냄새 맡고, 만질 수 있는 '거리'를 던져주는 것이다. 앞서 언급했던 것처럼, 홀로 남겨진 반려견이 개의 종특이성을 활용하여 집을 탐색하고 돌아다니며 다양한 액티비티를 할 수 있도록 집을 하나의 거대한 세트장으로 만들어보자. 번쩍거리는 파티룸도 좋고 진기한 볼거리들로 가득한 놀이터도 좋다. 콘셉트를 잡아서 개의 오감을 자극시키는 환경을 조성한다.

여기서 하나 짚고 넘어갈 이야기가 하나 있다. 홈얼론 교육의 핵심은 '독립심을 키워야 하니 평소에도 반려견을 독립적 시간과 공간에 두라.'는 것이지만, 이것도 모든 강아지에게 다 적용되는 이야기는 아니란 점이다. 집에서도 잘 지낼 수 있게? 백번 맞는 말이다. 하지만 여기에는 교육의 방향을 완전히 바꿔 버릴 수 있는 다양한 상황과 변수가 존재한다. 내 강아지가 어떤 개인지, 나이는 어떻게 되고 어떤 환경에서 자랐는지, 지금은 어떤 상황이고 신체적 · 정신적으로 어떤 문제가 있었는지 전혀 고려하지 않고 무조건 분리시키는 연습만 주입하고 있지 않은지 한 번쯤 되돌아볼 필요가 있다. 요즘 TV나 유튜브 같은 매체를 통해 얻은 정보들로 너무 쉽게 모든 강아지에게 우격다짐으로 홈얼론 교육을 하고 있지는 않나 자문해봐야 한다.

"내 아이는 집에서 혼자 잘 지내."

너무 간편하게 내뱉는 이 말이 자칫 혼자 남겨진 강아지에 대한 책임 회피 내지 직무 유기일 수 있다는 생각에 보호자들에게 홈얼론 교육을 가르치면서도 치를 떨었던 것이 한두 번이 아니었다. 애착은 생명만큼 중요하다. 강아지가 나에게 떨어지지 않으려 애착을 보이는 것이 무엇이 잘못이란 말인가? 그 녀석은 지금 나에게 필사적으로 SOS를 치고 있을지도 모른다.

"그럼 대체 어떻게 하라는 말인가요?"

혹자는 이렇게 물을지 모른다. 케이스 바이 케이스일 것이다. 홈얼론 교육을 행동 교정적 측면에서 보는 것은 가혹하다. 교육에 앞서 반려견의 생활 반경에 애착과 스킨십, 따뜻한 정을 담았으면 좋겠다. 보호자가 반려견에 정서적 안정감을 먼저 심어준 다음에 홈얼론 교육을 해도 늦지 않다. 영화 「나홀로 집에」처럼 3층짜리 대저택에 살고 있는 강아지라면 일주일 거뜬하게 혼자서 지낼 수 있겠다 싶지만, 사실 강아지는 그렇지 않다. 주인이 없는 공간은 그곳이 얼마나 넓고 화려하든 상관없이 외롭고 힘겨운 장소가 된다. 환경풍부화라는 것도 집에 혼자 남겨진 강아지에게 주는 최소한의 배려이지, 반려견에게 가장 좋은 환경은 뭐니 뭐니 해도 주인 곁이란 점을 기억하자.

기분 좋게 목욕 시키기와 빗질해주기 방법

우리가 한두 달에 한 번씩 미용실이나 이발소에 가서 머리를 다듬듯이, 반려견들도 두세 달에 한 번씩 미용숍에 가서 털을 관리해야 한다. 우리는 헤어숍에 가서 단지 커트만 하지 않는다. 파마도 하고 때때로 염색도 한다. 멋쟁이 반려견들 역시 그루밍뿐만 아니라 발톱 관리 등 외모에 신경을 쓴다. 어쩌면 반려견에게 미용은 우리 인간들보다 더 중요한 일상일지도 모른다. 아무리 넓어봤자 인간이 관리해야 하는 면적은 얼굴, 그것도 고작 두피에 한정되어 있지만, 개들은 몸 전체가 털로 뒤덮여있기 때문에 정기적으로 피모皮毛 관리를 해주지 않으면 안 된다. 최근 펫시터들 중에는 단순히 반려견을 돌봐주는 것에서 벗어나 그루밍이나 미용 같이 적극적인 서비스를 제공하는 이들도 있다.

그래서 펫시터라면 집에서도 손쉽게 할 수 있는 간단한 그루밍 도구들은 갖추고 있는 것이 당연하다. 당장 두 가지 궁금증이 생길 것이다. 장비를 어떻게 장만할까,

그리고 장비가 있다 하더라도 미용 지식과 기술이 없는데 내가 과연 사용할 수 있을까? 이 부분은 반려인이 개를 키우면서 한 번쯤 고민하는 문제이기도 하다. 이번 장에서는 이 문제를 구체적으로 다뤄보도록 하자.

그루밍 도구

우선 정기적으로 털을 관리하고 손질하려면 집에 그루밍 장비가 준비되어 있어야 한다. 어디서 어떻게 장비를 구할 수 있을까? 시중에 너무 많은 브랜드와 다양한 제품이 나와 있기 때문에 초보자라면 당장 무엇을 고를까 막막하기만 할 것이다. 펫시터처럼 전문적으로 다양한 반려견들을 접한다면 종류마다 여러 브랜드의 제품을 단품으로 구매하는 것보다는 모든 장비가 구비되어 있는 세트를 구입하는 것이 좋다. 일정한 품질과 용도의 적합성, 장비 간의 조화를 기대할 수 있기 때문이다. 나중에 어느 정도 그루밍에 대한 이해와 경험이 쌓이면 그때 본인의 견종에 적합한 도구를 단품 구매할 수 있다. 시중에는 다양한 종류의 보급형 그루밍 키트grooming kit가 나와 있기 때문에 견종에 맞게 구입하면 된다. 국내 제품 중에도 훌륭한 품질을 갖춘 키트들이 있기 때문에 굳이 외제를 사려고 아마존이나 직구 온라인사이트를 이용할 필요는 없다.

❶ 클리퍼

브랜드에 상관없이 그루밍 키트는 대부분 유사한 장비들을 갖추고 있는데, 클리퍼와 각종 가위, 브러시빗, 발톱 깎기 등이 담겨 있다. 뭐니 뭐니 해도 장비의 핵심은 클리퍼이다. 클리퍼clipper는 반려견의 털을 밀고 다듬고 정리하는 데 사용되는 장비로 과거에는 소위 '바리깡'이라는 이름으로 불렸다.

키트를 고를 때는 다른 건 몰라도 클리퍼가 견고하고 둔중하며 내구성이 있는 제품을 사는 것이 좋다. 시중에 나와 있는 클리퍼는 작동 원리에 따라 전동과 수동으로 나뉘며, 길이에 따라 다양한 날블레이드을 갈아 끼울 수 있도록 설계되어 있다. 자신의 반려견이 모터 소리에 예민한 반응을 보이는 경우가 아니라면, 초보 펫시터도 별다른 기술 없이 손쉽게 다룰 수 있는 전동 클리퍼를 추천한다. 전동 클리퍼는 전기로 작동되기 때문에 보통 키트를 구매할 때 충전기가 함께 들어있다.

클리퍼는 견체의 곡선 부위를 광범위하게 자르거나 흉부나 측복부를 위에서 깎는 경우, 얼굴이나 귀 등 세심한 작업이 필요할 때 적당한 도구이다. 강아지의 모피를 클리퍼로 깎을 때는 각 부위에 따라 클리퍼를 다양하게 잡는 방식을 익힐 필요가 있다. 견체의 좌우를 같은 모양으로 마무리할 때나 손상을 입힐 가능성이 높은 부위의 작업 시에는 적당한 길이를 유지하는 것이 중요하다. 특히 두꺼운 날을 사용해서 귓불이나 턱 등을 밀 때는 살갗에 상처를 낼 수 있으므로 세심한 주의를 기울여야 한다.

❷ 빗, 브러시

빗질은 개의 죽은 털과 각질을 제거해주고 털 엉킴을 방지하며 피부에 공기를 순환시켜 쾌적한 피모 상태를 유지시켜 준다. 그루밍의 1차적 목적은 반려견의 각 부분을 수시로 브러시나 클리퍼로 정리하여 털이 서로 엉키지 않게 하는 것이다. 특히 털이 긴 몰티즈나 시츄, 포메라니안, 요크셔테리어 같은 장모 견종長毛 犬種들은 주기적으로 그루밍을 해줘야 한다. 빗은 견종에 따라 다양한 길이와 깊이를 염두에 두고 골라야 한다. 재질에 따라 스테인리스, 플라스틱, 목재 등으로 만든 빗들이 시중에 나와

시중에 나와 있는 여러 종류의 반려견용 브러시

일자빗	안면빗	쉐딩 브러시	핀 브러시
가장 일반적인 그루밍 빗으로 빗살 간격에 따라 대형견과 소형견에 두루 쓸 수 있다.	장모종의 얼굴 털을 빗을 때 사용하며 눈곱 등 얼굴에 붙은 오물을 제거할 때 유용하다.	피부에 붙은 느슨한 털들을 제거하는 데 안성맞춤인 브러시로 피부 자극이 적어서 좋다.	장모종 빗질에 적당하며 특히 털이 많이 뭉쳐 있는 강아지들을 빗질하기 유용하다.
브리슬 브러시	**슬리커 브러시**	**팜 브러시**	**퍼미네이터**
피모가 약한 생후 2개월 강아지에게 적합한 브러시. 빠진 털과 먼지를 제거하고 정전기를 방지해준다.	뭉치고 엉킨 털을 한꺼번에 정리하는 데 유용하지만 너무 힘을 줘서 사용하는 것은 금물이다.	손에 끼고 사용하는 고무 재질의 브러시로 특히 반려견을 샤워시킬 때 사용하면 좋다.	엉키고 죽은 털을 제거하는 데 매우 효과적이지만 자주 사용하면 피부가 손상될 수 있으니 주의해야 한다.

있다.

브러시 구조에 따라 핀 브러시 · 브리슬 브러시 · 슬리커 브러시, 형태에 따라 망치형 · 도끼형 · 주먹형 등등 크기와 재질에서 다양한 종류가 있으니 자신의 반려견에 맞는 제품을 고르면 된다. 초보 펫시터의 경우, 도구에 너무 욕심을 내기보다는 자신이 맡은 견종에 따라 하나씩 경험해보고 차근차근 고르는 것이 바람직하다.

❸ 가위

개들을 위한 미용 가위로는 보통 일반 가위와 곡선 가위, 빗가위shears, 그리고 겸자forceps가 있다. 일반 가위는 클리퍼로 해결하지 못하는 부위나 섬세한 작업이 요구되는 부분에 쓰인다. 보통 가위는 녹이 슬지 않는 스테인리스 재질로 만들어지며, 미용 시 자주 사용하는 펫시터라면 정기적으로 날을 갈아 두는 것이 좋다. 가위를 사용할 때는 적절한 사용법과 함께 보호자 자신에게 맞는 형태와 크기를 고르는 것이 중요하다.

애견미용 자격증을 취득하려고 한다면 보다 고도화된 기술과 함께 단시간 내에 트리밍을 완료하는 순발력이 요구되겠지만, 그냥 보호자나 펫시터로서 평소 강아지에게 케어를 해주고 싶은 정도라면 가위 한 개로 작업을 마치려 하지 말고 용도와 위치에 따라 클리퍼나 다양한 가위를 사용하는 것도 방법이다.
만에 하나 가위질 중에 반려견을 찌를 수 있기 때문에 능숙한 펫시터라면 가위 끝이 뭉툭한 것을 고르는 세심함을 가지는 것도 좋다.

가위를 선택하는 요령 가위는 보호자 자신의 손 크기에 따라 선택의 범위가 달라질 수 있다. 너무 무겁거나 가벼운 것은 피하고, 손에 정확하게 잡히는 그립감이 있는 것을 고른다.
가위를 구입할 때는 가위 날이 가위 등보다 나와 있지 않은 것, 무게와 길이가 손에 맞는 것, 구멍에 손을 넣었을 때 맞는 느낌이 있는 것, 날선에 흠집이 나지 않은 것, 가위를 수평으로 보았을 때 나사가 기울지 않는 것을 고른다.

가위를 사용할 때는 절삭하기 전에 착착 소리가 나도록 여러 번 작동을 시켜서 개폐가 원활하게 만들어준다. 처음부터 굵고 단단한 털을 자르면 날이 망가질 수 있으니 가능한 가늘고 부드러운 털부터 조금씩 자르는 것이 좋다.

가위를 사용한 후에는 언제나 잘 닦아주고 양날과 나사, 접점, 협신 등 각 부분에 가볍게 기름을 뿌려서 보관한다. 특히 촉점觸点에는 가위를 개폐시키면서 기름을 발라야 한다. 가위를 소독할 경우에는 녹이 슬기 쉬우므로 열탕에 몇 분간 넣어 둔 후 열로 건조시키는 것이 좋다. 가위를 보관할 때는 날을 잘 맞물려서 보관해야 한다. 벌어진 채로 두면 교차 부분에 미묘한 흠집이 나거나 이격이 생겨 날이 잘 맞지 않을 수 있기 때문이다.

❹ 발톱 깎기

사람도 정기적으로 손톱과 발톱을 깎는 것처럼, 개들도 꾸준히 발톱을 정리해야 한다. 그렇다면 발톱은 어느 정도쯤에서 잘라주는 것이 좋을까? 개가 네 다리로 정자세를 취하고 있을 때 발톱이 바닥에 닿지 않는 정도의 길이가 이상적이다. 발톱이 바닥에 닿아서 발가락이 지면 위로 들릴 정도면, 개가

발톱 정리는 펫시터들이 두려워하는 작업 중 하나인데, 발톱을 깎아주다 자칫 개의 발톱에서 피가 나는 경우가 있기 때문이다. 개에 따라 발톱의 경계가 천차만별이라 신중하게 깎더라도 가끔 피를 볼 수 있다. 흰 발톱의 경우에는 불빛에 비춰보면 혈관이 보이므로 쉽게 경계를 가늠할 수 있지만, 검은 발톱의 경우에는 겉에서 혈관이 보이지 않기 때문에 자르기 어려울 수 있다. 경험이 많은 펫시터들은 감에 의존해서 발톱을 자르지만, 초보자라면 한 번에 원하는 지점까지 잘라주는 것보다 정기적으로 조금씩 잘라주는 편을 추천한다. 혹여 발톱 끝 절단면이 흰색이라면 괜찮지만, 검은색이 보인다면 더 잘라서는 안 된다. 발톱 깎기와 함께 만일의 경우를 대비해서 지혈제를 준비해두는 것도 좋다.

땅을 정확하게 지지하지 못하게 된다.

발톱 깎기를 고르는 요령 사람도 반달형 손톱 깎기를 사용하듯이, 반려견도 발톱 구조에 맞는 발톱 깎기를 구비해야 한다. 발톱 깎기는 일반적으로 가위형을 사용하며, 최근에는 발톱을 갈아주는 전동형도 나와 있다. 가위형은 마치 전정 가위나 펜치 같은 모양이며, 날의 길이는 다양하다.

실전 그루밍 전략

도구에 대해 살펴보았으니 이제 구체적으로 반려견 관리와 미용에 대해 알아보도록 하자. 사실 반려견 미용은 끝이 없는 과정이다. 어디부터 어디까지가 적당한 수준이라고 볼 수 없고, 보호자의 관심과 이해에 따라 그 범위가 무척 다양하기 때문이다. 도그쇼에 출전하는 강아지와 집에서 생활하는 강아지의 미용이 다를 수밖에 없고, 실내에서 생활하는 강아지와 실외에서 생활하는 강아지가 또 다를 수밖에 없다. 하지만 반려견 관리는 개의 건강과 직결되는 부분이기 때문에 각기 상황에 맞게 적정한 수준의 정기적인 관리가 반드시 필요하다.

❶ 눈

반려견의 눈 주변은 특히 눈물 자국으로 오염이 일어나기 쉽다. 전용 세정제아이워시를 솜탈지면에 묻혀서 눈과 눈물 자국을 닦아준다. 세척제가 따로 없으면 시중에서 손쉽게 구할 수 있는 식염수를 대신 사용해도 된다. 눈곱이 끼어 잘 떨어지지 않더라도 너무 세게 힘을 주어 닦지 않도록 주의한다. 특히 눈물이 많이 나는 개의 경우, 눈물을 바로 닦아주지 않으면 눈 주변의 털이 착색되거나 말라붙을 수 있다. 특히 유전적으로 눈물샘에 문제가 있는 반려견의 경우 더 세심한 눈 관리가 필요하다.

탈지면에 전용 세정제나 식염수를 묻혀 눈물자국을 종종 닦아주는 것이 필요하다. 살살 부드럽게 닦아주도록 하자. 눈물이 많이 나는 개라면 바로바로 닦는 것이 가장 좋다.

눈 주변 털을 정리할 때는 눈 주변에 털이 자라 시야를 방해하는 견종들은 특히 적정한 수준으로 털을 제거해주는 것이 바람직하다. 눈 주변 미용은 자칫 하면 반려견이 다칠 수 있기 때문에 항상 세심한 주의가 필요하다. 따라서 피부에 닿는 날의 면적이 넓은 클리퍼보다는 가위를 이용하는 편이 좋다.

털을 정리하는 데는 순서와 방법이 있다. 먼저 양쪽 눈 앞머리부터 눈물길을 따라서 천천히 털을 다듬는다. 이때 털이 나는 방향과 결에 따라 자르는 것이 포인트이다. 눈 앞머리를 잘랐으면, 반대 콧잔등 방향으로 털을 정리해준다. 털을 너무 많이 자르면 미용 상 예쁘지 않으니 전체적인 균형과 모양을 봐가면서 진행한다.

눈을 통해 확인하는 건강 상태 눈 주변을 관리할 때, 함께 개의 눈동자도 주기적으로 관찰하면서 반려견의 건강 상태를 확인하는 것이 좋다. 눈이 충혈되어 있거나 각막이 흐리다면 당장 수의사에게 데려가야 한다. 눈 주변의 털은 반려견의 건강 상태를 확인할 수 있는 리트머스 시험지와 같다. 유독 한쪽에 불규칙한 탈모 증상이 나타나거나 피부가 짓물렀다면 건강에 적신호가 켜진 것이다. 개의 피부에 서식하는 기생충이나 박테리아 모낭염, 기타 알레르기로 인해 눈 주위에 털이 빠질 수도 있고, 앞서 말한 녹내장이나 각막염, 그 밖의 여러 질병으로 인해 개가 앞발로 눈을 자꾸 비비다가 털이 뽑히는 경우도 있다. 어떤 경우든 필요 이상의 탈모가 진행되고 있다면 바로 동물병원을 방문하자.

❷ 귀

귀는 특히 반려견에게 있어 감염에 매우 취약한 부위이다. 몰티즈나 코카스파니엘, 레트리버처럼 평소 귀가 덮여있는 견종들의 경우, 통풍이 잘 되지 않으면 자칫 귓병이 생길 수 있다. 특히 목욕 중 귀에 물이 들어가거나 목욕 후 물기를 잘 닦아주지 않으면, 귀에 각종 세균과 곰팡이가 증식하거나 진드기가 서식하면서 귓병이 발생할 수 있다. 귓병을 관리해주지 않으면 고름으로 귀가 막히게 되고 이를 방치할 경우 고막이 손상될 수도 있다.

귀지를 청소할 때는 우리가 정기적으로 귀지를 청소하는 듯 개도 마찬가지다. 반려견의 귀지는 어떻게 청소할까? 세정제이어클리너를 사용하여 귀지를 녹이는 방법이 제일 좋다. 방식은 다음과 같다.
반려견의 귀를 똑바로 세우고 귀 안에 세정제를 몇 방울 떨어뜨린다. 이후 귀를 1분 정도 부드럽게 마사지해준다. 이 과정에서 세정제가 개의 귀지를 용해한다.
이때 귀에 이물질이 들어갔기 때문에 정상적인 개라면 본능적으로 머리를 좌우로 흔들어 세척제를 귀에서 털어내려고 한다. 이후 준비한 탈지면이나 면봉을 가지고 귀 주변을 천천히 닦는다. 이때 귀를 잘 닦겠다는 일념에 면봉을 귀 안쪽으로 깊숙이 밀어 넣는 것은 금물이다. 현재 시중에 나와 있는 적당한 수준의 귀 세정제는 1만 원 내외로 가격이 형성되어 있다.

귀로 확인하는 건강 상태 귀를 청소할 때, 개의 귀에서 냄새가 나진 않는지, 고름이나 상처가 있진 않는지, 별다른 염증은 없는지 등을 세심하게 살펴야 한다. 특히 반려견의 귀에서는 다른 냄새가 일절 나서는 안 된다.

귀를 똑바로 세우고 세정제를 떨어뜨린 후 1분 정도 기다린다. 탈지면이나 면봉으로 살살 귀 주변을 닦아 용해된 귀지를 제거하되, 귀 너무 깊숙이 넣지 않도록 주의한다.

반려견의 귀지 청소는 일주일에 1회 정도가 적당하며, 너무 자주 하는 것도 좋지 않다. 귀지를 청소하고 귀 주변의 털을 제거하는 것도 쾌적한 귀의 상태를 만들고 귀의 건강을 지키는 데 꼭 필요하다. 특히 귀가 늘어져 덮인 부분의 털을 잘 정리해준다.

❸ 이빨

개에게 이빨은 코와 함께 일상에서 매우 중요한 도구이다. 단단하고 날카로운 치아는 진화를 통해 오랜 시간을 두고 개가 확보한 독특한 특이성이자 강력한 무기이다. 보통 개는 이빨을 가지고 연령대를 추정할 수 있으며, 개체의 건강 상태와 서열을 짐작할 수 있다. 사람도 매일 칫솔로 이를 닦듯이, 개도 정기적으로 치아 사이에 끼어있는 음식물 찌꺼기나 치석을 제거해야 한다. 적어도 일주일에 1회 정도, 칫솔에 반려견용 치약을 발라 이빨을 닦아준다.

이빨을 닦는 도구로는 브러시 형태로 된 칫솔과 골무 형태로 된 칫솔이 있는데, 전자는 몸집이 있는 성견에게, 후자는 몸집이 작고 어린 강아지에게 적당하다. 최근에는 강아지 스스로 물고 뜯을 수 있도록 칫솔 장난감도 출시되었다. 장난감 안에 난 홈

시중에 나와 있는 여러 가지 종류의 반려견용 칫솔

브러시형	골무형	장난감형
칫솔 형태 칫솔질이 익숙한 경우	골무 형태 소형견, 유아견에 사용	돌기가 달린 장난감 오락성을 가미

에 반려견용 치약을 짜 넣고 강아지에게 던져주면 알아서 가지고 놀면서 물어뜯으며 칫솔질을 한다. 칫솔질이 되는 이빨을 닦을 때는 치아의 상태와 함께 잇몸에서 피가 나지는 않았는지, 고름이 생기진 않았는지 확인한다. 치약은 반려견들을 위해 만들어진 제품을 사용하고, 사람들이 쓰는 일반 치약은 반드시 피한다. 평소 부드러운 사료보다는 딱딱한 사료를 주는 편이 개의 치아 건강에 좋고, 질기고 단단해서 개가 오랫동안 씹을 수 있는 개껌이나 간식을 정기적으로 주어 치석을 관리하는 것도 좋은 방법이다.

이빨을 닦아줄 때는 이빨을 닦을 때는 반려견이 적당한 양의 운동을 해서 충분한 만족감이 있을 때 하는 것이 좋다. 칫솔질은 개가 목욕 다음으로 싫어하는 작업이기 때문이다.

가능하다면 강아지가 어릴 때부터 칫솔질에 익숙해지도록 훈련시키는 것이 좋다. 그러나 처음 몇 번은 무리해서 시도하지 말자. 강압적으로 칫솔질을 하면 개가 칫솔에 대한 안 좋은 기억을 갖게 된다. 입 전체를 닦지 않아도 좋으니 천천히 시작하고 개가 싫다고 밀어내거나 동요하면 그만두는 것이 좋다. 반려견이 칫솔질에 천천히 익숙해질 때까지 점차 시간을 늘릴 수 있다. 양치질을 하고 나서 반려견에게 일정한 보상을 주어 이빨을 닦는 일이 즐겁고 유쾌하다는 사실을 각인시킨다.

❹ 발

사람의 신체에서 두 발이 몸을 지탱해 준다면, 개의 네 발은 더 중요한 기둥이다. 특히 발바닥패드과 발톱클로 관리는 매우 중요하다. 개의 발바닥은 모든 감각이 모여 있는 민감한 부위이기 때문에 주의를 요한다. 움푹 들어간 부분에 있는 털을 손질해줘야 한다. 이 털을 관리해주지 않으면 집에서 생활하면서 자꾸 미끄러지게 되고 심하면 슬개골이 탈구되거나 허리 디스크에 악영향을 준다.

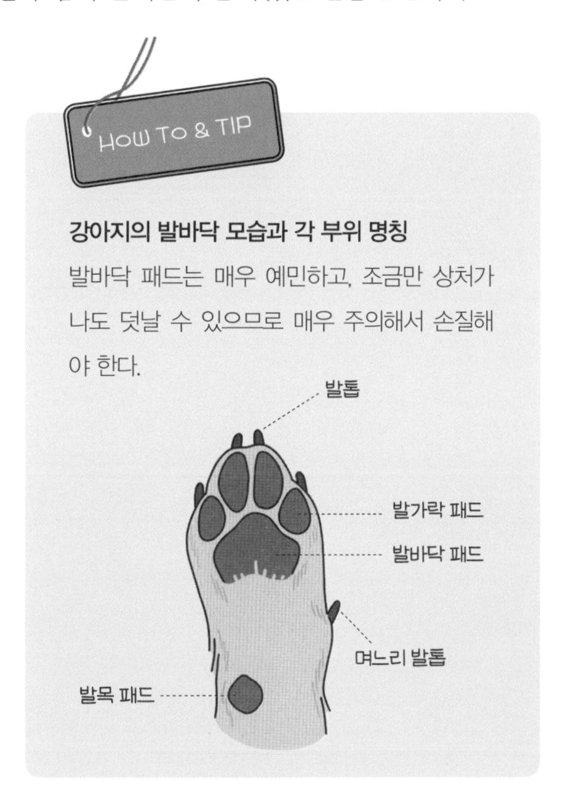

발바닥을 손질할 때는 패드는 강아지가 달릴 때 하중을 견딜 수 있도록 완충작용을 해주는 부위로 견종에 따라 다양한 색깔을 띤다. 발 패드 사이의 피부는 항문 다음으로 민감하고 얇기 때문에 살짝만 베어도 반려견이 아파할 수 있다. 발바닥 털을 정리하는 순서는 넓은 패드 주변으로 먼저 털을 밀고, 점차 작은 패드로 이동한다.
털을 너무 바짝 깎으려다 보면 본의 아니게 상처를 낼 수 있으므로 주의한다. 작은 상처라도 덧날 수 있고, 습진이나 무좀으로 이어질 수 있기 때문에 각별히 신경을 써야 한다.

발톱을 관리해주는 요령 발톱 관리도 빠질 수 없다. 매일 산책하는 반려견이라면 한 달에 한 번 정도만 손질을 해줘도 되지만, 실내에 있는 시간이 많은 개의 경우에는 보름에 한 번 정도는 발톱을 정리해줘야 한다. 개의 발톱은 딱딱해 보이지만 안쪽으로 혈관이 흐르고 있기 때문에 각별한 주의가 필요하다. 특히 실내에서 생활하는 반려견은 주기적으로 발톱을 잘라줘야 한다.
엄지와 검지로 발톱이 시작되는 부위를 위에서 누르면 개의 발톱이 자연스럽게 돌출된다. 발톱을 깎을 때 발톱 깎기를 개가 핥거나 물지 않도록 손등을 얼굴에 맞댄 후 발톱을 깎아준다. 발톱 깎기를 이용해서 끝부분부터 조심스럽게 조금씩 잘라 들어간다. 발톱 깎기로 발톱을 잘라준 다음에는 연마기나 줄로 갈아주어 날카로운 부분이나 걸리는 부분이 없도록 한다. 발톱 자르는 것을 특히 싫어하는 개라면 목욕이 끝나고 발톱이 다소 말랑해졌을 때 잘라주는 것도 좋은 방법이다.

❺ 항문

항문은 단순한 배설기관을 넘어 반려견의 제2의 얼굴과 같다. 처음 만난 강아지들은 서로의 존재와 삶의 이력을 파악하기 위해 항문에 코를 대고 냄새를 맡는다. 모든 개들은 저마다 독특한 체취를 풍기는데, 이는 바로 항문 양쪽 아래 좌우로 하나씩 달려 있는 항문낭에서 나는 냄새 때문이다. 서로의 영역을 표시하는 수단으로 분비액을 맞교환하는 과정에서 발달한 것으로 알려져 있다. 하지만 집안에서 반려견을 키우는 반려인들에게 악취를 풍기는 항문낭액의 존재는 여간 골칫거리가 아니다. 개들 사이에서는 필수적인 분비샘이지만, 사람에게는 냄새만 날뿐 큰 의미가 없기 때문이다.

항문낭액을 처리해주는 요령 항문낭액은 냄새가 나기 때문에 되도록 목욕하기 직전에 짜주는 것이 좋다. 먼저 반려견의 꼬리를 잡고 위로 올린 다음, 항문을 돌출시키고 엄지와 검지로 천천히 눌러서 짠다. 항문 부위에 휴지를 덮고 항문 아래 엄지손가락을 시계 방향 8시와 4시 방향에 두고 안쪽에서 바깥 위쪽으로 밀어준다. 나오지 않는다고 너무 세게 밀거나 과도하게 짜려고 하면 안 된다. 항문낭액이 충분히 나올 때까지 짜주고 휴지로 깔끔하게 닦아준다. 간혹 항문낭을 너무 세게 누르거나 잘못 짜다가 터져서 병원에 가는 경우도 종종 있으니 주의해야 한다.

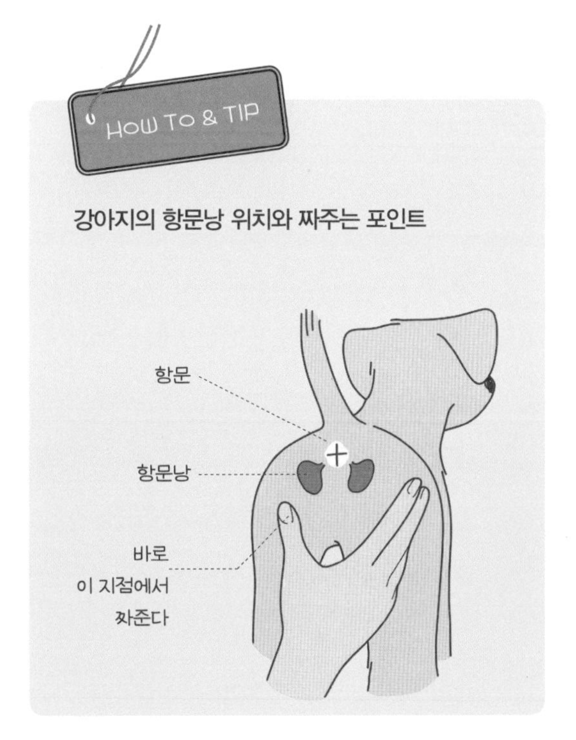

항문낭에 염증이 생기면 생선 비린내와 같은 역한 냄새가 난다. 개도 가려움을 느끼고 엉덩이를 바닥에 문지르는 동작을 반복하게 된다. 보통 자연적으로 배출하지 않는 강아지의 경우 매월 1회 정도 항문낭을 짜주는 것이 좋다. 만약 항문낭액이 계속 찬 상태로 방치하면 항문낭염이나 항문낭종이 생길 수 있고, 심한 경우 항문낭이 파열돼 수술을 받아야 하는 상황이 올 수도 있다. 항문과 관련된 질병을 줄일 수 있는 가장 좋은 방법은 산책이다. 매일 꾸준히 산책하는 반려견은 실내에만 있는 강아지에 비해 항문낭액의 분비도 활발하고 배출도 원활해진다. 반려견들에게 산책을 정기적으로 시켜주는 도그워커의 존재가 왜 필요한지 알 수 있는 대목이다.

항문을 관리해줄 때는 항문 주변에 털이 많으면 대변이 묻거나 기생충알이 달라붙을 수도 있기 때문에 평소 항문 주변을 청결하게 관리해야 한다. 먼저 꼬리를 최대한 등쪽으로 바짝 당겨준다. 항문 주변에 털이 많은 견종들은 주기적으로 털을 정리하는 것이 좋다. 꼬리에 털이 많은 견종들도 항문에 종종 닿는 부위의 털을 밀어서 대변이 묻지 않도록 해야 한다. 사람의 항문처럼 반려견의 항문도 미세한 주름이 많이 잡혀 있기 때문에 클리퍼를 너무 바짝 대고 털을 깎으면 안 된다. 자칫 항문에 상처가 날 수 있기 때문이다. 항문의 털을 관리할 때는 클리퍼를 피부에서 살짝 올려 깎는다는 느낌으로 살살 밀어주는 것이 좋다.

❻ 몸통

개는 철마다 끊임없이 털갈이를 한다. 따라서 실내에서 함께 생활할 때 날리는 개털은 어느 정도 감내해야 할 부분이다. 하지만 주기적으로 목욕과 그루밍을 해주면 실내에 날리는 털의 양을 상당히 줄일 수 있다. 보통 개들은 목욕을 좋아하지 않으며, 자연에서 살아가는 야생개에게는 원칙적으로 목욕이 필요하지 않다. 도리어 잦은 샴푸잉은 피부 건조나 다른 질환을 일으킬 수 있다. 따라서 냄새가 심하지 않다면 대체로 2주에 한 번씩 목욕을 해주는 것이 적당하다. 사람의 피부는 약산성pH5.3이지만 개의 피부는 약알칼리성pH7.3이기 때문에 사람이 쓰는 샴푸나 비누를 가지고 반려견을 씻기면 피부나 털에 나쁜 영향을 미칠 수 있다. 반드시 반려견 전용 샴푸를 써야 한다.

평소 열심히 브러싱이나 그루밍을 한다 해도 장모종들의 털 관리는 만만치 않다. 털이 길지 않은 단모종들보다 각별한 주의가 필요한 이유이다. 목욕시킬 때는 커다란 대야나 욕조에 미지근한 물을 충분히 받아서 개의 전신에 물을 끼얹듯 적셔준다. 물이 너무 뜨거워도 안 되고 그렇다고 너무 차가워도 안 된다. 대략 35도 정도가 적당하고, 신생아를 목욕시키듯 실시한다. 미처 마음의 준비가 되지 않은 개를 무턱대고 물속에 밀어 넣으면 자칫 개가 놀랄 수 있으므로 바람직하지 않다. 최근에는 즐거운 목욕이 될 수 있게 간식이 들어 있는 목욕용 장난감도 출시되고 있다. 이런 제품들을 이용해 강아지들이 먹는 간식잼을 발라 화장실 벽면에 붙여 놓으면 강아지가 이를 핥아먹느라 정신없을 때 후딱 목욕을 끝낼 수 있다.

간식잼 등을 발라 벽면에 붙여 놓으면 목욕시키기가 한결 수월하다. 최근에는 강아지의 목욕 활동을 도와주는 다양한 아이디어 상품들이 나와 있다.

목욕을 시킬 때는 샴푸잉할 때는 비누나 샴푸 거품이 반려견의 눈에 들어가지 않도록 세심한 주의가 필요하다. 손톱을 세워서 피부를 박박 문지르듯 씻기는 것은 좋은 방법이 아니다. 손바닥을 펴서 원을 그리듯 부드럽게 마사지하며 눌러주는 것이 좋다. 특히 목욕 중에 귀에 물이 들어가지 않도록 주의한다. 만에 하나 물이 들어갔다면 꼭 잘 털어내거나 말려서 외이염과 같은 귓병이 생기지 않도록 주의해야 한다. 자신이 없다면 미리 솜으로 귀마개를 해두는 것도 방법이다. 이와 관련해 반려견용 목욕캡도 아이디어 상품으로 시중에 나와 있다. 샴푸잉을 할 때 앞서 말한 항문낭도 함께 짜주는 것이 좋다.

반려견의 털을 말려주는 요령 목욕이 다 끝났으면, 목욕만큼이나 털을 말리는 과정도 중요하다. 일단 개는 몸이 젖었을 때 본능적으로 몸을 터는 동작을 수차례 반복한다. 이 경우 개가 알아서 물기를 털어낼 수 있도록 놔두는 것이 좋다. 젖은 상태의 반려견을 그대로 방치하면 잘못하여 감기에 걸릴 수 있으니 마른 타올로 몸을 천천히 문지르듯 닦는다. 마사지를 겸해 주면 금상첨화이다.

어느 정도 닦았으면 드라이어를 약하게 맞춰 놓고 구석구석 말린다. 이때 드라이어의 열기가 너무 뜨겁거나 피부에 너무 가까이 대지 않도록 주의한다. 열기가 뜨거우면 뜻하지 않게 화상을 입을 수 있고, 눈 쪽에 열기를 쬐게 되면 각막 손상과 같은 심각한 문제를 일으킬 수 있기 때문이다.

털이 긴 견종들은 솔빗이나 통빗을 이용해서 드라이어를 사용하면 털이 뭉치거나 엉키는 걸 막을 수 있다. 샴푸잉이 완전히 끝나면 발톱이 물에 불어 있기 때문에 트리밍하기 좋다. 목욕이 전체적으로 끝나면 꼭 간식으로 보상을 해서 반려견이 목욕 시간을 기다릴 수 있도록 해야 한다.

스스로 몸의 물기를 털어내도록 기다린 후 남은 물기를 제거해준다.

펫시터의 일상은 어제의 무한 반복이다. 어제 한 일이라고 오늘 면제되지 않는다. 여전히 강아지는 밥 달라고 뛰어오를 것이고, 이곳저곳 돌아다니며 화분도 엎질러 놓고 마당 구덩이에 고인 흙탕물에 들어가 진흙놀이를 할 것이다. '휴~, 깨끗이 씻어 주면 뭐해. 다시 엉망인데.' 한숨이 절로 나지만 그래도 개구쟁이 녀석이 밉지 않다. 그렇게 한바탕 전쟁을 치르고 나면 언제 그랬냐는 듯 강아지는 다시 산책 나가자고 보챌 것이다.

도그워커는 단순히 반려견을 산책시키는 것만 아니라
개의 웰빙과 관련된 모든 일들을 포괄적으로
관리하는 사람을 의미합니다. 반려견이 원할 때면
언제든지 산책 줄을 잡고 나설 수 있는 제2의 보호자이자,
강아지가 위험에 처했을 때 가장 먼저 그 위험으로부터
강아지를 보호해야 하는 제1의 주인입니다.

2부

건강한 생활을
위한
도그워킹

PART 2 DOG WALKING

이번 장에서는...

반려견과의 산책이 선택이 아니라 필수인 이유와

행복한 산책을 위한 준비물들을 알아보겠습니다.

제4장

펫시터의 또 하나의 이름, 도그워커

8

도그워커가 낯설다고요?

아까부터 코코가 산책을 나가자고 계속 조르고 있다. 오늘까지 마쳐야 할 일들이 산더미 같은데, 그런 내 마음을 아는지 모르는지 코코는 리드줄을 입에 물고 내 앞에 와서 꼬리를 흔든다. "가자고? 나가자는 거지, 너?" 속마음을 잘 알면서 코코에게 한숨 쉬듯 한 번 더 물어본다. 코코는 눈인사를 찡끗 한다. '알면서….'

'으이그, 그래. 니가 이겼다.' 자포자기한 심정으로 리드줄을 받아 든다. 오늘만 벌써 두 번째이다. '처리해야 할 보고서가 산더미 같은데…. 이거 오늘은 정말 도그워커를 불러야 하나?' 일어서며 마음속으로 되뇐다.

필자가 하루에도 몇 번씩 부를까 말까 고민하는 도그워커, 대체 도그워커란 누구일까? 이 말 자체가 아직 낯선 독자들도 많을 것이다. 도그워커에 대해 알아보기 위해 50년 전 미국으로 돌아가보자.

1960년대 뉴욕 번화가, 이른 아침 모두가 출근으로 바쁜 맨해튼 대로변에 카우보이 모자를 쓴 한 사나이가 허리에 리드줄을 칭칭 감고 150마리가 넘는 개들을 산책시키고 있었다. 대형견부터 아담한 강아지에 이르기까지 종류도 다양한 개들을 능숙한 솜씨로 끌고 가는 그 사람은 20세기 '도그워커'라는 영역을 개척한 짐 벅이었다. 이름마저 생소한 '도그워킹'이라는 분야를 번듯한 직업의 하나로 확립시킨 그는 개에게 산책이 절대적으로 필요하며, 반려견을 키운다면 반드시 하루에 한 번 이상 산책을 시켜줘야 한다고 믿었다.

정말 개에게는 산책이 필수일까? 조금 지난 조사지만 2010년, 영국의 켄넬클럽이 반려인 1천 명을 대상으로 실시한 조사에서 5명 중 1명은 자신의 개를 매일 산책시키지 못하고 있는 것으로 드러났다. 산책을 하지 못하는 강아지는 여러 가지 정신적 · 신체적 문제를 안고 있으며, 조사 대상 반려견 3마리 중 1마리는 과체중인 것으로 밝혀졌다. 조사를 주도했던 켄넬클럽의 캐롤린 키스코는 다음과 같이 조언한다.

"문제는 보호자들이 개가 뒷마당을 걷는 것으로 충분한 운동이 되었다고 착각한다는 것이죠. 하지만 개를 아는 사람은 그들이 잠시 돌아다니다가 뒷문에 그냥 주저앉는다는 사실을 잘 압니다. 산책은 견주가 자신들의 반려견에게 충족시켜줘야 할 최소한의 법적 요건입니다. 모든 개들은 하루에 적어도 30분에서 40분 정도 산책을 필요로 하며 이상적으로는 두 번 시켜주는 게 좋습니다. 어떻게 보면, 이건 반려견을 소유하면서 보호자가 가져야 할 책임의 하나인 셈이죠."

문제는 반려견 산책이 말처럼 쉽지 않다는 데 있다. 현대 도시인들의 삶은 날이 갈수록 더 바쁘고 팍팍해지고 있다. 그 덕분에 주인 대신 반려견을 산책시켜줄 사람이 그 어느 때보다도 필요하게 되었다. 리서치회사인 IBIS월드에 따르면, 오늘날 도그워킹 비즈니스는 약 9억 700만 달러의 사업적 가치를 지니며, 연간 3% 이상 고속 성장하고 있다. 이 비즈니스에는 거의 2만 3천 명의 사람들이 고용되어 있으며, 대부분 사업자들은 개를 직접 산책시킬 뿐만 아니라 조직과 행정 업무까지 혼자서 수행하는 것으로 파악되었다.

미국 맨해튼에서 라이언 포 도그Ryan for Dogs라는 도그워킹 비즈니스를 운영하고 있는 라이언 스튜어트는 "뉴욕에 엄청난 숫자의 도그워커가 활동하고 있지만 이 비즈니스는 아직도 틈새시장입니다."라고 말한다. 그는 우연히 여자친구가 기르던 반려견이 트레이너와 어떻게 지내는지를 보고서 이 시장에 눈떴다. 현재 그는 평일 오전 11시 30분에서 오후 3시 30분 사이에 40~50마리의 개를 정기적으로 산책시키고 있으며, 고객들에게 1회 산책 당 15달러를 청구한다고 귀띔했다. 이렇게 일주일에 35~40시간을 일해서 대략 2천 달러를 벌어들이는 스튜어트는 도그워킹에 대해 자신이 하고 싶은 일을 하면서도 충분한 돈을 벌 수 있으며, 시간을 마음대로 조정할 수 있기 때문에 저녁에는 학교도 다닐 수 있는 환상적인 직업이라고 말한다.

이처럼 직업으로 손색없는 도그워커는 펫시터의 또 다른 분야로 꼽힌다. 블룸버그통신에 따르면, 2025년쯤에는 도그워커가 교사보다 더 많은 수요가 생길 거라고 한다. 15명의 도그워커를 고용하여 하루에 200마리가 넘는 반려견들의 산책을 돕고 있는 영국 런던에 위치한 그린 도그 워킹Green Dog Walking의 설립자 조 토마슨은 도그워킹이 주는 보람에 대해 이렇게 말한다.

"개가 주변에 있는 것만으로 매우 치료적인 환경이 됩니다. 개들은 항상 행복하고, 여러분을 웃게 할 새로운 무언가가 항상 있으며, 모두 발랄한 성격을 가지고 있기 때문이죠. 따라서 이 일은 마치 선생님이 되는 것과 같습니다." 더불어 도그워커가 지니는 책임감에 대해서도 다음과 같이 덧붙인다. "이 일은 멋진 운동이고 훌륭한 생활 방식이지만, 일에 따르는 책임도 크죠. 반려견 서비스 의뢰자들은 무슨 일이 일어나는지 잘 알지 못하기 때문입니다. 무엇보다 그들은 자신의 반려견을 돌보는 사람들이 정직하고 옳은 일을 하고 있다는 사실을 믿을 수 있어야 합니다."

도그워커는 어떤 일을 할까?

현재 선진국을 중심으로 도그워커dog walker는 보호자를 대신하여 반려견의 산책을 도와주는 전문인으로 취급받는다. 예전에야 동네 꼬마들에게 용돈을 조금 쥐어주고 부탁했던 일이 이제는 도그워커라는 명칭의 회사들이 앞 다투어 진입하는 대형 비즈니스가 됐다. 도그워킹dog walking은 도그워커가 지향하는 방식과 거리, 과정과 절차에 따라 다양한 형태로 드러난다. 한 번에 여러 마리의 개들을 산책시킬 수도 있고, 한 마리의 개만 데리고 나갈 수도 있다. 산책의 범주 역시 다양하다. 단순히 동네 한 바퀴를 도는 것에서부터 간단한 훈련과 운동을 제공하는 방식에 이르기까지 여러 가지 활동이 추가적으로 붙을 수 있다. 경우에 따라 개에게 그루밍 서비스를 해주기도 한다.

도그워커의 사전적 정의

도그워커는 바쁜 보호자를 대신하여 산책을 통해 반려견의 신체를 건강하게 관리해주고 에너지를 긍정적으로 발산시켜 스트레스 해소 등 정신 건강에 도움을 주며 다양한 후각 활동을 통해 사회화 교육을 증진시키는 역할을 하는 사람이라고 할 수 있다. 보통 펫시터가 수행하는 서비스의 일부로 여겨졌던 분야가 최근 도그워커라는 독자적인 영역으로 분화하여 빠르게 발전하고 있다.
옥스퍼드 사전은 도그워커를 이렇게 정의한다.

자신의 개나 다른 사람의 개를 산책시켜주는 사람

a person who takes their dog or somebody else's dog for a walk

도그워커에 적합한 성격

다양한 성격의 반려견이 존재하는 만큼, 도그워커 분야에서도 다양한 성격의 전문가들이 요구된다. 다만 도그워커 활동의 특성상, 이 일에 보다 더 어울리는 성격이 있을 수 있다. 대부분의 시간을 개들과 야외에서 보내야 하기 때문에 집에만 있는 정적이고 사색적인 성격보다는 외향적이고 활동적인 성격이 알맞다. 동물들과 교감을 하는 데 재능이 있는 사람, 평소 운동을 좋아하는 사람, 여기저기 낯선 곳을 들쑤시고 다니는 모험적인 사람이 아무래도 도그워커에 보다 적합하다.

도그워커는 어떤 사람들이 할 수 있을까? 무엇보다 도그워커는 뚜렷한 개성을 필요로 하는 직업이다. 활달하고 지적이며 탐구정신이 있어야 한다. 개의 상태와 산책의 조건들을 연결지을 수 있어야 하며, 반려견의 건강에 따라 운동량을 관리할 수 있는 직관이 필요하다. 동물과 관계 맺기를 좋아하고, 호기심이 많아야 하며, 체계적이고, 합리적이며, 분석적이고, 근면 성실해야 한다. 맡은 개에 대한 책임감이 있어야 하며 꾸준함과 인내심을 가져야 한다. 그러나 이 모든 것들보다 더 중요한, 아니, 가장 중요한 성격이 있다면 그것은 바로 반려견을 사랑하는 마음이다.

동시에 도그워커는 단순히 반려견을 산책시키는 것만 아니라 개의 웰빙과 관련된 모든 일들을 포괄적으로 관리하는 사람이다. 산책을 데리고 나온 강아지의 신체적 · 정신적 건강을 살피고 그에 맞춰 동선과 운동량을 정하는 사람이다. 반려견이 원할 때면 언제든지 산책 줄을 잡고 나설 수 있는 제2의 보호자이자, 강아지가 위험에 처했을 때 가장 먼저 그 위험으로부터 강아지를 보호해야 하는 제1의 주인이기도 하다. 기상이 안 좋을 때는 비와 눈을 피해 강아지와 실내에서 함께 놀아줘야 하고, 갑자기 강아지가 아프기라도 하면 강아지를 안고 동물병원으로 내달릴 수 있어야 한다. 산책하면서 강아지가 응가를 하면 뒤처리를 하는 것 역시 도그워커의 몫이다.

지금까지 반려동물 시장에 떠오르는 직종, 도그워커에 대해 알아보았다. 도그워커가 생겨난 까닭은 앞서 말한 바와 같이 강아지가 필요로 하는 만큼의 산책을 주인이 직접 시켜주기 어렵기 때문이다. 그러나 펫시터와 마찬가지로, 도그워커 또한 '나 자신이 내 반려견의 첫 번째 도그워커'여야 한다. 다시 말해 반려인은 자신의 반려견에게 있어 펫시터이자 도그워커가 되어야 하는 것이다. 이 점을 염두에 두고, 반려견에게 산책이 꼭 필요한 이유에 관해 알아보자.

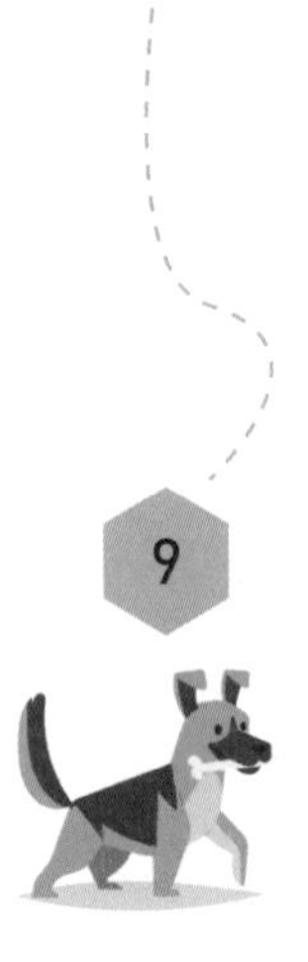

당신이 도그워킹에 관심을 가져야만 하는 이유

반려 문화가 전보다 성숙해진 요즘에도 전반적인 산책의 의미를 오해하는 이들이 많다. 마음 내킬 때 반려견과 나가서 걷다 오는 정도로 여기며 그야말로 해도 그만, 안 해도 그만이라고 생각하는 것이다. 그러나 산책은 반려견들에게 '선택'이 아닌 '필수'이다. 사람에게 산책은 일상에서 휴식을 취하거나 건강을 위해서 하는 선택사항일지 모르지만, 반려견에게 산책은 일상에서 반드시 필요한 기본 행위이며 생존을 위한 필수사항이다. 개에게는 매우 중요한 필수 일과로 견종의 나이와 환경에 상관없이 반드시 행해져야 하는 일이다. 산책은 여타 다른 신체 활동과 다른 영역에 영향을 미친다. 아무리 내 강아지가 실내에서 장시간 정신없이 뛰어놀고 이 방 저 방을 돌아다닌다 해도, 30분 동안 야외에서 보호자와 산책하는 가운데 오는 그 신체적 · 정신적 임팩트에 견줄 수는 없다.

실내에서 생활하는 반려견의 경우, 미끄럽지 않은 지면을 밟게 해주어 다리 관절을 튼튼하게 해주고 각종 질병 예방에 도움을 줄 수 있다. 대형견의 경우, 활동량이 크기 때문에 평소 규칙적인 산책이 신체적 · 정신적 안정에 도움을 줄 수 있다. 실내에서 움직임이 없는 개는 비만의 확률이 높고 정서적으로 불안하기 쉽다. 한정된 공간에서 얻는 스트레스는 고스란히 다른 곳에 전가되는데, 집안의 기물을 파손한다거나 이유 없이 짖는 행위를 보이기도 한다. 비만을 예방하기 위해 급식을 제한하거나 공격 성향을 줄이기 위해 켄넬에 넣어 두는 악순환이 반복되는데, 꾸준한 산책으로 대부분의 스트레스와 질병을 예방할 수 있다. 산책을 통해 많은 것을 보고 듣고 냄새 맡고 다양한 사람들과 개들을 만나게 되면서 덩달아 사회화도 이룰 수 있다.

반려견 산책은 개뿐만 아니라 보호자에게도 여러모로 긍정적인 효과가 있다. 미시간주립대학이 실시한 흥미로운 연구에 따르면, 개를 산책시키는 사람들은 그렇지 않은 사람들보다 적정 운동량을 충족시킬 가능성이 34% 더 높은 것으로 나타났다. 개를 산책시키면서 사람도 덩달아 건강해질 수 있다는 뜻이다. 일례로, 뉴질랜드 오타고대학의 연구진들은 도그워킹의 질적 연구를 통해 반려견 산책이 개는 물론이고 사람의 건강에도 좋은 작용을 한다는 사실을 밝혀냈다. 반려견을 기르는 뉴질랜드 성인 10명을 면접 조사한 결과, 연구진들은 산책을 통해 보호자들이 개와 보다 깊은 정서적 유대를 가지게 되었고, 사회적으로나 환경적으로 건강한 상호작용으로 이어졌으며, 심리적인 웰빙에 대한 종합적인 혜택을 얻었다고 평가했다.

또한 호주서부대학이 수행한 연구에 따르면 한 지역사회 내에서 개가 산책하는 비율이 높을수록 더 많은 대인관계가 유발되는 경향이 있다고 한다. 개를 산책시키다가 길거리에서 다른 사람들을 만나 인사하고 이야기를 교환함으로써 지역사회에서 더 원만한 인간관계를 유지하게 된다는 것이다. 반려견 산책이 보호자뿐 아니라 사회 전반에 더 건강하고 행복한 삶을 선사한다는 걸 보여주는 연구라 하겠다.

반려견 산책의 의무를 법제화하는 호주

반려견의 천국, 호주에서는 산책을 등한시하는 보호자에게 벌금을 물리는 법안이 준비되고 있다. 호주 공영 ABC 방송에 따르면, 앞으로 밀폐된 공간에 24시간 이상 갇힌 개를 발견한 사람은 반드시 2시간 이상 산책시킬 의무가 있으며, 이를 어길 시 최고 2,700달러의 벌금이 부과되는 법을 마련하고 있다고 한다. 법안이 통과될 시, 반려견의 산책을 보호자의 법적인 의무로 명시한 첫 번째 공식 법안이 될 것으로 보인다. 이뿐만 아니라 반려견을 위한 잠자리나 털 관리, 청결 및 질병 치료 등 개에게 주어져야 할 복지를 주인이 제공하지 않을 시 정부가 그를 처벌할 수 있는 조항도 신설된다고 한다.

캘거리대학의 연구진 역시 빈번하게 반려견을 산책시키는 중년층이 규칙적인 신체 활동을 통해 건강을 얻을 뿐만 아니라 지역사회의 유대감을 얻으면서 정신건강도 덩달아 얻을 수 있다고 밝혔다. 이로써 반려견과 다른 이웃 주민들 간의 긍정적인 상호작용을 촉진하는 정책들, 산책을 위한 적절한 보행 편의시설을 구축하는 정책들을 제안하고 있다.

COLUMN

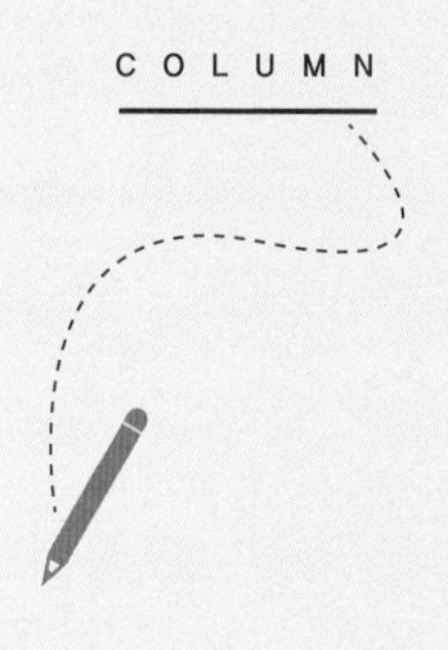

직업으로서의 도그워커

도그워커는 펫시터 시장 내에서 그 규모가 가장 빠르게 성장하고 있는 영역이다. 최근에는 도그워커의 인기에 편승하여 '도그러너dog runner'도 새로운 직업으로 각광받고 있을 정도다. 도그러너는 기존의 도그워커들이 제공했던 산책의 기능에 추가하여 반려견을 뛰게 하고 운동을 시켜주는 서비스를 제공한다. (더 나아가 도그스포츠 중 케니크로스Canicross라는 분야도 있다. 이는 개와 함께 저링벨트와 리드줄을 착용하여 정해진 구간을 뛰는 종목이다. 최초의 케니크로스 대회가 2000년 영국에서 개최되었으며, 오늘날 유럽 및 북미 지역에서 매년 정기적으로 대회가 열리고 있다.)

최근 들어 도그워커는 펫시터에서 떨어져 나와 별도의 비즈니스로 발전하는 모양새다. 이러한 도그워킹 비즈니스의 규모를 단적으로 보여주는 것이 온라인 중개업체의 성장이다. 택시업계에 '우버'가 있다면, 도그워킹계에서는 '로버Rover'와 '왝!Wag!'이 있다. 이 두 업체 모두 현장에서 활동하고 있는 도그워커들과 의뢰자들을 연결시켜주는 플랫폼 기반의 사업을 전개하고 있다.

2011년, 미국 시애틀에서 처음 설립된 로버는 처음에는 워싱턴 주 시애틀과 오리건 주 포틀랜드에서 보호자와 도그워커를 연결하기 시작했으며, 이듬해 2012년에는 서비스 지역이 50개 주로 확대되었다. 처음에 로버는 펫시터와 돌봄 서비스로 사업을 시작했지만, 이후 도그워커와 반려견 탁아소 같은 분야로 서비스 영역을 넓혀 나갔다.

2014년 캘리포니아 주 LA에서 사업을 시작한 후발주자 왝! 역시 근거리에 있는 도그워커들을 의뢰자와 연결시켜주는 플랫폼으로 비즈니스를 꾸렸다. 2018년 초, 소프트뱅크에서 3억 달러의 자금을 유치했을 정도로 사업 전망이 매우 밝다. 왝! 모바일 앱을 통해서 보호자들은 자신의 반려견이 거쳐 간 산책의 전 과정을 실시간으로 모니터링할 수 있다. 보호자는 산책 루트를 따라 강아지가 언제 어디서 배변활동을 했는지 확인할 수 있다.

도그워커들은 앱 서비스에 등록한 뒤 가까운 거리에 있는 반려견 주인의 요청 메시지가 뜨면 수락하거나 거절할 수 있다. 선택권이 도그워커들에게 있는 셈이다. 계약이 성립되어 도그워커가 강아지를 데리고 산책할 때 받는 금액은 1시간당 대략 15~18달러 정도이다. 미국의 경우, 미시간 주는 평균 15.80달러, 뉴욕 주는 16.88달러로 주마다 금액이 다르다. 도그워커를 부업이나 아르바이트로 하는 이들도 있고 직업처럼 전문적으로 뛰는 이들도 있기 때문에 수입은 천차만별이다. 별도의 자격증이나 요구조건이 까다롭지 않아 진입장벽이 낮고 누구나 배우면 손쉽게 도그워커가 될 수 있다.

하지만 최근 도그워킹 도중에 반려견이 사고로 차에 치어 죽거나 부상을 당하는 도그워커 관련 사고가 늘어나면서 자격을 갖춘 고급 인력을 찾아야 한다는 목소리가 높아지고 있다. 문제는 회사 입장에서 도그워커 지원자들의 자질을 미리 파악하기가 쉽지 않단 점이다. 도그워커의 선발 기준을 강화하는 것 외에는 다른 방도가 없기 때문이다. 「월스트리트저널」은 이를 반영하듯 "로버의 경우, 신청자의 15% 정도만을 등록시켰고, 왝!은 심사를 통해 신청자의 5%만 받아들였다. 나머지는 테스트를 통해 커트라인을 통과하지 못했다."며 "도그워커로 일을 구하기가 마치 하버드대 입학과 비슷하다."라고 보도했다.

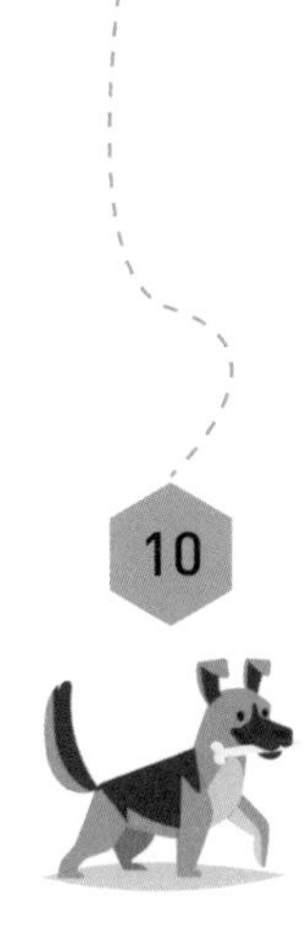

10

행복한 도그워커가 되기 위한 준비

반려견을 키우겠다고 마음먹은 사람이라면 산책에 관심을 가져야 한다. 산책을 시키면서 보호자는 반려견과 공감을 나누는 데 큰 도움을 받는다. 산책을 통해 개와 함께 자신의 신체적 · 정서적 건강까지 얻는 것은 덤이라고 할 수 있다. 그렇다면 반려견을 잘 산책시키기 위해서는 무엇을 준비하고, 어떤 것에 주의해야 할까?

도그워킹에 필요한 도구

산책을 위해 필요한 도구는 자신의 견종과 크기 및 나이, 건강 상태에 따라 적절한 종류와 형태를 선택할 수 있다. 보통 리드줄과 목줄, 가슴줄이 있는데, 특징은 각기 다음과 같다.

❶ 리드줄 : 리쉬

리드줄 혹은 리쉬leash에는 수동 리드줄과 자동 리드줄, 기능성 리드줄이 있다. 길이와 재질에 따라 다양한 종류가 있는데, 면이나 나일론으로 되어 있는 제품이 가장 많이 나와 있으며 개중에 가죽이나 철제로 되어 있는 고급 제품도 있다. 수동 리드줄은 사람이 완력으로 길이를 조절해야 하는 번거로움이 있지만, 위급상황에 즉각적인 대처가 가능하다는 장점이 있다. 자동 리드줄은 길이를 자동으로 조절해주기 때문에 평상시 편리하지만, 위급한 상황에서 사고 위험성이 높기 때문에 주의를 요한다. 매스컴에 나오는 개 물림 사고를 보면, 보호자가 자동 리드줄을 제대로 조작하지 못

리드줄은 긍정적인 교육이 아니다?!

간혹 리드줄은 강제적인 도구이기 때문에 긍정적인 교육이 아니라고 주장하는 분들이 있다. 하지만 리드줄은 개를 단순히 통제하기 위한 수단으로만 사용하는 것이 아니라 보호자와 반려견을 연결시켜주는 매개물로써 상호 간 의사를 전달하고 감정을 교감하기 위한 수단으로 쓰일 수 있다. 비유하자면, 보호자와 반려견을 연결한 리드줄은 두 당사자 간 유선 전화가 서로 연결되어 있는 것과 같다.

강아지를 교육시키는 데 있어 긍정적이냐 부정적이냐의 기준은 지극히 주관적일 수밖에 없다. 대부분의 보호자들이 초크체인은 체벌 위주의 부정 교육이고, 클리커는 칭찬 위주의 긍정 교육으로 여긴다. 물론 나 역시 클리커 트레이너이지만, 교육을 받아들이는 반려견 입장에서 긍정과 부정이 갈리는 것이지 어떤 특정한 도구가 긍정적이다 혹은 부정적이다 단정할 수 없다고 생각한다. 소금도 어떤 상황에서는 몸에 절대적으로 필요한 필수성분이지만, 또 다른 상황에서는 죽음으로 몰아가는 치명적인 독이 될 수 있다. 절대적인 것은 없다. 그 어떤 전문가의 말도 맹신하지 말라. 오직 눈앞에 있는 반려견을 바라보고 가장 바람직한 교육을 궁리하고 판단하는 것이 최선이다.

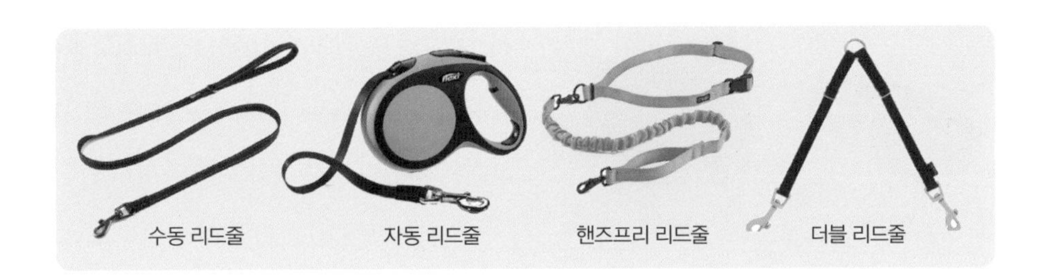

해서 일어나는 사고가 종종 있다. 보통 다급할 때 버튼을 조작하기보다 줄을 무작정 당기려는 본능이 앞서기 때문에 리드줄이 무용지물이 되고 만다.

반면 최근에 기능성 리드줄의 하나로 핸즈프리 리드줄hands-free leash이 출시되었는데, 도그워커가 사용하기에 적합한 제품이다. 그렇다고 명칭 그대로 줄을 잡지 않은 상태에서 두 손을 자유자재로 두라는 말은 아니다. 만일의 사태를 대비하여 반려견을 잃어버리지 않도록 나와 최소한의 연결고리로 생각해야지 두 손을 다 놓고 방관했다가는 큰 사고가 날 수도 있으니 주의하자. 두 마리 이상의 개를 동시에 산책시킬 때는 더블 리드줄double leash을 사용할 수 있다.

❷ 목줄 : 칼라

반면 리드줄에 목줄, 즉 칼라collar가 연결되어 있어야 개를 바르게 묶을 수 있다. 목줄에는 플랫 타입과 슬립 타입, 헤드 타입이 있다.

플랫 타입 먼저 플랫 타입flat type인 클립 혹은 벨트 스타일은 반려견의 목 사이즈에 맞게 길이를 조정하여 고정된 형태로 채우는 것이기 때문에, 일단 목에 채우고 나면 반려견에게 부담이 가지 않는다는 장점이 있다. 그러나 바로 이러한 점이 산

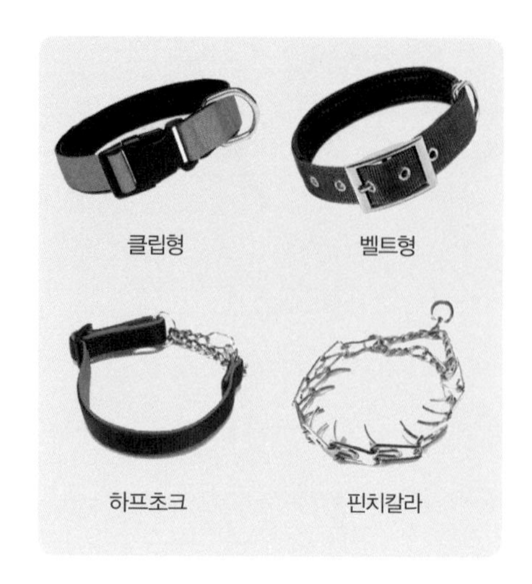

책 시 반려견의 움직임이 크거나 위급한 상황에서 난동을 부릴 때 목줄이 아예 머리에서 빠진다는 단점이 되기도 한다.

슬립 타입 슬립 타입slip type은 초크체인이나 하프초크, 핀치칼라 등이 있는데, 사이즈를 고정시켜 채우는 플랫 타입과는 달리 보호자가 줄을 당기는 정도에 따라 미끄러지듯 조임이 변동되는 타입이어서 도그워커가 반려견의 행동을 쉽게 제어할 수 있게 해준다. 줄을 당기는 정도에 따라 자유롭게 제어할 수 있지만, 자칫 체벌의 도구가 될 수 있다는 점을 고민해야 한다. 정당한 교육이 아닌 체벌로만 행동을 제어하면 자칫 체벌이 만성화되어 개가 주인이 아무리 줄을 당겨도 제어가 안 되는 고집불통이 되고 만다. 자신보다 강한 상대와 산책할 때는 고분고분 따라 걷다가도 만만하다고 느끼는 상대와 산책할 때는 주저 없이 줄을 당겨 끌고 나가는 변덕쟁이로 돌변하기 쉽다.
핀치칼라는 다이아몬드 반지의 갈퀴처럼 초크체인 안에 갈퀴가 달려 있다고 해서 흔히 프롱칼라prong collar라고도 하는데, 특수한 목적이 아닌 일반 반려견에게 핀치칼라를 사용하는 경우는 극히 드물기 때문에 아마도 도그워커들이 사용할 일은 거의 없을 것이다. 애초에 보호자가 핀치칼라를 사용하는 도그워커에게 자신의 반려견을 위탁하고 싶어 하지도 않는다.

헤드 타입 마지막으로, 헤드 타입head type이 있다. '코가 향하는 방향으로 몸도 따라간다.'고 개는 천성적으로 뒤에서 미는 힘에 대해 밀리려 하지 않고 그 반대로 향하려는 본능이 있는데, 이러한 개의 본능을 이용하여 만들어진 것이다. 헤드 타입에는 젠틀리더gentle leader, 또는 헤드할터/head halter라고도 한다가 속하는데, 실제로 개들이 상당히 싫어하는 타입이다. 아무래도 입 전체를 감싸는 타입이다 보니, 처음 착용하는 강아지들은 답답하게 여겨 벗으려고 안간힘을 쓴다. 이 때문에 착용 후 바로 산책을 시도하는 것은 좋은 생각이 아니다. 처음에는 젠틀리더에 좋은 인상을 갖도록 간식과 연결시키는 적응기간이 반드시 필요하다. 잘만 사용하면 젠틀리더로 강아지의 문제행동을 교정할 수도 있다. 헤드 타입은 코와 목, 머리와 이어지는 포인트를 자극하기 때문에 덩달아 개를 차분하게 하는 진정효과도 있다.

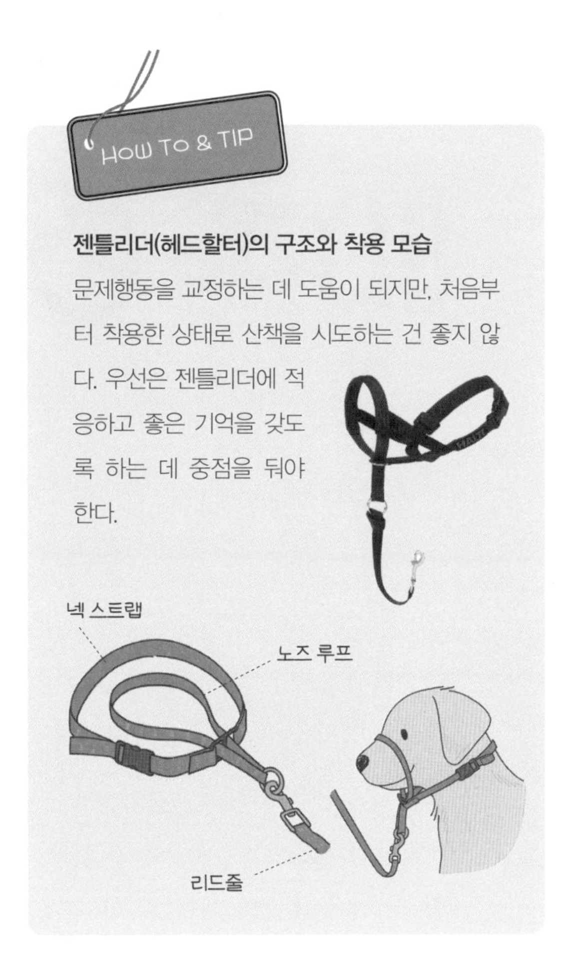

❸ 가슴줄 : 하네스

최근에는 목줄뿐만 아니라 개의 몸 전체를 잡아주는 가슴줄도 인기를 끌고 있다. 가슴줄, 즉 하네스harness는 모양에 따라 H-스타일 · K-스타일 · 버디벨트 스타일 · 프론트 클립 스타일 · 올인원 스타일 등이 있고, 재질에 따라 나일론 · 패브릭천 · 플렉

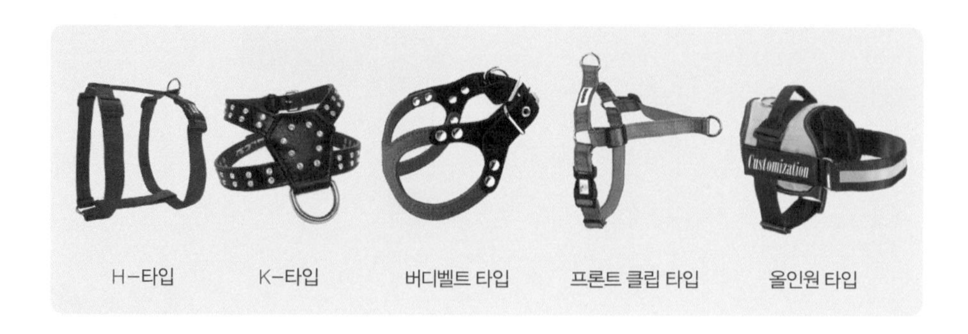

시 하네스 등이 있다.

H-타입에 비해 K-타입은 가볍고 개에게 채우고 벗기기가 용이하다. 또, 잘 오염되지 않기 때문에 세탁이 가능하다. 반면 버디벨트 타입은 몸을 균형 있게 잡아주기 때문에 훈련할 때 이상적이다. 무엇보다 개를 컨트롤하기 용이하며 사용자 조절이 쉽다. 목에 압박을 주지 않으므로 작은 강아지에게 특히 좋은 가슴줄이다.

일반적인 하네스들이 등 위에서 줄을 연결하는top 스타일 반면, 프론트 클립 타입은 이름처럼 반려견의 앞쪽에 줄을 연결하는 형태이다. 개가 보호자를 앞으로 끌고 나가지 못하게 만들어진 것으로, 이지워크easy walk 하네스, 즉 쉽게 산책시킬 수 있는 하네스이기도 하다.

올인원 타입은 조끼 모양으로 입히는 모델부터 서비스견들이 착용하는 모델까지 다양하다. 일단 반려견의 몸을 줄로 조이는 것이 아니라 옷처럼 입히는 방식이라 개에게 통증을 유발하지 않고, 줄을 거는 부분이 등 위에 있어 줄이 풀리더라도 손잡이처럼 잡으며 개를 확보할 수 있다. 요즘에는 형광소재를 덧댄 제품도 있어 어두운 밤에 산책할 때 사고의 위험을 방지할 수 있다.

이외에 플렉시 스타일은 튼튼하고 견고하다는 장점이 있다. 개에게 쉽게 입히고 벗길 수 있으며, 넓은 면적을 가지고 있기 때문에 패션 감각을 추가할 수 있다. 나일론 스타일은 다른 것들에 비해 세척이 용이하다.

도그워킹에 필요한 기본교육

기본적인 도구가 준비되었다면, 본격적으로 도그워킹에 필요한 기초적인 단계를 하나씩 살펴보도록 하자.

❶ 사전에 체크해야 할 것들

도그워커가 반려견을 산책시킬 때 반드시 선행해야 하는 과정이 있다.

첫째, 반려견을 양육하는 환경에 관해 정확하게 파악하기 평소 실내에서 생활하던 반려견인지, 바깥에 풀어놓고 키우던 반려견인지에 따라 산책의 방향이 완전히 달라질 수 있다. 반려견이 지내는 환경은 반려견의 성격, 습관, 태도, 행동과 연관이 있다. 또한 보호자의 성격, 식구 수, 연령대, 외출 시간, 라이프스타일 등과도 밀접한 관련이 있다. 생각 없이 산책에 나갔다가 허둥대는 것보다 미리 주변 산책로까지의 거리와 동선 등을 파악하는 것이 좋다. 전문 도그워커라면 사전답사 시나 계약서 작성 때 꼼꼼하게 환경 및 주변 상황을 기록해두도록 하자.

실내에서 보호자와 함께 생활하는 반려견의 경우, 평소 산책 횟수와 산책 시간을 파악하고 보호자가 외출해서 혼자 있는 시간대를 파악하는 것이 우선이다. 개의 배변 스타일은 어떤지, 실내에서 문제행동은 없는지 꼼꼼히 체크해야 한다. 애견용품이나 그루밍 도구, 장난감을 두는 위치도 미리 확인한다.

반면 야외에서 생활하는 반려견의 경우, 개가 줄에 묶여서 생활하는지, 견사에서 생활하는지 파악하는 것이 급선무이다. 비교적 넓은 공간을 돌아다닐 수 있는 방목형 반려견인지, 좁은 공간에서 생활하는 통제형 반려견인지 알아야 개별적인 개의 활동 성향을 예상할 수 있다. 또한 외부인이 왔을 때나 현관문이 열렸을 때, 다른 개들이나 기타 동물들을 보았을 때 어떤 반응을 보이는지 파악하는 것도 게을리해서는 안 된다. 혹시 산책을 시켜야 하는 반려견이 다수의 사람들이 함께 있는 회사나 가게, 아니면 공장 같은 공적 공간에서 생활하고 있다면 반려견이 누구를 주인으로 인식하고 있는지, 누구의 말을 특히 잘 따르는지, 누구를 기피하거나 싫어하는지 파악하는 것이 향후 외부 산책에 도움이 된다. 평소 소음에 대한 적응이 어느 정도 되어 있는지, 휴식 공간이나 집의 위치는 어디에 있는지를 알아두는 것도 바람직하다.

둘째, 산책로 파악하기 반려견의 생활환경이 파악되었다면, 이제 본격적으로 산책을 할 주변 및 산책로를 살펴야 한다. 엘리베이터 사용 여부부터 도로 환경, 공원 유무, 적합한 배변 장소, 보행자와 행인 상황 등을 미리 점검해야 한다. 보호자의 집과 산책로 사이의 거리, 오가는 길에 반려견에게 불필요한 자극을 줄 수 있는 지형지물의 여부도 동선을 짜는 데 중요한 기준이 된다. 견종과 나이, 건강 상태에 따라 산책 거리와 시간을 조정할 수 있고, 반려견이 갖고 있는 특이한 행동이나 성향에 따라 탄력 있게 상황을 미리 시뮬레이션해볼 수 있다.

❷ 줄 적응시키기

다음 단계는 반려견을 목줄에 적응시키는 과정을 밟는다.

반려견이 목줄을 거부하는 경우 낯선 사람이 목줄을 가지고 자신을 통제하려고 할 때 거부감을 갖는 개들이 있다. 먼저 목줄을 개에게 보여주고 개가 목줄에 관심을 보이기만 해도 칭찬하며 간식을 준다. 간식을 줄 때는 목줄을 반려견 머리보다 큰 원 모양으로 동그랗게 만든 후 그 사이로 배식한다. 간식을 먹기 위해 반려견은 별다른 부담 없이 머리를 원 안으로 밀어넣을 것이다. 그때 개의 머리가 들어왔다고 바로 목줄을 채우려 들지 말고, 반려견 스스로 원에서 머리를 넣고 뺄 수 있도록 당분간 목줄에 이격을 남겨 둔다. 목줄에 거부감이 없어지면 살며시 머리를 넘겨 개의 목에 줄이 걸리도록 한다. 반복하여 목줄을 채우거나 빼도 편하게 받아들이게 한다.

목줄 적응 훈련을 통해 강아지는 야외(자연)에서의 다양한 자극을 안전하게 만끽할 수 있다.

반려견이 목줄에 예민한 반응을 보이는 경우 줄을 채우면 적응하지 못하는 반려견들에게는 운동화 끈이나 가벼운 리본줄을 목에 달아두는 것도 좋은 방법이다. 개가 적응할수록 길이를 조금씩 더 길게 하여 적응시킨다. 여기에 둔감화 교육이 활용될 수 있다. 가벼운 줄에 대한 적응이 끝나면 가벼운 목줄로 바꿔 본다. 목줄에 적응하면, 점차 일반적인 무게의 목줄로 천천히 바꾸어 적응시킨다. 목줄을 채우는 일은 도그워커 입장에서 상당한 인내가 필요한 과정이며, 시간에 쫓겨 서두르거나 바쁘다고 단계를 뛰어 넘어서는 안 된다. 반려견의 사회화 과정에서 목줄에 대한 적응 교육은 필수이기 때문이다.

실내에서의 적응 훈련 목줄에 대한 적응을 마치면 바로 야외로 나가기보다는 집안을 천천히 거니는 것이 좋다. 목줄을 착용하고 반려견이 안전하다고 생각하는 집안부터 산책하듯 구석구석 돌아다니면서 목줄에 대한 이질감을 줄여주는 것이다. 정지해 있는 상태에서 목줄을 잘 받아들인 개라고 해도 산책을 위해 움직이다 보면 불편감을 느끼고 목줄을 거부할 수 있기 때문이다. 잘 따라오면 칭찬하며 좋아하는 간식을 지급한다.

만약 반려견이 흥분하여 도그워커보다 앞서 나가려고 하면 걸음을 멈추고 기다린다. 호기심을 풀고 되돌아오면 다시 칭찬하며 간식을 준다. 앞으로만 가지 말고, 가끔씩 신호를 주면서 반려견이 진행하는 반대 방향으로 간다. 이때 반려견의 이름을 부르고, 반려견이 방향을 수정해서 잘 따라오면 다시 칭찬하며 간식을 준다. 이렇게 집 안 산책이 익숙해지면 이제 야외로 활동 범위를 넓힌다.

자극에 따른 불안감을 줄이는 방법 개들은 신기하고 낯선 자극에 노출되면 일단 불안해하는데, 이 자극이 고통이나 상해를 입히는 것이 아니라면 반복적으로 노출함으로써 점차 익숙해지게 된다. 보통 이러한 과정을 순화라고 한다. 예를 들어 강아지가 입양되고 처음 생소한 환경과 낯선 인간에 노출되었다가 점차 이것들에 순화되는 과정을 겪으면서 안정을 되찾는 경우, 자동차를 타는 것에 불안함을 표출했던 강아지가 지속적으로 차를 타다가 점차 승차에 익숙해지면서 순화를 겪는 경우가 여기에 해당한다. 이러한 순화에는 크게 홍수법과 둔감법이 있는데, 홍수법flooding은 자극에 오랫동안 계속 노출시킴으로써 시간이 경과되면서 점차 불안이 경감되어가는 방식을 말한다.

반면 체계적 둔감법systematic desensitization은 자극을 적은 단계에서부터 체계적으로 늘려나가며 불안을 경감시키는 방식이다. 예를 들어, 홍수법은 공수증恐水症이 있는 사람을 처음부터 수영장에 들어가게 하거나, 고소공포증이 있는 사람을 바로 번지점프대 위에 서게 하여 반복적으로 경험하게 하는 방식이라고 한다면, 체계적 둔감법은 수영장에 들어가더라도 발바닥부터 발목 · 정강이 · 무릎 · 허벅지 · 엉덩이 · 허리 · 가슴 · 어깨 · 목 · 머리의 순으로 천천히 물과 접촉하여 두려움을 완화시키는 방식이다. 고소공포증이 있는 사람도 바로 20m 위에 서는 것이 아니라 3m · 5m · 8m · 10m로 점차 높이를 올리며 공포심을 극복할 수 있도록 한다.

강아지 산책시키는 데 챙겨야 할 것도 많고 알아야 할 것도 많다. 목줄 하나 씌우느라 아이와 실랑이하다 보면 이미 산책에 쓸 에너지가 다 소진되는 느낌이다. '하루도 거르지 않고 하는 건데 어쩌면 코코는 변함없이 이다지도 산책을 좋아할까?' 이제는 정말 미스터리를 넘어서 약간 두려워지기까지 한다. 그럼에도 좋다고 엉덩이를 연신 씰룩이며 앞장서는 코코의 뒷모습을 보면 어이가 없다가도 웃프다. '그래, 너만 좋다면야.' 다음 장부터는 본격적인 도그워킹의 단계와 필요한 훈련들을 체계적으로 살펴보자.

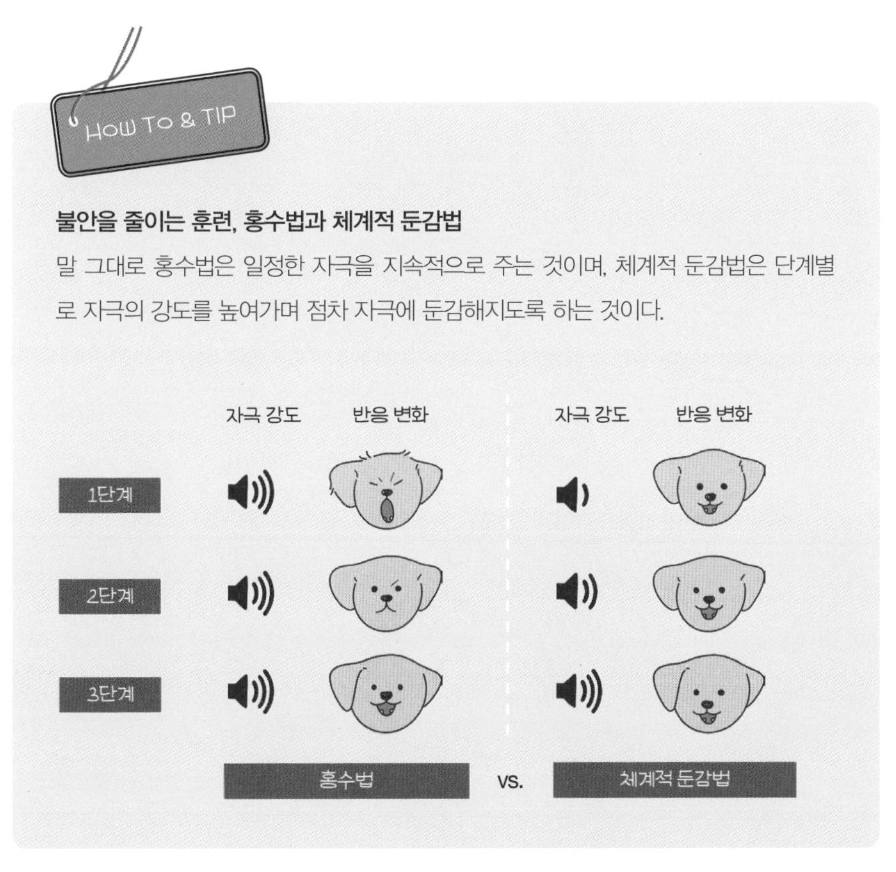

이번 장에서는...

반려견과 함께 발맞추며 걷기 위한 산책의 기술을

차근차근 배워볼 차례입니다.

제5장

산책이 기다려져요 : 도그워킹 실전교육

반드시 이것 먼저! 선행해야 할 기본 교육

최근 반려견을 키우는 반려인구가 늘어나면서 우리나라에서도 개 물림 사고가 많이 일어나고 있다. 이 문제로 인해 작년과 올해 농림축산부에서 정책 회의가 연속적으로 열렸다. 반려견들의 습성을 충분히 이해했다면, 리드줄을 2m로 하자는 것이나 견종들을 구분하여 입마개를 의무화하자는 의견들이 나왔을까 싶다.

산책 시 리드줄 문제만 해도 그렇다. 중요한 것은 줄의 길이가 아니라 내 개에게 적합한 줄의 선택과 보호자가 줄을 잘 사용할 수 있느냐의 문제이다. 앞서 말한 것처럼 자동 리드줄은 반려인이나 반려견, 그리고 비반려인 모두에게 매우 위험한 도구이다. 직관적으로 통제하고 물리적으로 완력 전달이 가능한 수동 리드줄과 달리, 자동 리드줄은 응급상황 시 바로바로 대처할 수 없으며 제멋대로 감기면 자칫 사람의 살 속을 파고들어 큰 상처를 입힐 수 있다. 개중에는 자동 리드줄에 감겨 손가락이 잘리거나 발목에 쓸리면서 심각한 화상을 입는 경우도 있다. 앞서 오는 개와 내 강아지가 교차하면서 리드줄이 서로 뒤엉켜 버리는 경우도 많고, 보호자가 한 손으로 전화를 받다가 옆으로 자전거나 오토바이가 지나가며 리드줄에 걸려 고꾸라지는 사고도 빈번하게 일어난다.

이런 모든 것들 모두 도그워킹의 기본이 안 되어있기 때문에 발생하는 사고들이다. 도그워커라면 자신의 반려견에 맞는 목줄과 하네스를 결정해야 하고, 응급상황에 빠르게 대처할 수 있도록 다루기 편하고 익숙한 도구들을 장만해야 한다. 대부분의 훈련사들이 "하네스는 무조건 나쁘다."라고 말하는데, 사실 그렇지 않다. 강아지의 체형과 견종, 산책 유형, 평소 성격과 성향, 보호자의 산책 스타일에 따라 얼마든지 알맞은 하네스를 사용할 수 있다. 그리고 무엇보다 이런 도구들은 숙련된 도그워커의 손에 들려 있어야 한다. 그렇다면 도그워킹의 기본기로는 어떠한 것들이 있는지 살펴보도록 하자.

실전 산책을 시키기 위해서는 우선 네 가지 중요한 교육이 선행되어야 한다. 이 네 가지 행동 교육은 도그워커에게 있어 반려견의 행동을 통제하고 원활한 산책을 가능하게 하는 가장 중요한 기둥과 같다. 기둥이 부실하면 그 위에 건물을 올릴 수 없다. 그 네 가지 행동 교육에는 '이리 와', '앉아', '엎드려', '기다려'가 있다.

BASIC / 1 / 이리 와 교육

'이리 와' 교육의 중요성은 아무리 강조해도 지나치지 않다. 누군가 반려견에게 무슨 행동부터 알려줘야 하느냐고 묻는다면, 나는 1초의 망설임도 없이 가장 먼저 이리 와 동작을 가르쳐줘야 한다고 답할 것이다. 왜냐하면 반려견을 내 위치로 부르는 훈련이야말로 모든 교육의 시작점이기 때문이다. 반려견이 나 있는 곳에 와야지 '앉아'

도 가르칠 수 있고, '엎드려'나 '기다려'도 훈련시킬 수 있다. 반려견의 이름을 불렀는데, 혹은 "이리 와"라고 여러 번 불렀는데 강아지가 전혀 반응하지 않거나 내 말을 귓등으로 듣는다면, 이는 리콜recall 교육이 제대로 이루어지지 않았다는 반증이다.

❶ 이리 와 교육의 성공 포인트는 '메리트'

강아지가 나에게 오지 않는다면 어떻게 해야 할까? 이리 와 교육의 성패는 강아지를 부르는 보호자의 '메리트merit' 유무에 달려 있다. 강아지 입장에서 메리트 있는 보호자라는 인식이 있어야 "이리 와"를 들었을 때 단숨에 돌아갈 수 있는 것이다. 여기서 '메리트 있는 보호자'란 눈앞에 어떤 유혹거리가 있어도 반려견 스스로 기꺼이 돌아가도록 만드는 '가치'를 가진 사람, 보호자에게 갔을 때 반드시 반려견에게 좋은 '보상'을 주는 사람이라는 뜻이다.

소리 지르거나 야단치면 역효과

간혹 부르는 데에도 강아지가 안 온다고 소리를 지르거나 야단을 치시는 분들이 있는데, 그럴 경우 강아지에게 자신의 메리트를 급격하게 낮추는 꼴이 되고 만다. 반려견 입장에서는 자연스럽게 '거 봐, 이 사람에게 다가가면 꼭 이렇게 안 좋은 일이 생기잖아. 두 번 다시는 불러도 가지 않을 테다.'라는 마음이 생길 것이다.

이처럼 메리트 있는 보호자는 이리 와 교육을 통해 반려견과 신뢰 및 유대 관계를 만들 수 있다. 또한 이리 와 교육을 통해 산책 시 반려견의 안전을 확보하며, 기본적으로 타인을 배려하고 주변 사람의 안전도 확보할 수 있다. 갑자기 개가 흥분하거나 돌발 상황이 일어났을 때 이리 와 교육은 진가를 발휘한다. 도그워커가 부를 때 반려견이 오게끔 하는 교육은 산책 시 반려견이 줄을 풀고 앞으로 뛰어나갈 때 강아지와 반려인, 상대방의 강아지, 비반려인 모두를 안전하게 지키는 첫 번째 방어선과도 같다. 심정적으로 내 반려견에게 이러한 첫 번째 방어선이 제대로 구축되지 않았다고 판단된다면, 산책의 범위는 매우 제한적일 수밖에 없다.

❷ 교육의 효과를 높이는 노하우

음성 신호는 하이톤으로, 시각 신호는 크고 절도 있게 이리 와 교육은 여러 방법으로 이뤄질 수 있지만, 어떤 방법을 쓰든 먼저 수행되어야 할 것은 음성 신호sound signal와 시각 신호visual signal를 정하는 일이다.

음성 신호는 보호자가 간단하고 명확한 언어로 정해 주는 것이 좋은데, "이리 와"나 "와" 또는 "콜" 같은 음성 신호가 일반적이다. 음성 신호는 하이톤으로 하는 것이 좋다. 말을 달리게 할 때는 "이럇"이라고 빠르고 경쾌하며 높은 톤으로 명령한다. 반면 말을 세우려고 할 때는 반대로 "워~워~워~"하면서 중저음의 단호한 목소리가 나온다. 이것은 말이 통하지 않아도 언어와 국가를 무론하고 통일된 음성 신호이다. 내게 오게 할 때, 어떤 동작을 일으킬 때는 가볍고 높은 하이톤으로, 어떤 행동을 저지하거나 그 상태에서 기다리게 할 때는 단호하고 묵직한 저음으로 한다.

시각 신호는 시끄럽고 복잡한 외부 환경에서 주인과 멀리 떨어져 있어도 반려견이 바로 이해할 수 있는 크고 절도 있는 동작으로 정한다. 『당신의 몸짓은 개에게 무엇을 말하는가The Other End of the Leash』의 저자 패트리샤 맥코넬Patricia McConnell은 개가 음성 신호와 시각 신호 중 어느 쪽에 더 많은 주의를 기울이는가를 알아보기 위해 실험을 진행했는데, 압도적으로 시각 신호를 더 쉽게 배우고 시각 자극에 더 민감하게 반응한다는 결과를 얻었다. 외부 환경에서 신호를 보고 들어서 반려견이 돌아온다면 가장 좋아할 만한 것간식, 장난감, 스킨십을 보상으로 주면 된다.

교육을 긍정적인 경험으로 인식시키는 법 휘슬이나 삑삑이 장난감 같은 특정 소리를 이용해서 반려견의 학습 능력을 높일 수 있다. 이러한 소리들은 대부분 개에게 자극을 주는 하이톤의 소리이기 때문에 다른 곳에 정신 팔려있는 개들을 일시적으로 주목시키는 데는 효과적이다. 다만, 그 소리를 듣고 왔는데 아무런 보상이 없거나, 또는 시도 때도 없이 너무 자주 쓰다 보면 그 소리마저도 반응하지 않을 수 있으니 자신만의 룰을 정해서 사용하는 것이 좋다. 만약 반려견이 따라오지 않는다면 리드줄을 이용하여 개의 정확한 위치를 정해줄 수도 있다. 좋아하는 먹이나 간식을 사용하는 것이 제일 좋으며, 평소 반려견이 좋아하는 장난감을 던져주는 것도 좋은 방법이다. 절대 개가 자신에게 안 온다고 소리를 지르거나 잡으러 가서는 안 된다. 또 바로 오지 않았다고 혼내서도 안 된다. 언제라도 오기만 하면 칭찬해주는 것이 중요하다. 어쨌든 일단 자신에게 오면, 개를 구속하지 말고 먹이를 준 뒤 다시 자유를 부여해서 반려견 스스로 이리 와 교육의 결과를 긍정적으로 기억할 수 있도록 해야 한다.

이리 와 교육은 강아지가 관심을 가질만한 것이 없는 환경에서 시작해서 개가 정신을 뺏길 만한 환경으로 점진적으로 바꾸어가며 교육한다. 훈련의 효과를 위해서는 강아지가 공복감을 느낄 때 하는 것이 좋다.

공복 상태와 굶긴 상태는 다르다!

간혹 강아지를 무리하게 굶기면서 트레이닝하는 훈련사들이 있는데 이는 좋은 방법이 아니다. 자칫 신체적으로 무리를 주어 영양소 결핍을 초래할 수 있고, 무엇보다 반려견이 굶주림으로 인해 예민하고 날카로워져서 공격적으로 돌변할 수 있다. 게다가 배가 고플 때 훈련이나 특정 기술을 잘할 수는 있어도 전반적으로 안정적이고 무난한 성격 형성에는 오히려 방해가 될 수 있으므로 주의해야 한다.

대부분의 훈련이 마찬가지이지만, 적당한 공복 상태일 때 보상의 가치가 더 높아지기 때문이다.

거리도 중요한 변수이다. 만일 이리 와 교육 중 강아지가 오지 않을 경우 아무 말 없이 뒤돌아 차분하게 개로부터 천천히 멀어져 본다. 그래도 강아지가 꿈쩍하지 않으면 숨어보기도 한다. 개가 주인을 찾으며 달려오면 보상을 제공한다.

강아지가 자발적으로 올 때 클릭하고 보상한다.

스스로 오게 만들어라 이러한 교육을 통해 강아지가 보호자에 대한 가치를 높여 다양한 상황이나 여러 방해물이 있는 조건에서도 보호자에게 집중하고 주인이 부르면 늘 달려오도록 행동 습관을 만들어줘야 비로소 산책이 가능하다. 이리 와 교육은 일상에서 시작할 수 있다. 불러서 오는 수동적인 행동 유도는 자발적 선택 행동을 위축시키기 때문에, 강아지가 놀다가 부르지도 않았는데 주인에게 오면 클릭하고 보상을 준다. 강아지 스스로 주인에게 오는 선택에 대해 보상을 하고 그 행동에 대한 가치를 형성해주는 것이다. 다른 방해물길고양이, 행인, 날아가는 공, 다람쥐 등을 선택하든 보호자에 오는 행동을 선택하든, 이 단계에서는 반려견의 자유이니 강요하지 않는다. 만약 반려견이 보호자에게 오지 않고 방해물을 선택하더라도 혼내지 말고 보상의 가치를 방해 요인보다 더 높은 것으로 바꾸어 주인을 선택하도록 유도해야 한다.

❸ 한 단계 더 업그레이드하기

시간이 지나면서 이리 와 교육의 범위와 반경을 점차 넓힌다. 반려견이 보호자 곁을 떠나 방해 요인 쪽으로 가다가도 보호자를 쳐다보는 순간이 있는데, 그 순간을 포착하여 클릭하고 강아지가 오면 보상을 한다. 점차 반려견이 보호자 곁을 떠나지 않으려 하고 머물면 보상을 조금씩 멀리 던져준다. 그리고 반려견이 그 보상을 먹고 보호자에게 다시 오는 순간을 포착하여 클릭하고, 곁에 오면 보상을 준다. 반려견이 보호자에게 오는 행동에 어느 정도 습관이 들면, 보호자에게 오는 순간 "이리 와"라고 하거나 반려견의 이름을 부른다. 이 단계는 반려견의 선택이 아닌 보호자의 지시에 의해 움직이게 하려는 의도로 매우 중요한 과정이다. 점차 방해 요인의 종류와 거리 및 상황의 난이도를 높여 어떠한 상황에서도 반려견이 보호자의 부름에 달려올 수 있도록 교육의 완성도를 높인다.

POINT

- 안 온다고 잡으려 가서는 안 된다.
- 바로 안 온다고 혼내서는 안 된다.
- 너무 늦게 올 때 시간을 단축시키는 교정 훈련이 고급 과정에 있을 수 있지만, 기초 단계에서 할 필요는 없다.
- 일단 다가오면 구속해서는 안 된다. 반려견 입장에서 주인에게 갔는데 자신의 자유가 끝난다고 느껴서는 안 되기 때문이다.

BASIC / 2 / 앉아 교육

반려견에게 '앉아' 교육은 사람과 교감하며 살아가는 데 필요한 가장 기본적인 예절 교육이라 할 수 있다. 또한 반려견이 산책 전이나, 식사 시간에 흥분을 가라앉힐 때 도움이 되는 훈련이기도 하다.

캡처링 기법을 이용하기 반려견으로 하여금 스스로 생각하게 만드는 클리커 트레이닝의 캡처링 기법은 다음과 같다. 캡처링 기법 및 클리커의 다양한 훈련 방법은 본서 8장을 참고하도록 한다. 제일 먼저 반려견이 자연스럽게 움직이는 행동 과정을 유심히 관찰한다. 일단 반려견이 좋아하는 간식이나 장난감을 준비한 뒤, 방해물이 많지 않은 작고 조용한 공간에서 반려견의 행동을 관찰한다. 반려견이 잠시라도 앉는 순간, 바로 클리커로 클릭하고 보상을 준다. 이때 보상은 입에 건네는 것보다 살짝 옆이나 뒤로 굴리듯 건넨다. 그러면 반려견은 보상을 먹고 난 후 다시 다가와 또 한 번 보상을 얻기 위해 좀 전의 했던 행동, 즉 '앉아'를 선보일 것이다.

이 과정을 반복하여 반려견이 앉는 동작에 익숙해지도록 연습한다. 1분에 약 15회 이상 앉는 동작이 반복되면 충분히 강화되었다고 간주하고, 반려견이 앉으려고 할 때 "앉아"라는 지시어를 입혀주도록 한다. 이는 나중에 지시어의 의해 강아지가 앉는 동작을 하도록 하기 위함이다. 주의할 점은 지시어를 내렸는데도 반려견이 앉지 않는다고 해서 "앉아, 앉아, 앉아"라는 식으로 말을 여러 번 반복하지 않는 것이다. 이렇게 되면 자칫 여러 번 거듭해야만 말을 듣게 하는 결과를 초래할 수 있다. 차라리 앉을 때까지 조금 기다려주거나 반려견이 이해할 수 있도록 살짝 힌트를 줌으로써 지시어 한 번에 반려견이 행동할 수 있도록 연습시키는 것이 좋다.

POINT

앉아 교육을 할 때는...

- 강압적으로 강아지를 눌러 앉히거나 윽박질러서는 안 된다.
- 강아지가 자발적으로 앉는 행동을 할 때 보상을 통해 그 행동을 강화시켜야 한다.
- 앉는 행동을 할 때를 클리커로 정확하게 포착하는 것이 중요하다.
- 실내에서 앉아 학습이 이루어졌다면, 바깥에서도 훈련하여 행동을 강화시킨다.

BASIC / 3 / 엎드려 교육

'엎드려' 교육은 반려견이 흥분하거나 통제가 어려운 경우를 대비하여 필요한 행동 교육이다. 특히 주변 환경에 영향을 많이 받거나 감정의 기복이 심한 반려견을 키우는 도그워커라면 산책을 나서기 전에 이 교육을 반드시 선행해야 한다.

최근 국내에서 발생한 몇몇 개 물림 사고를 분석해보면, 외부 시그널을 오해하여 흥분한 반려견을 보호자가 제대로 통제하지 못해 발생하는 경우가 많다. 그 반려견이 평상시에 '엎드려'나 '기다려' 훈련이 잘 되어 있어서 어떠한 상황에서도 보호자에 명령에 복종하는 아이였다면 그러한 사고가 일어날 수 있었을까? 사전에 교육만 제대로 이루어졌더라도, 또 보호자가 자신의 반려견을 통제할 수 있는 경험과 능력이 있었더라도 충분히 방지할 수 있는 사고였다. 이처럼 교육과 훈련의 가치를 무시하고 등한히 했던 주인 때문에 반려견이 안락사를 당하는 비극이 종종 일어난다.

그렇다면 엎드려 교육은 어떻게 진행할까? 엎드려 동작을 가르치려면 먼저 반려견이 앉아 있는 자세에서 시작하는 것이 수월하다. 이 과정에서 몇 번의 시행착오를 겪을 수 있으며, 처음에는 엎드리는 동작과 보상 사이의 조건을 반려견이 파악하지 못할 수도 있다. 보호자가 인내심을 가지고 꾸준히 연습하는 것이 중요하다.

엎드려 교육을 할 때는 제일 먼저 바닥에 불편한 부분이 없는지 확인해야 한다. 처음 단계에서는 산만하고 불편한 바깥보다는 이왕이면 집안에 조용하고 편안하게 할 수 있는 교육 공간을 확보하는 것이 좋다. 일단 학습이 되었으면 여러 공간을 바꿔가면서 학습시킨다. 강아지의 경우, 상황의 일반화를 안 시켰을 때 집에서는 잘하는데 밖에서는 따라 하지 않는다는 불만이 일어날 수 있다.

POINT

엎드려 교육을 할 때는...

- 바닥에 불편한 것들이 없는지 먼저 확인한다.
- 강아지가 엎드릴 때를 클리커로 정확하게 포착하는 것이 중요하다.
- 처음에는 너무 무리하지 말고 조용한 실내에서 시작하는 것이 좋다.
- 일단 엎드려 학습이 이루어졌다면, 공간을 바꾸어 가면서 행동을 강화시킨다.

BASIC / 4 / 기다려 교육

앞에 먹이나 간식이 있을 때 보호자의 말을 듣지 않고 식탐을 보이는 반려견은 어떻게 교육해야 할까? 이런 강아지에게는 '기다려' 교육이 반드시 필요하다. 자신의 본능과 감정을 조절하고 보호자가 큐 시그널을 줄 때까지 차분히 기다릴 줄 아는 반려견에게 보상을 주어 행동을 강화한다. 일단 사료 앞에서 기다리는 강아지는 기본적인 자기 통제력을 확보했다고 볼 수 있다. 동물에게 가장 견디기 힘든 것이 음식에 대한 유혹이기 때문이다. 이처럼 기다려 교육은 반려견에게 참을성과 함께 복종심을 길러줄 수 있는 최종적인 교육이다.

다양한 상황에서 인내심을 강화시켜라 '기다려'를 훈련하는 방법은 다양하다. 기다려라는 동작 자체가 어떠한 행동을 멈추고 그 자세를 유지하라는 의미이기 때문에 매우 다양한 상황에서 적용되어야 한다. 처음 기다리는 행동을 연습시킬 때는 앉아있는 자세나 엎드려있는 자세에서 시작하는 것이 좋다. 반려견에게는 엎드려 있는 것이 가장 편한 자세이기도 하고, 가장 오랜 시간 동안 유지할 수 있는 자세이기 때문이다.

식탐이 유독 강한 아이라면 먹이를 사용하여 기다리게 하는 방법도 있다. 우선 손바닥을 펴고 사료를 향해 달려드는 강아지를 막는다. 강아지가 사료를 먹지 않고 기다리면 보상해준다. 점차 기다리는 시간을 늘리며 행동을 강화시킨다.

주의사항 주의할 점은 처음부터 난이도를 높이지 않는 것이다. 교육의 거리와 시간은 되도록 차츰차츰 늘려가는 것이 좋다. 어느 정도 익숙해지면, 장애물도 줘보고 방해물이나 자극물을 주는 것으로 반려견이 기다리는 시간을 늘려 간다. 기다려 교육은 사료뿐 아니라 다른 행동들을 제지할 때도 매우 유용하게 활용될 수 있다. 정해진 자리에 앉아서 주인의 다음 지시를 기다릴 줄 아는 반려견은 보호자에게 잠깐의 자유를 주는 동시에 강아지 자신도 안전감을 느낄 수 있다.

POINT

기다려 교육을 할 때는...

- 강아지가 지나친 공복감에 빠져 있으면 도리어 교육 효과가 떨어진다.
- 손바닥을 통해 정확하게 기다려 시그널을 주는 것이 중요하다.
- 기다려 교육이 실패했을 때는 보상을 건네지 않는다.
- 기다려 행동이 강화될 때까지 인내심을 가지고 꾸준히 반복하는 것이 중요하다.

모든 교육은 반려견이 싫증을 내기 전에 멈추는 것이 좋다. 그리고 교육이 끝나면 반려견을 충분히 쉬게 하고 놀게 해주는 것이 필요하다. 억압하지 않고 반려견 스스로 즐겁게 즐기는 놀이처럼 교육을 수행하는 것이 이상적이다. 이리 와 교육 후에 반려견이 싫어하는 목욕이나 꾸중을 하면 개는 더 이상 주인의 말을 듣지 않을 것이기에 되도록 자제하는 것이 좋다.

도그워킹의 ABC

앞의 네 가지 기본교육을 마쳤다 해도 반려견을 데리고 동네 한 바퀴를 도는 것은 사실 생각처럼 간단한 액티비티는 아니다. 어린 시절 누구나 한 번쯤 흥얼거렸을 동요 중에 「동네 한 바퀴」가 있다. 그 동요의 가사는 매우 흥미롭다.

"다 같이 돌자 동네 한 바퀴, 아침 일찍 일어나 동네 한 바퀴, 우리 보고 나팔꽃 인사합니다, 우리도 인사하며 동네 한 바퀴, 바둑이도 같이 돌자 동네 한 바퀴."

프랑스 동요를 개사한 「동네 한 바퀴」에는 신기하게도 반려견 산책의 세 가지 요소가 다 들어가 있다. 제일 처음에는 '다 같이' 산책한다는 부분이 눈에 들어온다. 산책의 사회성을 반영하고 있는 구절이다. 그다음 의미심장하게 다가오는 부분이 '아침 일찍 일어나' 산책한다는 내용이다. 산책이 지니는 근면성을 강조하는 구절이다. 마지막으로 관심을 가져야 할 부분은 '나팔꽃이 인사한다', 그리고 '우리도 인사한다'는 내용이다. 산책이 가져다줄 수 있는 환경적 가치를 말하고 있다. 그리고 제일 마지막에 '바둑이도 같이 돌자'라며 반려견을 산책에 초청하는 부분이 압권이다. 앞서 사회성과 근면성, 환경적 가치가 다 충족되어야 반려견 산책이 가능하다는 이야기이다. 이처럼 산책은 여러 단계의 과정으로 연결되어 있다. 도그워커라면 각 단계마다 반려견의 행동을 조율하고 통제할 수 있어야 한다.

STEP / 1 / 산책을 위한 도구 챙기기

산책을 나가기 전에 챙겨야 할 도구들이 있다. 반려견을 묶을 리드줄과 목줄 외에도 강아지가 싸놓은 배변을 치울 배변 집게와 배변봉투, 그리고 물티슈 등이 필요하다. 요즘에는 시중에 배변을 처리하는 다양한 아이디어 상품이 출시되어 있다. 배변집게 대신에 스프레이 형태로 똥에 폼을 쏴서 굳히는 신박한 상품도 있다. 형편과 상황에 따라 적당한 제품을 구입하면 된다. 또한 산책을 할 때 강아지를 먹일 물과 간식도 챙기는 것도 잊지 말자. 짧은 거리를 나갔다 오는 경우에도 햇빛이 강한 여름철에는 강아지에게 탈수로 인한 쇼크가 올 수 있기 때문에 조금은 불편하더라도 물병은 들고나가자.

산책 전 도그워커가 반드시 챙겨야 할 네 가지 기본 산책 도구

- 배변 집게
- 배변봉투
- 물티슈
- 물 / 간식

산책 전 반드시 이상의 네 가지를 챙기도록 하자. 산책 기본 도구와 관련해서는 다양한 아이디어 상품들이 시판되고 있다.

STEP / 2 / 현관 통과하기

관찰력이 있는 도그워커라면 반려견이 현관문을 통과하는 모습만 봐도 평소 성격과 행동을 알 수 있다. 단지 산책 채비만 갖추었는데 강아지가 마구 흥분한다면 어떻게 해야 할까? 이럴 경우, 목줄을 채우지 말고 모든 행동을 즉시 중단해야 한다. 보호자가 목줄만 잡아도 반려견이 지나치게 흥분한다면 진정시키는 훈련부터 시작하는 것이 좋다. 과행동을 보이는 반려견은 보호자가 목줄을 채우는 데도 어려움을 겪기 십상이다.

흥분을 가라앉힌 후 출발할 것 반려견이 어느 정도 안정을 취하면 천천히 현관으로 이동한다. 만약 문을 열자마자 보호자보다 반려견이 먼저 바깥으로 뛰쳐나가려고 한다면 다시 차분히 현관 안에서 대기한다. 마구 흥분하여 발로 현관문을 긁거나 나가려고 시도한다면 냉정하게 현관을 닫고 다시 뒤돌아온다. 여러 번 시행착오를 겪은 후, 반려견이 차분해지면 현관문을 반쯤 열고 기다리도록 시킨다. 도그워커가 먼저 현관문 밖으로 발을 옮기고 나서 반려견이 그 뒤를 따라 나오게 한다.

STEP / 3 / 엘리베이터 타기

2019년 4월, 부산의 한 아파트에서 대형견에 속하는 올드잉글리시십도그가 이웃 주민을 공격하는 사건이 일어났다. 문제의 개는 아파트 1층 엘리베이터의 문이 열리자마자 앞에 서 있던 한 남성에게 달려들었다. 보호자가 목줄을 단단히 붙잡고 있었지만 눈 깜짝할 사이 일어난 일이었다. 이 사고로 피해 남성은 신체 주요 부위를 물어뜯기는 아찔한 봉변을 당했다. 뿐만 아니다. 같은 해 7월, 경기도 용인의 한 아파트에서도 반려견이 아파트 지하 엘리베이터 앞에 서 있던 만 3세의 여아를 물어 다치게 하는 사건이 일어났다. CCTV 상에서 보호자는 목줄을 잡고 있었지만, 순간 줄이 늘어나면서 우왕좌왕하다가 자신의 개가 피해자를 공격하는 상황을 미처 막지 못한 것으로 드러났다.

이처럼 엘리베이터는 산책을 나서는 반려견들에게 아주 위험할 수 있는 공간이다. 많은 개 물림 사고들이 엘리베이터 안팎에서 일어난다. 엘리베이터라는 공간에 익숙하지 않은 반려견들의 경우, 필요 이상으로 불안해하거나 낯선 느낌을 받을 수 있다. 매우 폐쇄적이고 한정된 공간 속에서 낯선 사람들과 함께 있으려면 사회성 교육이 필요하다. 엘리베이터가 위아래로 움직일 때 나는 특유의 기계음에 적응해야 하고, 상하로 느껴지는 울렁거림도 견딜 수 있어야 한다. 자동으로 문이 열리고 닫히는 것에 대한 주의도 필요하다. 반려견은 문이 열리며 새로운 전경이 눈앞에 펼쳐지기 때문에 갑자기 나타난 낯선 상대에 극도로 예민해지면서 필요 이상의 공격 성향을 보일 수 있다. 무엇보다 엘리베이터에 오르고 내리는 과정이 반려견에게 위험할 수 있다. 기계 틈에 반려견의 발이 끼거나 완전히 나오지 않았는데 문이 갑자기 닫혀서 강아지가 부상을 입는 경우가 왕왕 발생한다.

안전하게 엘리베이터를 타는 요령 소형견이라면 보호자가 가슴으로 안고holding 엘리베이터에 오르고 내리는 것이 바람직하며, 대형견이라면 도그워커가 몸으로 앞을 막고blocking 뒤에 반려견을 두어 문이 열렸을 때 산책으로 들뜬 반려견이 급하게 앞으로 튀어나가지 않도록 해야 한다. 또한 비반려인들은 강아지와 좁은 공간에 같이 있는 것만으로도 두려움과 불쾌감을 느낄 수 있기 때문에, 다른 층에서 사람이 탄다면 미리 "강아지가 타고 있어요."라고 확인시켜 주는 것이 펫티켓pet etiquette이다. 최근 이러한 문제 때문에 아예 반려동물용 엘리베이터와 펫버튼을 달고 있는 아파트들이 늘고 있다.

STEP / 4 / 계단 내려가기

건물에 엘리베이터 시설이 없거나 부득이하게 계단을 이용할 수밖에 없는 경우, 계단을 오르내리는 행동에 대한 훈련도 필요하다. 미숙한 어린 강아지들이나 몸집이 작은 소형견, 다리가 짧은 견종들은 보호자가 직접 안고 계단을 오르내리는 것이 바람직하다. 산책 시 목줄을 끌어당기거나 지나치게 흥분하는 개는 계단을 이용할 때 보호자가 앞으로 딸려 가면서 크게 다칠 위험이 있다.

과거 '백곰'이라는 진돗개를 길렀던 한 중년 여성 보호자가 목줄을 잡고 계단을 내려가다가 질주 본능이 앞선 백곰이 내달리는 바람에 그대로 계단에서 굴러 떨어지는 아찔한 사고를 당했다. 보호자는 팔에 깁스를 하고 나서야 백곰에게 계단 교육이 필요하다고 느끼고 필자가 근무하던 애견학교를 찾아왔다. 이처럼 중대형견의 경우, 무심코 목줄을 잡고 내려가다가는 계단이 의외로 위험한 공간으로 돌변하기도 한다.

반려견에게도 계단은 쉽지 않은 지형지물이다. 고양이들과 달리 신체적으로 탄력이나 유연성이 부족한 강아지들은 계단을 타다가 넘어지거나 발을 헛디뎌 구르는 경우가 많다. 그러다가 부주의로 떨어지면 계단에 대한 트라우마가 생길 수 있으므로 사전에 연습과 주의가 필요하다.

소형견은 안고 내려가는 편이 낫다

특히 다리가 유독 짧은 닥스훈트나 웰시코기, 페키니즈 같은 견종들은 사람의 보폭에 맞춰 설계된 계단의 높이를 버거워하기 쉽다. 이러한 강아지를 키우는 보호자들은 계단을 오르내릴 때 훈련으로 극복하기보다는 아예 강아지를 품에 안고 다니는 것이 훨씬 안전하다.

제대로, 잘 산책시키는 것이 중요한 이유

예전에 필자를 찾아온 고객 중 한 분의 사연이 떠오른다. 그분이 댁에서 키우던 반려견은 무조건 야외에서만 배변하는 습관이 있었다. 그분은 녀석 때문에 비가 오나 눈이 오나 하루에 한두 번은 꼭 배변을 위해 밖으로 나갔다고 한다. 그런데 진돗개였던 이 녀석이 초반에는 밖에 나가면 기다렸다는 듯이 금방 배변했는데, 어느 순간부터는 나가서 한참을 돌아도 도통 똥을 싸려고 하지 않아 주인의 애를 먹였다. "그렇다고 집에 와서 똥을 싸는 것도 아니고 언제나 나가면 함흥차사 식으로 시간만 끌어서 여간 골치가 아픈 게 아닙니다." 그분의 고민이었다.

그 진돗개는 과연 무엇이 문제였을까? 진돗개는 지극히 정상적이다. 문제는 주인에게 있었다. 배변만 끝나면 마치 볼일 끝난 것처럼 쌩하니 산책을 마치고 귀가하는 보호자의 패턴을 개가 눈치챈 것이다. 그 결과 밖에서 더 놀고 싶었던 진돗개는 배변의 욕구도 참아가며 산책과 놀이를 더 즐겼던 것이다. 해법은 간단했다. 배변하는 타이밍을 잘 계산해서 먼저 배변하면 산책을 멈추지 않고 그 보상으로 도리어 더 멀리 재미있게 산책시켜주는 것으로 패턴을 바꿔주면 끝이었다. 한편으론 인간만큼 개도 영악하고, 다른 한편으론 산책이 얼마나 중요한지 알려주는 사례라고 생각한다.

반려견의 산책은 인간의 산책과 다르다. 인간에게 산책은 잠깐의 소일거리이거나 여가일 수 있지만, 반려견에게는 하루 중 없어선 안 될 가장 중요한 일과일 수 있다. 반려견이 '얼마나 오래시간' 혹은 '얼마나 멀리거리' 걸어야 하는지 정해진 기준 같은 것은 없다.

게다가 산책에는 직진 코스만 있는 것도 아니다. 산책은 배변과 노즈워크를 비롯

후각을 사용하여 다양한 야외 경험을 할 수 있게 해주면 문제행동을 예방하는 데 큰 도움이 된다.

한 다양한 야외 활동들이 어우러진 종합적인 아웃도어 액티비티가 되어야 한다. 따라서 산책 중 반려견이 배변을 한다고 바로 집으로 돌아오는 것은 그다지 좋은 산책이라고 할 수 없다.

산책 시에는 반드시 노즈워크를 해서 본능적으로 타고난 후각을 사용할 기회를 줘야 한다. 이것이 각종 문제행동을 미리 예방하는 데에 가장 효과적인 방법이 된다.

그렇다고 산책 중에 계속 노즈워크를 시키라는 뜻은 아니다. 매스컴을 통해 노즈워크가 대중에게 알려지니 수많은 보호자들이 너도 나도 산책 중 노즈워크를 해준다면서 여기저기 개에게 끌려다니는 모습을 볼 수 있다. 노즈워크는 개가 '자기 주도하'에 '지속적'으로 '아무 곳'에서나 하는 것이 아니다. 어디까지나 주인의 말을 잘 따르며, 위험하고 좁은 곳에서는 얌전히 옆에서 걷다가 주인이 '허락하는 장소'에서 '주인의 신호'가 있을 때 행해야 한다는 룰을 가르쳐주는 것이 좋다.

실내보다 야외에는 더 많은 종류의 시각과 후각, 청각 자극들이 존재하기 때문에 산책을 통해 반려견이 새로운 흥밋거리를 찾고 스트레스를 해소할 수 있어야 한다. 차분함과 집중력이 향상되고 보호자와 더 밀접한 유대관계를 맺게 되는 것은 노즈워크가 주는 또 다른 효과이다. 집안 구석구석 간식을 숨겨서 노즈워크를 연습했듯이, 실외에서는 산책로 초입에 반려견이 좋아하는 간식을 숨겨서 스스로 후각을 이용해 보상을 얻는 즐거움을 느끼도록 만드는 것이 좋다. 마치 초등학교 때 소풍 가서 보물 찾기를 하는 것과 같다고 보면 된다. 간식 말고도 골목이나 전봇대, 풀밭이나 길가에서 다른 개들의 체취를 맡고 다양한 냄새들에 익숙해지는 것도 반려견의 심리적 성숙과 사회화 과정에 있어 매우 중요하다.

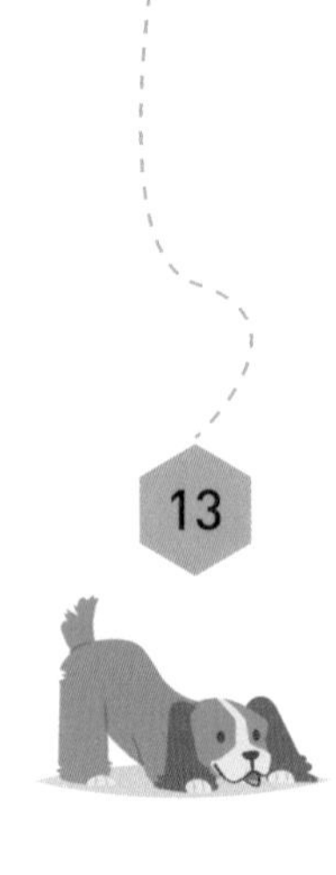

도그워킹의 실전 교육

애니메이션 「짱구는 못 말려」에는 '흰둥이원 작품 속 이름은 시로'라는 강아지가 등장한다. 박스에 담긴 채 버려진 유기견 흰둥이는 스토리 상 큰 비중을 차지하는 것은 아니지만, 주인공 짱구 가족에게 없어선 안 될 식구로 그려진다. 흰둥이 역시 여느 개들과 마찬가지로 산책을 매우 좋아하는 개다. 그런데 짱구는 그런 흰둥이를 산책시키는 것을 매우 귀찮은 일로 여긴다. 가끔은 짱구가 흰둥이를 산책시키는지 흰둥이가 짱구를 산책시키는지 통 구분이 안 갈 정도이다. 급기야 짱구는 산책 도중에 자주 코스를 이탈하여 사라지곤 한다. 산책을 하다 말고 엉뚱한 것에 한눈을 팔거나 흰둥이를 길거리에 놔두고 증발해버린다. 그래서 대개는 다른 식구들이 짱구 대신 흰둥이를 산책시켜주고, 가족들마저 전부 여행을 떠날 때는 옆집 아주머니가 산책을 대신 해주는 것으로 그려진다. 보호자로는 빵점인 짱구에 비해 비가 올 때도 흰둥이를 정성껏 산책시켜주는 옆집 아주머니는 어찌 보면 영락없는 도그워커인 셈이다.

짱구가 강아지 흰둥이에게 산책이 얼마나 중요한 일과인지 알았더라면 어땠을까? 상황이 조금 달라지지 않았을까? 개를 산책시키는 것이 누구에게는 스트레스를 주는 고역이지만, 누구에게는 천국의 구름 위를 거니는 것과 같은 행복한 경험이다. 엄밀히 말해서, 도그워킹은 반드시 '맨워킹man walking'을 수반한다. 그렇기 때문에 개를 산책시키기에 앞서 자신 스스로가 산책을 좋아해야 한다. 걷는 것을 하루 중 즐거운 일과로 삼지 않는다면 개를 산책시키는 것만큼 괴로운 일도 또 없을 것이다. 그런 의미에서 짱구는 도그워커가 되기에는 영 틀린 것 같다!

산책 동선, 유형과 마무리 교육

흰둥이가 오늘도 산책을 나가자고 옆에서 조른다. 옷을 주섬주섬 입고 열쇠를 들고 목줄을 들면 흰둥이는 벌써 산책 나가는 줄 알고는 좋다고 펄쩍펄쩍 뛴다. 자, 이런 흰둥이에게 오늘 저녁만큼은 가장 완벽한 산책을 선물로 주고 싶다. 과연 어떻게 해야 할까?

❶ 산책 동선 짜기

이제 본격적으로 산책 동선walking route을 짜 보자. 반려견을 산책시키는 것은 단순히 개의 스트레스를 풀어주는 소극적인 목적뿐만 아니라 자신의 영역을 확보하고 후각을 통해 주변 사물을 인식하며 지리적 특징들을 파악하려는 개의 본능적인 욕구, 다른 개들과 함께 어울리며 사회화 과정을 이룰 수 있는 적극적인 목적까지 갖고 있다. 따라서 산책 동선을 계획할 때 이러한 목적들을 염두에 두는 것이 좋다. 산책 동선을 결정하는 요인은 크게 두 가지가 있다. 시간과 공간이 그것이다.

시간적 요인 제일 먼저 시간적 요인은 산책에 소요되는 시간을 말하며 횟수는 보통 하루에 한두 번, 시간은 대략 30분 정도가 일반적이다. 물론 견종에 따라 횟수와 시간이 늘거나 줄 수 있다. 보통 기본적으로 활동량이 많은 사냥견이나 목양견 계통은 횟수와 시간을 늘려 잡는 것이 좋고, 소형견이거나 체력이 약한 강아지의 경우에는 시간을 줄이는 것이 바람직하다.

실제로는 활동량의 많고 적음이나 강아지의 크기보다는 견종과 연령, 성향에 따라 더 많은 영향을 받는 것이 산책이다. 특히 겨울에는 춥다고 산책을 생략하는 보호자들이 많은데, 이것은 전적으로 인간의 생각에 불과하다. 사람은 추울 수 있지만 개들은 추워도 반드시 야외 산책을 시켜줘야 한다. 개들은 털옷을 입고 있기 때문에 적당한 시간 동안 산책을 하는 것이 오히려 건강에 좋다.

다만 빙판길이나 제설제가 뿌려져 있는 바닥은 피해야 하며, 혹시 추위에 약하거나 건강이 좋지 못한 개라면 체온을 유지할 수 있는 반려견용 옷을 잠시 입히거나 산책 시간을 조절해주는 것이 좋다.

공간적 요인 시간적 요인과 함께 맞물려 있는 것이 바로 공간적 요인이다. 공간적 요인은 산책이 이루어지는 지형과 지리적 특성 및 주변 환경을 포괄적으로 가리키며, 산책 동선을 짜는 데 시간적 요인보다 더 중요한 경우가 많다. 반려견의 산책이 이루어지는 공간이 도심이냐 시골이냐, 공원이냐 천변이냐, 도로냐 산길이냐, 오르막길이냐 내리막길이냐, 먼 거리냐 가까운 거리냐에 따라 고려해야 할 매우 다양한 변수들이 있기 때문이다. 몸집이 큰 대형견들은 보통 먼 거리를 마다하지 않지만, 체력이 약한 강아지라면 보호자 입장에서 고민이 될 수 있다. 특히 허리가 좋지 못한 닥스훈트의 경우, 장시간 원거리 오르막길 산책은 좋은 루트가 아니다.

동선은 이렇게 조정하라 이러한 두 가지 요인들을 종합적으로 고려하여 산책 과정에서 반려견의 동선을 조정할 수 있다. 자연스러운 산책 동선을 위해서 ㄴ자형과 ㄹ자형, U턴형과 원형 코스를 연습해보자. 이런 도식들을 다 연습하고 실제 야외 산책을 하면, 좁은 길이나 건널목, 어떠한 상황에서도 후퇴나 방향전환 시 용이하게 강아지를 산책시킬 수 있다. 실내에서 생활하는 대부분의 반려견들에게 산책은 단순한 기분전환이 아닌 일정한 운동 코스가 가미된 개념이다. 모험심이 강하고 새로운 지형에 욕심을 내는 반려견이라면 단순한 ㄴ자형보다는 ㄹ자형이 좋다. 반면 내 반려견이 평소 내성적이고 새로운 환경에 적응이 더딘 강아지라면 ㄹ자형보다는 ㄴ자형이나 U턴형이 좋을 것이다. 반면 공간상의 제약 때문에 먼 거리를 다녀올 수 없는 경우라면 가까운 거리를 도는 원형도 좋은 선택일 수 있다.

네 가지 산책 동선 훈련

ㄴ자형	ㄹ자형	U턴형	원형
단순한 코스 한쪽 방향 전환 연습 좌우 보행	복잡한 코스 양 방향 전환 연습 모험심을 자극함	익숙한 코스 업-다운 연습 짧은 거리에 적합	안정지향적 코스 회전 연습 공원, 공터에 적합

❷ 산책 유형 정하기

산책 동선을 정했다면, 이제 산책 유형을 정할 차례이다. 물론 동선과 유형은 서로 유기적으로 맞물려 있다. 보통 동선이 먼저 정해지면 그에 맞게 산책 유형이 정해지는 경우가 일반적이므로 유형을 정하는 문제를 두 번째로 두었다. 산책 유형은 크게 네 가지로 나뉜다. 도보형과 방목형, 자전거형과 러너형이 그것이다.

도보형 도보형은 가장 기본적인 형태의 산책 유형으로 리드줄을 한 채 반려견을 데리고 천천히 걷는 산책이다. 소형견이나 무릎이 좋지 못한 강아지, 노견들에게 추천한다. 아니면 얼마 전 병을 앓았거나 아팠는데 최근 체력을 회복한 반려견에게도 좋은 타입의 산책이다.

방목형 방목형은 리드줄을 하지 않은 산책 유형으로 사람들이 많이 다니는 공공장소나 도로에서는 바람직하지 않으며, 보통 사람들이 없는 맹지나 개인 사유지, 인적이 드문 산길 같은 곳에서 활용할 수 있다. 반려견에게 자유를 줄 수 있다는 점에서 매우 긍정적이지만, 안타깝게도 방목형은 현재 우리나라에서 법률상 불가능하다. 서울과 경기권에서 산책 시 강아지가 목줄을 착용하지 않은 것만으로 바로 관련법 위반이기 때문이다.

자전거형 자전거형은 보호자가 자전거를 타고 개를 달리게 하는 방식인데, 국내에서는 일부 훈련사들이 저먼셰퍼트 같은 특수한 견종을 훈련시키거나 도그쇼전람회 출전을 위해서 강아지의 체력을 올리려는 목적으로 활용되고 있다. 사실 일반인들은 따라 하기 쉽지 않은 유형이다. 이 경우, 자전거에 달고 사용할 수 있는 전문 리드줄을 구입하는 것이 필수이며, 강아지와 자전거의 거리를 벌려놓는 것을 명심해야 한다. 게다가 반려견 입장에서 상당한 에너지를 요구하는 유형이기 때문에 체력이 약한 소형견에게는 맞지 않는다. 자전거형은 훈련사가 자전거를 타면서 동시에 강아지를 컨트롤해야 하는 고난도의 기술과 힘이 필요하기 때문에 일반 보호자들이 따라 하지 말았으면 한다.

러너형 러너형은 케니크로스처럼 반려견과 보호자가 함께 줄을 착용하여 정해진 코스를 마라톤처럼 달리는 스포츠 방식이다. 하지만 이것 역시 특정한 대회나 이벤트가 열리는 경우를 제외하고는 쉽지 않다. 안 그래도 산책 시 개에게 끌려 다니는 보호자들이 많고, 특히 우리나라 지형과 도로의 특성상 반려견과 안전하게 뛸 수 있는 곳이 그리 많지 않기 때문이다. 오히려 산책할 때는 차분한 패턴으로 함께 걷는 것이 가장 좋고, 한적한 곳에서는 조금 빠른 패턴의 속보速步가 적당하다.

산책 시 지켜야 할 펫티켓

반려견 산책 시 특히 펫티켓을 지키는 것도 중요하다. 산책 도중에 내 반려견이 싼 똥은 반드시 보호자가 뒤따라가며 치우는 것이 마땅하다. 일본 같은 경우에는 보호자가 산책할 때 물통을 들고 다니면서 반려견이 오줌을 싼 자리에 물을 뿌려주기도 한다. 강아지의 오줌을 물로 희석시켜서 얼룩과 냄새를 없애려는 것이다. 실제 잔디밭에서도 반려견이 계속 오줌을 싼 자리는 암모니아 성분 때문에 잔디가 죽기도 한다. 이 외에도 산책 시 지켜야 할 여러 가지 펫티켓이 있을 수 있다. 내 강아지가 중요한 만큼 남의 강아지도 중요하다. 내가 반려인이라고 해서 비반려인이 개에게 느끼는 부정 감정을 무시해서도 안 된다. 개를 무서워하고 싫어하는 어떤 사람에게는 "우리 개는 안 물어요!"만큼 무책임한 말도 따로 없다.

❸ 산책 마무리 교육

산책을 하는 것만큼 반려견에게는 마무리 교육도 중요하다. 산책을 나간 강아지가 집에 안 가겠다고 떼를 쓰는 경우가 종종 있다. 이때는 도중에 말을 잘 들으면 다음에도 이와 같은 산책이 보상으로 주어진다는 사실을 인식할 수 있도록 만드는 것이 필요하다.

산책을 하고 나서 집에 돌아오면 제일 먼저 해야 할 것이 강아지의 발을 닦는 일이다. 대부분의 개들은 물과 친하지 않기 때문에 산책에서 돌아올 때마다 몸을 씻겨주는 것은 좋지 않다. 물수건을 가지고 강아지의 발바닥과 패드를 닦아주는 것으로 충분하다. 개중에는 발을 닦는 것도 쉽지 않은 강아지들이 있다. 언제나 반려견이 싫어하는 행동을 요구할 때는 프리맥이 말했던 상대가치이론을 활용한다. 자신이 원하는 보상으로 가기 위해 의무처럼 여겨지는 과정들을 빨리 해치우는 지혜를 강아지 스스로 터득할 수 있게 해준다.

돌발 상황 및 대처 방법

즐거운 마음으로 산책에 나섰다가 뜻밖의 사건 사고로 기분을 완전히 망치는 경우가 있다. 얼마 전 내가 아는 보호자가 강아지를 산책시키며 잠시 휴대폰을 보다가 그만 줄을 놓쳤는데, 마침 반대편에서 걸어오는 사람한테 강아지가 달려드는 사고가 있었다. 놀란 행인은 뒤로 자빠져서 이가 부러지고 말았다. 강아지에게 물리거나 넘어져 크게 다치지 않아 다행이지 자칫 큰 사고로 이어질 뻔한 아찔한 상황이었다. 강아지가 위협을 가한 상태에서 일어난 일이기 때문에 보호자는 위자료와 함께 피해자의 병원비를 물어줘야 했다. 이렇게 잠시 방심한 사이 언제든지 반려견 관련 사고는 일어날 수 있다. 이러한 돌발 상황이 일어날 때 도그워커는 어떻게 대처해야 할까? 우리가 반려견 산책 시에 흔히 접하는 사례들을 통해 대처법을 알아보자.

❶ 움직이는 물체에 이성을 잃어요

주변에 고양이만 보면 이성을 잃는 반려견이나 배달 오토바이만 보면 뒤쫓아 가는 개, 조깅하는 사람만 보면 정신없이 짖으며 따라가는 강아지들이 있다. 한 번 이성을 잃으면 오라고 해도 도통 말을 듣지 않는다. 어떻게 해야 할까? 사실 이는 개라면 지극히 정상적인 행동이다. 움직이는 물체에 반응하는 것은 야생에서 사냥감을 쫓는

POINT

움직이는 물체에 과민 반응하는 개에 대한 훈련법

① 반려견이 나에게 집중하지 않는다면 몇 걸음 뒤로 물러선다.

② 처음 2걸음 동안 반려견을 집중시키는 것부터 시작한다.

③ 잘 집중하면 그다음에 10걸음, 20걸음 식으로 걸음수를 점차 늘려가며 집중을 유도한다.

④ 강아지가 언제 보상이 주어질지 모르면 더욱 훈련에 집중하기 때문에 점차 불규칙적으로 보상을 지급한다.

⑤ 점점 거리에 따라 난이도를 높여서 개의 집중을 빠르게 얻어낸다.

⑥ 움직이는 물체를 만나는 위급 상황이 오면, 재미있는 '따라 걷기' 게임을 준비해서 더 잦은 비율로 보상을 해준다.

⑦ 점점 방해요인이 많은 상황에서 성공적인 연습을 끌어내도록 한다.

개의 본능에서 비롯한 행동양식이기 때문이다. 견종과 개체에 따라 반응 정도가 다를 뿐이지 모든 개들은 움직이거나 달리는 존재에 맹렬한 관심을 갖기 마련이다. 하지만 이런 관심이 원치 않는 결과를 가져올 수 있고, 무엇보다 대형 사고로 이어질 수 있으므로 반드시 반려견의 이런 행동을 자제시킬 필요가 있다.

❷ 아무나 물거나 공격하려고 해요

지나가는 사람과 마주치면 무작정 공격하려고 달려들거나, 지나가는 개를 보면 사정없이 이빨을 드러내며 공격 성향을 보이는 반려견은 어떻게 할까? 이런 반려견들과 산책하려면 입마개 교육이 선행되어야 한다. 그리고 평소 기본 복종교육을 철저히 해서 여러 상황에 대비해야 한다. 우리나라 개 물림 사고는 계속 증가 추세다. 2014년 1,889건이던 것이 2016년 2,000건을 넘어서더니 2018년에는 2,368건으로 치솟았다. 2019년 1월부터 8월까지 우리나라 영유아 포함 10세 미만 아이들의 개 물림 사고는 96건이라는 보고도 있었다. 잠잠하면 한 번씩 터지는 개 물림 사고 소식을 들으면 반려인의 한 사람으로서 마음이 참 답답하다. 개 물림 사고는 주인이 잠깐 방심하고 있으면 언제 어디서나 누구에게나 일어날 수 있는 일이다.

앞서 언급했던 것처럼, 우리나라 동물보호법 시행규칙에 따라 반드시 입마개를 해야 하는 도사견과 아메리칸핏불테리어, 아메리칸스태퍼드셔테리어, 스태퍼드셔불테리어, 로트와일러, 그리고 이들이 믹스된 맹견들뿐만 아니라 평소 입질이 있거나 위협적인 강아지는 산책 전에 입마개를 씌워야 한다. 입마개는 비반려인들을 위한 최소한의 예절이자, 강아지를 안락사의 위협에서 지킬 수 있는 최대한의 의무이다. 문제는 보통의 강아지들이 입마개 착용을 너무 싫어한다는 점이다. 어떻게 하면 손쉽게 반려견에게 입마개를 씌울 수 있을까?

스카프나 천을 이용해 입마개에 적응시키기 입마개는 강아지가 구속이나 벌이 아니라 보상이 뒤따르는 즐거운 게임이라는 인식을 하도록 훈련해야 한다. 여기에는 둔감화 과정이 응용된다. 동물병원에서 진료를 받거나 위급한 상황인데 미처 입마개가 없을 때, 아니면 입마개를 평소 너무 싫어해서 착용이 불가능한 강아지라면, 임시방편으로 긴 천이나 스카프를 이용하는 방법도 있다.

긴 천이나 스카프를 목에 두르고 나아가 묶는 연습을 하면 입마개에 적응하는 데 도움이 된다.

처음에는 코에 스카프를 대고만 있어도 보상을 준다. 절대 한 번에 스카프를 묶으려고 해서는 안 된다. 대번 강아지는 '어라, 지금 끈으로 뭐 하려는 거야?' 의심과 경계를 한다. 스카프를 뗄 때는 빠르게 제거

POINT

개에게 안전하게 입마개를 씌우는 훈련법

① 둔감화를 이용하여 강아지가 입마개에 적응할 수 있도록 배려한다.

② 처음에는 코에 입마개를 대기만 해도 간식을 주어 보상한다.

③ 그다음에는 코에 입마개를 대고 3초 정도 세고 나서 간식을 주어 보상한다.

④ 어느 정도 익숙해지면, 시간을 점차 늘려가며 입마개에 적응시킨다.

⑤ 그다음, 입마개를 채우고 머리 뒤로 천천히 묶고 보상한다.

⑥ 완전히 입마개를 채운 다음, 그 상태로 점차 시간을 늘려 나간다.

⑦ 참는 시간에 따라 충분한 보상을 주어 행동을 강화시킨다.

해서 물건이 옭아매거나 억압하는 것이 아니라는 점을 각인시킨다. 그다음 점차적으로 스카프 두르는 시간을 늘리며 훈련 강도를 높인다. 마음속으로 '무궁화 꽃이 피었습니다.'를 1번에서 10번까지 반복하며 천천히 늘려간다. 사이사이마다 보상을 준다.

❸ 담배꽁초나 자신의 똥을 먹으려고 해요

'에이, 지지.' 우리가 갓난아기일 때 가장 많이 들어본 말이다. 개도 아기처럼 입에 넣은 것을 곧바로 삼키는 습성이 있으며, 그것이 목이나 식도, 장에서 걸리거나 막혀서 큰 문제를 일으킬 수 있다. 이쑤시개나 골프공, 탱탱볼, 생선뼈, 돌멩이, 과일 씨앗, 동전, 단추 등을 삼키며 심하면 개복수술이 필요할 수도 있다. 일반적으로 담배꽁초나 휴지처럼 음식물로 이용되지 않는, 영양 가치가 없는 것을 삼키는 증상을 이식증 allotriophagy이라고 하며, 자신의 변이나 다른 동물의 배설물을 먹는 증상을 식분증 coporphasia이라고 한다.

원인 이식증은 호기심이나 배고픔, 무료함, 심한 욕구불만, 스트레스, 정신 이상, 기생충증 같은 이유로 나타난다. 한편 식분증은 왕성한 식탐이나 영양 결핍, 스트레스, 다두사육의 환경, 내분비계 이상으로 나타난다. 또는 과도한 체벌에 대한 반응으로 자신의 분변을 제거하는 경우, 보금자리를 청소하려는 욕구, 장내 기생충이 있는 경우에도 나타날 수 있다.

예방 및 대처법 이식증의 경우, 자칫하면 위험한 물질이 목에 걸릴 수 있기 때문에 그런 행동을 보이는 순간 반드시 제재해야 한다. 보호자는 평소 동물이 항상 가지고 놀던 장난감이 없어지지는 않았는지 잘 관찰할 필요가 있다. 집에 장시간 혼자 있을 때 그 스트레스로 이식증 증세를 보이기도 하기 때문이다. 이쑤시개는 식도에 걸리지 않고 위까지 도달하여 내벽을 관통하고 간장이나 폐, 심장을 찌를 수 있다. 몸집이 작은 강아지는 고기나 식물의 씨앗을 삼키다가 식도에 걸려 호흡 곤란으로 청색증이나 부정맥 등을 일으키기도 한다. 비글 등 사냥개들은 탱탱볼을 쫓다가 삼키는 경우가 있다.

산책 전에 먼저 사료를 충분히 지급하고 강아지가 배부른 상태에서 산책해보는 것이 필요하다. 하네스보다는 일반 클립형이나 슬립형 목줄이 이물질 제거에 효과적이기 때문에 사용을 권장한다.

하지만 산책 중 식분이나 이식이 걱정되어 반려견이 노즈워크를 하는 것을 막거나 억제하는 것은 바람직하지 않다. 냄새를 맡는 행동과 먹이를 씹는 행동을 따로 구분해줄 필요가 있다. 그러기 위해서는 냄새를 맡는 동작만으로도 재빨리 잘했다는 표시를 하고 보상을 건넴으로써 '노즈워크는 땅이나 풀에서 하지만 실제 보상은 보호자의 손에서 나온다.'는 사실을 인식시켜 준다. 혹은 간접적인 방법으로 관심을 유도하는데, 이를테면 소리 나는 장난감이나 바디스킬을 이용해 반려견의 관심을 분산시켜야 한다. 식분증은 강아지에게 배변에 대한 보상으로 간식을 풍부하게 지급해 식분에 대한 욕구를 줄여주는 방식이 좋다. 그래도 자신의 변에 관심을 갖는다면 유독한 냄새가 나는 물질을 분변에 분사해 강아지 스스로 다가가지 못하게 유도한다.

가장 중요한 것은 호기심이든 심리적 요인이든 스트레스든 간에 보호자가 강아지에게 어떠한 반응을 하느냐에 따라 잠깐의 호기심이 식분증으로 이어질 수 있다는 사실이다. 보호자의 그릇된 반응과 대처 방식으로 인해 자연스럽게 없어질 수 있는 식분증이 유지 혹은 악화될 수 있다. 특히 음식과 관련해서 개에 따라 알레르기 반응을 일으킬 수 있으니 미리 체크하는 것이 바람직하다. 혹여 장난으로라도 강아지가 술에 입을 대게 해서는 안 된다.

PoINT

자신의 변이나 이물질을 먹는 강아지 대처법

- 식욕 관련 식분증은 제대로 된 영양 급여를 통해 대부분 없어진다.
- 스트레스성 식분증은 놀이와 산책을 통해 평소 스트레스 해소를 도와준다.
- 관심 유발을 노린 식분증에는 도리어 과도하게 반응하지 말아야 한다.
- 기호성 식분증은 자칫 지방이 높은 사료를 섭취하게 될 경우 췌장의 소화효소 분비에 문제가 생길 수 있으므로 식단에서 단백질과 지방을 낮춰준다.
- 다두사육으로 인한 경쟁형 식분증은 공간을 나눠 개별 용기에다 사료를 급식한다.

❹ 그만 실수로 리드줄을 놓쳤어요

반려견에게 묶어 놓은 리드줄은 일차적으로 주변 사람들의 안전에 중요한 도구가 된다. 주변에는 여러 가지 이유로 개를 싫어하거나 무서워하는 사람들이 의외로 많으며, 개가 가까이 다가오는 것만으로도 불쾌감을 갖는 이들이 있다. 개를 비롯한 각종 동물 털에 알레르기가 있거나 개에게 정신 · 신체상 부정적 경험을 가지고 있는 사람들도 있다. 이런 이들에게 줄로 적절하게 묶이지 않은 강아지는 그 몸집이나 견종에 상관없이 무시할 수 없는 위협으로 느껴질 수 있다.

이차적으로 리드줄은 반려견 자신의 안전을 위해서도 중요한 도구이다. 반려견이 돌발적으로 줄을 풀고 찻길로 뛰어들어 교통사고가 날 수도 있고, 다른 개의 공격을 받을 수도 있기 때문이다. 이 경우, 허리에 줄을 묶어 사용하는 핸즈프리 리드줄이 하나의 안전장치가 될 수 있다. 리드줄을 핸즈프리로 사용하면 산책 중에 반려견을 놓칠 가능성이 거의 없기 때문이다. 하지만 핸즈프리가 만능열쇠는 아니다. 도그워커에게 매우 편리하고 유용한 도구이지만, 두 손이 자유롭다고 방심한 나머지 핸드폰을 사용하거나 다른 행동을 하다가 사고를 당하는 경우가 왕왕 있기 때문이다. 그러므로 핸즈프리를 착용했다고 방심하면 절대 안 되며, 손에서 줄을 아예 놓아서도 안 된다.

그럼에도 불구하고 줄을 놓쳤다면 허둥지둥 손으로 잡으려고 하지 말고 일단 발로 줄을 밟는다. 절대 놓친 개를 잡으려고 쫓아가지 말라. 당황하지 말고 개가 달려가는 반대쪽으로 뛰어가는 듯한 포즈를 취하면서 강아지를 불러 스스로 주인을 따라오도록 유도해야 한다. 반려견이 주인에게 집중하지 못한다면, 소리 나는 장난감이나 더 큰 소리로 불러서 강아지가 나를 보고 오게 만든다. 무엇보다 이런 경우를 대비해서 평소 '이리 와' 교육을 튼튼이 해두는 것이 좋다.

❺ 산책하는데 갑자기 비가 와요

기상과 날씨는 강아지 산책을 결정하는 중요한 변수이다. 집을 나서기 전에 눈이나 비가 내린다면 가급적 산책을 미루도록 한다. 괜히 눈비를 맞아 강아지가 감기에 걸릴 수 있기 때문이다. 강아지가 아무리 원해도 도그워커 입장에서 산책을 진행하지 않는 것이 좋다.

문제는 산책 중에 갑자기 비가 올 때이다. 평소 도그워커는 일기예보를 확인하여 산책 동선과 시간을 안배하는 것이 좋지만, 그럼에도 산책 도중에 예상치 못한 돌발적인 소나기를 만날 수 있다. 이럴 경우에는 비를 피해 건물이나 처마 밑으로 들어간다. 장대비가 내리는 대도 묵묵하게 산책을 이어가는 것은 바람직하지 않다. 조금이라도 비를 맞았다면, 산책 후 감기에 걸리지 않도록 충분히 닦아주거나 미지근한 물로 목욕을 시켜준다. 이러한 상황들은 산책 일지에 모두 기록으로 남겨야 한다.

❻ 갑자기 탈진해서 쓰러졌어요

비뿐만 아니라 여름철 가장 뜨거운 낮 시간대나 겨울철 추위가 심할 때는 산책을 피하는 것이 좋다. 해부학적으로 개들은 피부에 땀구멍이 없기 때문에 입을 벌려 헐떡이며 공기를 체내로 통과시켜 체온을 조절한다. 따라서 온도가 높고 환기가 되지 않는 장소나 여름철 밀폐된 공간, 예를 들어 뜨거운 자동차 안에 3분만 머물러도 치명적일 수 있다. 직사광선을 계속 쬐면 체온이 급격히 상승하여 고열로 인해 강아지가 열사병에 걸릴 수 있다. 비만한 개는 체지방이 많아 열을 잘 발산하지 못하여 열사병에 걸리기 더 쉽고, 불도그나 퍼그 같은 머즐이 짧은 개도 더위에 취약한 편이다.

여름철 산책 시에는 탈수를 막기 위해 물병을 반드시 챙기고, 일사병을 막기 위해 산책 중간중간에 그늘에 들어가 잠깐씩 쉬는 것도 필요하다. 열사병 초기에는 심한 빈호흡과 대량의 침을 흘리는 증상을 보이기도 한다. 직장 체온이 40도 이상 상승하여 맥박이 빨라지고 입의 점막이 선홍색으로 물든다. 그대로 방치하면 피 섞인 구토, 설사, 경련을 일으키며 혈압이 저하되고 심장 박동도 약해지며 호흡 부전을 일으키게 된다. 물에 적신 타월로 몸을 덮어주거나 사방으로 바람이 잘 통하여 시원한 장소로 바로 이동한다. 산책 도중에 햇빛을 받아 뜨거워져있는 아스팔트 위는 최대한 걷지 않게 하는 것, 풀이나 잔디밭에 들어가서 진드기에 물리지 않게 하는 것도 중요하다. 또 여름철에는 쉽게 음식이 상하기 때문에 길가에 떨어진 음식을 강아지가 주워 먹지 못하게 주의해야 한다.

겨울철 산책 시에는 외부 온도에 따라 산책 전 따뜻하게 옷을 입히고, 건강이 좋지 못할 때는 산책을 거르는 것이 좋다. 강아지가 눈을 먹지 못하도록 주의하고, 자갈 바닥이나 얼음이 얼어 있는 곳은 낙상 위험이 있기 때문에 가지 않아야 한다. 특히 빙판길에 뿌리는 제설제는 강아지에게 안 좋기 때문에 되도록 밟지 않게 유도하고 자칫 길가에 흘러나온 자동차 부동액을 핥지 못하게 제지해야 한다. 산책 후에는 강아지 배와 발바닥의 물기를 완전히 제거하여 감기를 예방한다.

⑦ 교통사고가 났어요

보호자에게 강아지와 산책을 하다가 끔찍한 사고를 당하는 것만큼 슬픈 일이 따로 없을 것이다. 최악의 비극을 막으려면 산책 전에 통제 훈련을 반드시 실시해야 한다. 되도록 운전자들이 시야를 확보하기 힘든 밤에는 산책하지 않는 것이 바람직하며, 어쩔 수 없이 산책을 나섰다면 눈에 잘 띄는 밝은 색 계열의 옷을 입는 것이 좋다.
주차장이나 차가 많은 곳은 가급적 피하고, 정차되어 있더라도 차량 뒤로 지나가는 것은 위험하다. 개는 사람보다 체구가 작아서 후진하는 차량 운전자가 개를 미처 보지 못할 수 있기 때문이다.
산책에 나섰다면 목줄과 리드줄은 반드시 착용해야 한다. 간혹 강아지에게 자유를 준다는 명분 하에 줄을 풀어놓거나 너무 느슨하게 맞춰놓는 보호자들이 있는데 그만큼 자신의 강아지가 위험해질 수 있다는 점을 명심해야 한다.

교통사고를 당했다면 외상이 없어도 반드시 병원을 찾을 것 동물의 골절 원인 대부분은 교통사고로 인한 것이다. 겉으로 보아서는 특별한 이상이 보이지 않아도 내장이나 뼈, 뇌 등에 손상을 입는 경우가 많으므로 반드시 동물병원에서 정밀 진단을 받아야 한다. 교통사고 때문에 생긴 상처에는 역상, 염좌, 골절, 탈구, 타박에 의한 내장 출혈 및 내장 파열 등 여러 가지를 들 수 있다. 잇몸 색깔이 청백색 백색으로 변했다면 체내에 현저한 출혈을 일으키고 있다는 증거이다. 코나 입에서 피가 나오는 경우에는 폐출혈이나 위출혈이 의심되므로 주의한다. 간장이 파열되어 뱃속에서 출혈이 일어나거나 방광이 파열되어 소변이 뱃속으로 쌓여 들어가면 치명적인 결과로 이어질 수 있다. 반려견이 골절이나 탈구를 입으면 고통이 심하기 때문에 자칫 만졌다가 도그워커도 개에게 물릴 수 있으니 조심한다.

⑧ 다른 개에게 물렸어요

산책 중에 다른 개가 와서 내 개를 물었다면 어떻게 할까? '우리 강아지는 아무 짓도 안 했는데 저쪽 강아지가 갑자기 미친 듯이 달려와서 우리 애를 물었다.'는 말들을 종종 한다. 조금 억울할 수도 있겠지만, 보호자가 미연에 방지할 수 있는 사고도 많다. 다른 개들과 싸워서 생긴 상처는 찰과상이나 피하 출혈, 피부가 떨어져 나가는 상처에서부터 마취와 봉합 수술이 필요할 정도로 깊은 상처나 동맥, 정맥이 잘려 피가 멎지 않는 정도에 이르기까지 다양하다. 강아지의 동맥이 끊어지면 선홍색 피가 난다. 이럴 경우, 상처보다 심장에 가까운 곳을 손으로 잡고 붕대로 강하게 압박한다. 반대로 정맥이 끊어지면 암적색 피가 난다. 이때는 상처 부분을 붕대로 압박하고 바로 동물병원에 가야 한다.

⑨ 기타 돌발 상황

이 밖에 산책 중 유리나 금속 조각에 강아지의 발이 찔리거나 베어 상처가 생길 수 있다. 특히 야간 산책 시에는 주변이 잘 보이지 않기 때문에 이런 사고가 종종 일어난다. 높은 곳에 떨어져 나뭇가지나 땅에 있는 금속물에 찔리는 사고도 생긴다. 강아지가 다리를 절거나 발을 바닥에 디디지 못한다면, 못이나 가시가 박혀 있지 않은지 발바닥을 확인해야 한다. 자칫 이물질이 몸 안으로 깊숙이 들어갈 수도 있다. 금속 조각은 엑스레이로 찾아내기 쉽지만 유리조각은 CT로도 찾기가 쉽지 않다. 되도록 산책로로 유흥가나 먹자골목 등 술병이나 캔 등이 길가에 버려지기 쉬운 곳은 피하는 것이 상책이다.

이 밖에도 산책 도중에 많은 돌발 상황이 일어날 수 있다. 산이나 들에서 놀다가 뱀이나 벌에 물리고 쏘일 수도 있다. 두꺼비는 피부에 강력한 독소를 분비하기 때문에 귀 부위를 핥거나 물면 독소가 입 점막을 통해 개의 체내로 흡수된다. 심한 알레르기 반응을 일으키는 경우 호흡 곤란이나 쇼크, 구토, 설사, 기절 등의 증상이 나타날 수 있다.

이러한 사례들을 점검하면서 미리 하나씩 대비한다면 다른 유사한 상황에서도 문제를 바로 해결할 수 있는 기지를 발휘하게 될 것이다.

COLUMN

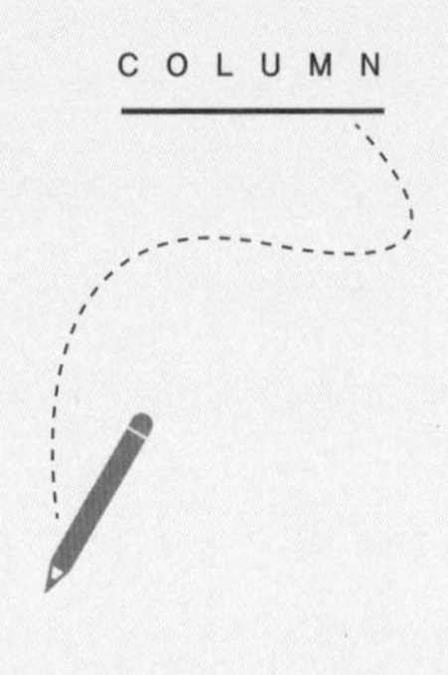

동반자임을 각인하라

개는 인간과 가장 오랫동안 함께 해온 가축이자 반려동물이다. 개는 단순히 동물의 지위를 넘어 인간과 교류하며 '인간과 같은' 정서와 감정을 나눌 수 있는 위치에 올라선 몇 안 되는 포유류이다. 개가 인간에게 주는 혜택은 헤아릴 수 없다. 문화체육관광부와 농촌진흥청이 내놓은 「2018년 반려동물에 대한 인식 및 양육 현황 조사 보고서」에 따르면, 반려동물 양육 전과 후를 비교했을 때, 자신이 가장 크게 변화했다고 느낀 부분에 대한 질문에 응답자의 73.7%가 '외로움 감소'를, 63.6%가 '스트레스 감소'를 꼽았다. 반려동물을 기르면서 55.0%가 부부 사이에 대화가 증가했다고 답했고, 44.5%는 반려동물로 인해 부부가 함께 하는 시간이 전보다 늘었다고 밝혔다. 반려동물이 반려인의 정신 건강에 도움을 줄뿐만 아니라 인간관계에서도 긍정적인 결과를 이끌어냈음을 알 수 있다.

19세기 미국 작가 조시 빌링스Josh Billings는 "개는 당신이 자신을 사랑하는 것보다 더 당신을 사랑하는 지구상에 유일한 존재이다."라고 말했다. 그래서 사람들은 죽으면서 기꺼이 자신의 유산을 반려견에게 물려주려고 하며, 화염에 휩싸여 죽음의 경계를 넘나들면서도 반려견을 담요에 싸서 불길을 헤쳐 나온다. 개는 가축 중에서 가장 우리 인간과 닮은 동물이다. 오래전부터 인간은 개를 재산의 일부이자 가족의 일원으로 받아들였다. 훌륭한 개 한 마리는 가문의 자랑이었고, 마을마다 사람을 구한 견공을 칭송하는 비문과 민담이 구전되어 내려오기도 했다. 고대 이집트나 그리스 로마의 벽화 및 도자기에 그려진 개는 늘 인간 곁에 가까이 있는 존재로 묘사되어 있다. 목축과 농경에도, 심지어 전쟁에도 개는 빠지지 않고 인간과 함께했다. 인간이 눈물을 흘릴 때 개도 함께 눈물을 흘렸고, 인간이 피를 흘릴 때 개도 기꺼이 피를 흘렸다.

동시에 개는 인간과 완전히 다른 동물이다. 개의 뇌와 눈, 코와 사지는 모두 인간의 그것들과 다르다. 우리는 세상을 총천연색으로 볼 수 있지만, 개는 흑백과 약간의 농담濃淡을 구분할 수 있을 뿐이다. 거리 감각에 있어서도 인간의 시각은 개의 시각을 뛰어넘는다. 반면 개와 비교해 볼 때, 인간의 후각은 초라하기 짝이 없다. 인간의 뇌에서 후각을 관장하는 부분의 무게는 고작 몇 그램에 불과하지만, 개의 뇌에서는 총 부피의 7분의 1을 차지한다. 개가 마약 탐지나 수색 작전에 투입되는 이유를 알만 하다. 청력은 또 어떠한가? 우리 인간의 귀는 최대 20,000Hz까지의 진동을 들을 수 있으나, 개는 45,000Hz까지의 소리도 들을 수 있다. 반려견이 주변의 조그만 인기척에도 귀를 쫑긋 세울 수 있는 것은 바로 이러한 고감도 청력을 가지고 있기 때문이다.

개는 언제부터 인간과 함께했을까

과연 반려견은 언제부터 인간과 함께 생활해 왔을까? 최근 과학자들은 미토콘드리아 DNA를 확인하는 방법을 통해 대략 10만 년 전 늑대와 개가 서로 다른 종으로 분화되었다는 사실을 밝혀냈다. 오늘날 많은 학자들이 적어도 4만 년에서 2만 년 전 개가 인간에 의해 가축화됐을 것으로 보고 있다. 당시 남은 음식을 얻어먹기 위해 인간 주변을 따라다니며 배회하던 늑대들이 있었고, 그들 중에서 유독 용감했던 늑대들이 주기적으로 인간에게 접근했다가 아예 집안에 들러 앉게 되었다. 그들은 자유와 안전을 맞바꾸었다. 어린 왕자와 사막여우의 관계처럼, 그렇게 인간과 개는 서로를 길들였다.

더 이상 사냥할 필요가 없어진 늑대들은 인간과의 공생을 선택하면서 오늘날 개의 조상이 되었다. 오랜 기간 동안 인간은 개에게 규칙적인 먹잇감과 안전한 서식지를 제공했고, 개는 그 대가로 주인에게 충성하며 적의 침입을 막고 인간의 재산을 보호했다. 시간이 지나 인간의 수신호를 이해하게 되면서 주인과 함께 사냥을 나가는 개들도 등장했다. 어디 그뿐인가? 개는 점차 인간과 감정과 정서를 나누고 교류할 수 있는 친구로 진화했다. 인간은 기쁨을 더하고 슬픔을 나누며 반려견을 가장 소중한 친구로 길들였다.

역사상 개를 반려동물로 기른 최초의 사람들은 1세기 고대 로마인이었다. 개를 극진히 아꼈던 것으로 유명한 로마인들은 유럽 전역을 돌며 정복 전쟁을 벌일 때도 직접 개를 전장戰場에 데리고 나갔다. 로마 제국의 정복 루트에 반려견이 동행한 셈이다. 그렇게 여러 나라를 돌아다니며 로마 군인들은 각 지역 온갖 종류의 견종들을 수집하여 유배지였던 영국 섬으로 보내곤 했다. 영국이 견종의 발상지가 된 데에는 이런 역사적 이유가 있다.

근대적 반려문화는 중세 유럽에서 본격적으로 시작되었다. 사실 아시아나 아메리카 대륙에 이보다 앞선 반려문화가 있었다는 가설도 있지만, 이를 증명할 만한 문서나 역사적 자료가 없다. 사료史料에 따르면, 중세 때 독특한 생김새의 반려견을 기르는 문화가 유럽의 일부 귀족들과 사제집단에서 큰 인기를 누렸다고 한다. 그들은 개들에게 벨벳과 금, 각종 보석으로 장식된 가죽을 입히고 사치스럽게 꾸몄다. 여성들은 자신들의 허벅지 위에 올려놓을 수 있는 자그마한 견종을 선호했던 반면, 남성들은 함께 야외에서 생활할 수 있는 사냥견을 선호했다. 수도원 내에서는 귀족과 부자들에게 팔기 위해 블러드하운드 같은 순종견을 사육하기 시작했고, 최초의 개 사육장이 만들어지기도 했다. 수도사들은 잡종과 순종 간의 무분별한 교미를 막기 위해 잡종견의 목에 무거운 블록을 두르곤 했다.

11세기, 쥐는 십자군 전쟁 동안 큰 사회적 문제를 일으켰고, 페스트나 각종 전염병의 확산을 두려워했던 농부들은 쥐를 잡아 죽일 수 있는 혈기왕성한 견종들을 개발했다. 그들은 땅을 파거나 쥐구멍에 들어갈 수 있을 만큼 작아야 했고, 달아나는 쥐들을 쫓을 수 있을 만큼 빨라야 했다. 이렇게 해서 중세 때 테리어 같은 사냥견들이 등장했다. 동시에 상류층을 중심으로 스포츠로써 토끼 사냥이 인기를 끌며 그레이하운드나 그레이트데인 같은 견종들이 개발되었다. 투견의 목적으로 불도그와 같은 견종들이 개발된 것도 이때였다.

르네상스 시대 동안 귀족들 사이에서는 개를 동반자로 키우는 문화가 인기를 끌었다. 절대군주들은 자신들이 좋아하는 견종들을 번식시키기 시작했는데, 특히 프랑스의 찰스 9세의 이름을 붙인 찰스스파니엘 등이 이 시기에 확립된 견종이다. 그럼에도 불구하고 유럽 내에서 반려동물을 키우는 행위는 17세기 말까지 보편적으로 퍼지지 못했다. 동물을 기르는 것이 사회적 의무에 태만한 행동으로 간주되었고, 하층 계급에게는 적합하지 않은 여가생활로 치부되었기 때문이다.

중산층이 반려견을 문화의 일부로 수용한 시점은 18세기 후반이 되어서부터였다. 영국 빅토리아 시대에 다양한 견종들이 개발되면서 오늘날처럼 혈통이 보존되고 개들의 족보가 만들어지게 되었다. 오늘날 등록된 196여 종의 견종에 대한 체계적인 관리가 시작된 지 고작 150여 년밖에 안 되었다는 이야기다. 영국은 고대 로마 시대부터 개 사육의 중심지였고, 포인터와 세터 품종을 위해 1859년 뉴캐슬에서 최초의 도그쇼 중 하나가 열리기도 했다. 자선 목적으로 귀족들이 개최한 그 행사는 전 세계의 반려견 애호가들을 모으면서 순종견의 혈통을 확보하는 계기가 되었다. 그 이후로 개 사육은 엄격한 품종 기준의 확립과 함께 더욱 공식화되었다. 1873년 영국에 켄넬클럽Kennel Club이 설립되었고, 빅토리아 여왕은 1891년에 크러프츠 도그쇼Crufts Dog Show에 직접 여섯 마리의 포메라니안을 참가시키기도 했다.

카밍시그널 : 공생의 반려문화를 위한 언어

현대 사회에서 개와 인간은 서로 감정을 소비하며 공생한다. 개는 비록 인간의 언어를 구사하지 못하지만 눈과 몸짓으로 감정을 표현할 수 있다. 늑대는 사람과 아이콘택트를 하지 못하지만, 개는 인간과 눈을 마주치며 감정을 주고받을 수 있다. 반려견과 눈을 마주보고 있기만 해도 인간과 개 모두에게 옥시토신이 분비된다는 과학적 연구도 있다. 2015년 「사이언스」에 실린 한 연구에서 신뢰와 이타성에 관여하는 옥시토신이라는 호르몬이 반려견과의 아이콘택트만으로 크게 증가한다는 사실이 밝혀졌다. 놀라운 점은 아이콘택트를 통해 인간뿐 아니라 반려견의 소변에서도 옥시토신이 다량 검출되었다는 사실이다. '모성애 호르몬'이라고 알려진 옥시토신이 분비된다는 연구는 왜 인간 사회에서 개가 반려동물의 정점에 올라섰는지를 짐작하게 해준다.

옥시토신이 분비되는 과정을 이해하기 위해 우리는 반려견이 보내는 카밍시그널을 이해할 필요가 있다. '카밍시그널calming signal'은 반려견들이 우리에게 말하는 의사소통의 방식이다. 우리는 끊임없이 말로 하지만, 개들은 행동으로 말한다. 인간은 입으로, 개들은 몸으로 말하는 것이다. 따라서 반려견과 의사소통을 원한다면, 내가 키우는 강아지의 몸짓을 읽을 수 있어야 한다. 내가 개들의 바디랭귀지카밍시그널를 볼 줄 안다는 것은, 비유하자면, 영어시험을 보러 가는데 영어사전을 지참하는 것과 같다.

강아지가 보내는 카밍시그널을 인간의 입장에서 봐서는 안 된다. 사람이 개에게 물리는 사고는 사람이 개의 시그널을 잘못 이해해서 발생하는 경우가 대부분이이다. 강아지가 고개를 좌우로 마구 돌리는 행동을 보고 우리는 좋아서 춤을 춘다고 착각하지만, 사실은 정반대의 시그널을 보내고 있는 것이다. 이를 모르고 괜히 다가갔다가 개의 공격을 받거나 물리는 일이 비일비재하다. 길들임의 관계를 위해서는 이처럼 상대의 언어를 먼저 배우고 익히는 과정이 선행되어야 한다. 동화에서 사막여우는 인간의 언어로 어린 왕자에게 말을 걸었지만, 실제로 개는 카밍시그널로 인간에게 말을 건다.

카밍시그널의 부재는 종종 개 물림 사고로 이어진다. 대부분 우리나라 보호자들은 반려견을 물건 쇼핑하듯 애견샵에서 '구매'하기 때문에 강아지들은 사회화 과정을 가질 기회를 박탈당한다. 동료 강아지동배견나 어미를 통해 카밍시그널을 학습할 시간이 삭제된 것이다. 번식장이나 분양소에서 태어난 지 1개월도 채 되지 않은 새끼들자견을 강제로 어미품에서 떼어내어 상품으로 무분별하게 유통시키다 보니, 강아지 입장에서는 동물적 본능만 남아 있을 뿐 인간이나 다른 개들과 함께 살아갈 수 있는 기초적 카밍시그널을 학습할 기회가 없다. 게다가 아직도 상당수의 동물병원에서는 5차 기본 접종 후에 반려견의 외출과 산책을 권하기 때문에, 부득이하게 강아지들은 사회화가 이루어져야 할 시기에 다른 동료 개들을 만날 수 있는 기회, 주인이 아닌 다른 인간을 만날 수 있는 기회를 모두 가지지 못하게 되었다. 이는 커다란 비극이 아닐 수 없다.

반려인과 반려견은 카밍시그널이라는 언어를 통해 하나의 그물망을 만들어 간다. 반려견과 인간은 공생관계에 놓여 있다. 반려견은 카밍시그널로 인간에 다가가고, 인간은 그 시그널을 이해하며 반려견을 동반자로 받아들인다. 반대로 인간은 공감과 보살핌을 통해 반려견에게 다가가고, 반려견은 인간을 주인으로 믿고 따른다. 물론 이 관계망에는 비반려인도 포함된다. 비반려인이라고 소외될 수 없다.

안타깝게도 이러한 관계를 이해하지 못할 때 반려인과 비반려인 사이의 갈등이 사회 문제로 비화되기도 한다. 목줄 착용이나 입마개 의무화 같은 정책을 놓고 서로 물러설 것 같지 않은 힘겨루기를 하고 있는 것도 이러한 관계망에 대한 이해의 부족에서 기인한다. 최근 정부가 100억 원 규모의 공립 반려동물 장례식장을 건설하겠다고 발표하자, 일부 단체들이 "내가 낸 세금이 그런 식으로 쓰이는 것을 원치 않는다."며 당장 계획을 중단하라고 요구하는 현실을 씁쓸하게 바라보면서 상생의 구도가 가능하기는 할까 의구심이 들기도 한다.

이뿐 아니다. 몇 년 사이 굵직한 개 물림 사고가 잇달아 발생하자, 2019년, 정부는 동물보호법 시행규칙에 따라 도사견과 아메리칸핏불테리어, 아메리칸스태퍼드셔테리어, 스태퍼드셔불테리어, 로트와일러, 그리고 이들이 섞인 개들을 맹견으로 분류하고 목줄과 입마개를 의무화했다. 관계법령을 어길 시 견주에게 1차 100만 원, 2차 200만 원, 3차 300만 원의 과태료가 부과된다. 이를 성토하는 반려인 관련 단체 게시판에 '우리 개는 안 물어요.'를 조롱하는 게시물들이 도배되기도 했다. 이로 인해 이웃 간에 얼굴을 붉히는 사례가 늘고 있다. 뿐만 아니라 최근 들어 층'견犬'소음이 층간소음을 압도한다는 말도 나돌고 있다. 2018년 10월, 울산의 한 아파트에서 이웃의 층견소음으로 참다못한 40대 남성이 보호자의 현관문을 걷어차며 욕설을 내뱉고, 따지러 나온 주인과 이를 말리던 어머니의 얼굴을 주먹으로 가격한 사건도 있었다.

동물과 인간의 공생과 보다 성숙한 반려문화를 위해 과연 어떤 부분들을 고쳐 나가야 할까? 무엇보다 우리가 먼저 제대로 된 돌보미, 즉 펫시터가 되어야 한다. 앞서도 말했듯, 첫 번째 펫시터는 다름 아닌 보호자이기 때문이다.

진정한 반려의 의미를 생각해봐야 할 때

미국의 전설적인 만화가 찰스 슐츠Charles Monroe Schulz가 50여 년 동안 신문에 연재했던 만화 「피너츠」에는 주인공 찰리 브라운의 비글 반려견 스누피가 등장한다. 주인공 찰리 브라운보다 스누피로 더 유명한 그의 네 컷짜리 만화는 우리나라에도 소개되어 큰 사랑을 받았다. 과거 80년대에는 그림과 나란히 촌철살인의 명언들이 담긴 '사랑이란…' 시리즈로 인기를 누리기도 했다. 폐소공포증이라 언제나 개집 위에서 생활하며, 매일같이 타자를 치면서 언제 완성할지 모르는 소설을 열심히 써대는 강아지 스누피는 전 세계 사람들에게 반려의 의미를 되새기게 해주었다.

작품 속 많은 명제들이 기억에 남지만, 그중에서 특히 내 이목을 끄는 문구가 있었다.

'사랑은 강아지와 함께 걷는 것이다.'

이 말에는 단순한 걷기 행위 그 이상의 의미가 있다. 인생의 길을 함께 걷는 것, 그것을 한 단어로 표현한 것이 바로 '반려'이다.

반려인은 반려견의 돌보미펫시터이자 도그워커이고, 보호자인 동시에 친구이자 부모이며, 강아지가 세상에서 가장 사랑하고 의지하는 존재이다. 단순히 한 지붕 아래에서 같은 공간을 점유하는 공동주거의 관계에서 더 나아가 서로의 정서와 생각을 나누고 소통하는 유대의 관계로 나아가는 것, 그래서 '반려'라는 단어에 걸맞게 보호자와 반려견이 진정으로 함께 살아가는 삶의 모습을 그려본다. 당신과 당신의 반려견이 인생 길을 함께 걷는 좋은 파트너가 되기를 기원하며, 다음 파트에서는 바로 그 유대와 소통을 강화하는 방법에 관해 알아보기로 하자.

반려견과 말이 통한다면 얼마나 좋을까요?
이런 꿈같은 이야기, 불가능하지 않습니다.
방법을 알면 진정한 이해가 가능하고,
이해하게 되면 깊은 소통이 시작됩니다.
마음과 마음이 진정 이어지는 순간,
반려인과 반려견 모두 삶의 질이 달라질 것입니다.

3부

삶의 질이 달라지는 훈련 매뉴얼

PART 3 TRAINING GUIDE

이번 장에서는...

반려견이 문제행동을 보이는 원인을 찾고,

다양한 문제행동별 솔루션에 대해 알아보겠습니다.

제6장

이유를 알면 고칠 수 있어요 : 문제 행동 바로 잡기

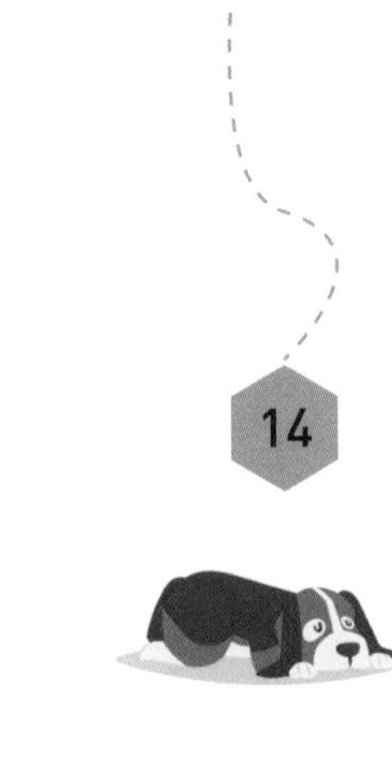

반려견의 문제행동에는 분명 이유가 있다

1978년, 캐나다 밴쿠버대학의 심리학 교수 브루스 알렉산더Bruce K. Alexander는 반려동물에게 환경풍부화가 있는 공간이 얼마나 중요한지 흥미로운 실험을 구상했다. 그는 두 명의 공동연구자와 함께 소위 '쥐 공원rat park'을 설계했다. 그는 제일 먼저 두 개의 상반된 실험 공간을 조성했다. 하나는 더럽고 비좁은 일반 실험실 상자였고, 다른 하나는 60㎡의 넓은 공간으로 이뤄진 놀이공원이었다.

실험실 상자는 쥐들이 돌아다니는 것도 불편할 정도로 좁았고, 퀴퀴한 냄새까지 났다. 반면 놀이공원은 넓은 면적에 깨끗한 톱밥을 깔아 쥐들이 자유로이 돌아다니며 땅을 팔 수 있도록 설계되었는데, 연구자들은 자연을 흉내 내기 위해 숲이 그려진 벽지도 붙이고 위에는 밝은 조명도 달았다. 그뿐 아니었다. 한쪽에는 쳇바퀴며 놀이 원통, 장난감도 설치했고, 암컷도 함께 넣어 원하면 교미하고 번식할 수도 있게 해주었다.

쥐 공원 실험은 반려동물에게
환경풍부화가 얼마나
중요한지 다시 한 번 일깨워
주었다.

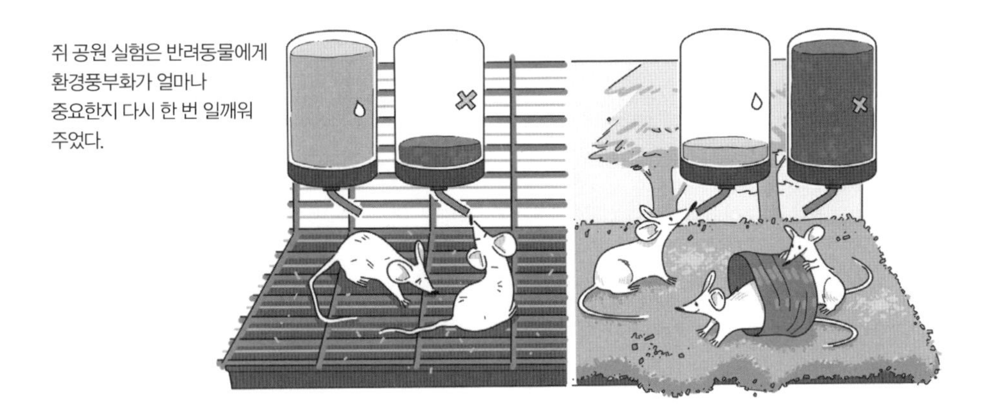

두 공간은 너무도 다른 환경을 가지고 있었는데, 딱 한 가지 공통적인 조건이 있었다. 그것은 중앙에 일반 생수가 든 물병과 모르핀과 자당을 섞어 만든 마약 음료를 함께 배치했다는 점이다.

연구자들은 서로 다른 두 개의 실험 공간에 각기 16마리씩 실험용 흰쥐들을 넣고 그들의 상태를 관찰했다. 결과는 놀라웠다. 좁은 박스 공간에 갇혀 살던 쥐들은 대부분 모르핀 탄 물을 마시며 죽어갔지만, 쥐 공원에 살던 쥐들은 생수만 마실 뿐 마약 음료는 거들떠보지도 않았다. 알렉산더는 자신의 실험 결과를 유명 과학저널에 발표하려 했다. 대번에 '쥐 공원 실험rat park experiment'이라고 알려진 그의 연구에 일부 학자들은 반발했다. 학계는 그가 제시한 실험 조건이 너무 작위적이고 허점이 많다며 저널에 논문을 싣는 걸 거부했다. 이에 연구진은 후속 실험을 더 정교하게 설정하기로 마음먹었다.

이번에는 처음부터 57일간 두 실험 장소에 마약을 탄 물병만 놓고 '일부러' 쥐들을 중독 상태로 몰았다. 선택의 여지가 없었던 쥐들은 어디나 할 것 없이 모르핀에 깊이 중독되었다. 이렇게 두 집단의 쥐들을 한동안 깊은 중독 단계로 둔 다음, 이후 생수가 담긴 물병을 마약이 담긴 병 옆에 두었다. 결과는 어떻게 되었을까? 예상치 못한 뜻밖의 결과에 실험을 직접 설계한 알렉산더와 동료들은 아연했다. 쥐 공원에서 살았던 쥐들은 바로 생수로 돌아갔지만, 비좁은 공간에 놓였던 쥐들은 쥐 공원보다 16배나 더 마약에 찌들었다. 생수를 선택할 수 있는 상황이었지만, 박스 속의 쥐들은 끊임없이 마약에 몰두했다. 그들은 금단현상을 이기지 못하고 급기야 서로를 물어뜯기 시작했다. 좀비가 된 것이다.

결과는 극단적으로 갈렸다. 환경풍부화에 놓인 쥐들은 모르핀에 대한 의존도가 높지 않았지만, 비좁고 불결한 밀집 공간에 들어간 쥐들은 서로의 존재가 이미 커다란 스트레스였다. 이로써 약물에 대한 접근 가능성이 높을수록 약물에 중독될 가능성도 덩달아 높아진다는 기존 학설이 완전히 틀렸음을 보여주었고, 반대로 마약 중독은 마약 자체의 문제보다는 마약에 노출되는 환경이 더 중요하다는 가설을 입증할 수 있었다.

당신의 아이가 문제 행동을 일으키는 이유

1950년대, 동물학자 헤이니 헤디거Heini Hediger는 환경풍부화와 관련하여 동물들의 정신적 · 신체적 · 사회적 건강을 보장하는 환경을 제공해야 한다고 말했다. 그는 일찍이 단순한 관리와 훈련, 식이요법의 영향뿐만 아니라 동물원에 서식하는 동물의 신체적 · 사회적 환경의 중요성을 주장했다.

하루 종일 집에 갇혀 무료하게 주인이 돌아오기만을 기다리는 반려견 역시 창살 없는 감옥에 갇혀 있는 것과 마찬가지이다. 사방이 콘크리트로 마감된 두꺼운 벽에 갇혀 아무리 컹컹 짖어도 돌아오는 건 공허한 메아리일 뿐이다. 바닥에는 푹신푹신한 흙 대신 대리석과 강화마루가 깔려 있어 아무리 조심해도 미끄러지기 일쑤다. 주변에는 하루 24시간 돌아가는 백색가전과 조명, 현대식 디지털 기기들만 즐비할 뿐, 자연을 닮은 초록의 숲과 덤불, 아기자기한 냇가는 찾아볼 수 없다. 앞발이 있어도 땅을 팔 수도 없고, 이빨이 있어도 물어뜯을 것이 없다. 현대식 30평대 아파트 실내에는 따로 강아지가 영역 표시한답시고 돌아다니며 마킹할 곳도 없다.

어쩌면 도시 생활자들이 키우는 반려견에게 환경풍부화는 언감생심 꿈도 꿀 수 없는 이상일지 모른다. 비좁은 원룸 공간에 사는 보호자에게 반려견을 위해 종특이성이 확보되는 환경을 만들라는 조언은 먼 나라 이야기로만 들리기 십상이다. 그렇기에 어쩌면 반려인이 넘쳐나는 요즘이 정상적인 반려견으로 살아가기가 더 어려운 시대인지도 모른다. 그만큼 더 가까우면서 그만큼 더 힘들어진 관계, 그렇기에 그 틈을 비집고 살아가는 오늘날 반려견들은 문제행동 하나쯤 다들 안고 있을 수밖에 없다. 반려견이 보이는 문제행동에는 다 그럴만한 이유가 숨어 있다. 이번 장에서는 바로 그 부분을 이야기해볼까 한다.

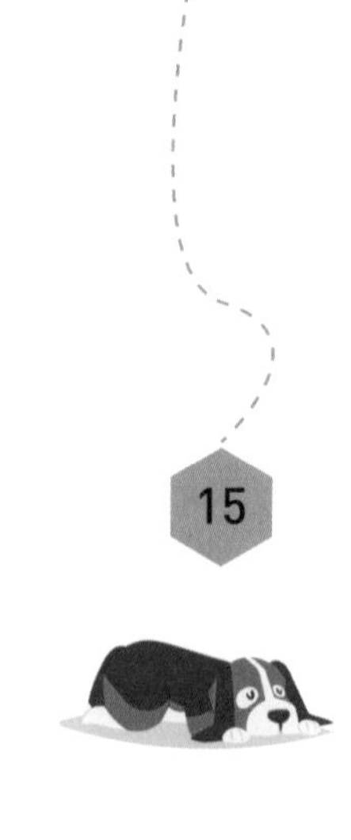

15

내 아이가 왜 이러죠?

언제부턴가 코코가 전에 없던 이상한 행동들을 자꾸 한다. 잘 놀다가도 한 번씩 괴이한 짓을 하는 것이다. 멀쩡한 자신의 앞다리에다 으르렁거리며 성질을 부리더니 급기야 이빨로 잘근잘근 씹어대기 시작한다. 깨갱 깽~! 대충 봐도 사정없이 힘껏 물어재끼는 데 자기 다리라고 안 아플 리가 없다. 조금 정신 차리는 것 같더니 또 얼마 지나지 않아 다시 자신의 앞다리를 매섭게 노려보며 콧잔등을 씰룩거린다. 그르르르~! 죽일 듯이 다리를 응시하며 흰 이빨을 드러낸다.

뭔가 한바탕 소란이 일어날 것 같은 일촉즉발의 상황이 연출된다. 가만 봐도 심상치 않은 코코의 행동 때문에 회사에 월차도 냈다. 그리고 지난주부터 코코의 목에 넥카라를 달았다. 코코의 반응은 '차라리 내 목을 쳐라.'는 식이다. 평소 코코는 죽는 것보다 넥카라 하는 것을 더 싫어한다. 싫다고 발버둥 치는 녀석을 두 팔로 잡고 겨우 넥카라를 달았다. 이젠 씹을 데도 없을 정도로 온통 엉망으로 변해 버린 코코의 다리를 보고 있노라니 더 이상 가만히 있을 수 없었기 때문이다. 급기야 상처와 피딱지로 뒤덮인 부위에 연고를 바르다가 그만 울음이 터졌다. 대체 코코는 어디서부터 잘못된 것일까?

문제행동이 문제가 아닐 수 있다

코코의 행동은 누가 보더라도 문제가 많아 보인다. 개의 행동은 여러 조건과 양상에 따라 크게 네 가지로 나눌 수 있다. 정상행동과 이상행동, 문제행동, 상동행동이 그것이다. 보호자는 각각의 차이를 구분하고 자신의 반려견이 보이는 행동이 이들 중 어떤 범주에 속하는지 알아야 한다.

❶ 정상행동

우선 '정상행동normal behaviors'은 반려견에게 있어 원인이 있는 것으로 개라는 생물학적 종특이성을 통해 나올 수 있는 지극히 정상적인 행동을 말한다. 얌전하던 내 강아지가 어느 날 갑자기 마운팅을 한다고 해서 민망해할 필요가 없다. 강아지는 본능에 충실한 행동을 하고 있기 때문이다. 원인과 결과가 명확한 행동이기 때문에 보호자 입장에서 전혀 걱정할 필요가 없는 상태라고 할 수 있다.

❷ 이상행동

반면 '이상행동abnormal behaviors'은 이상異常이라는 한자의 뜻에서 볼 수 있듯이 정상正常과 다른 행동을 말한다. 동물의 행동이 항상 일정할 수는 없지만, 그래도 행동의 유형과 빈도에 있어서 일정한 정상의 범위를 보이기 마련이다. 그런데 그 정상의 범

반려동물이 보이는 네 가지 행동 유형

정상행동 normal behaviors	원인과 목적이 있는 반려견의 행동으로 삶의 연장, 종의 번식과 관련이 있음
이상행동 abnormal behaviors	다양한 원인이나 스트레스, 트라우마로 인해 정상적인 범위를 넘어선 비생산적인 반려견의 행동
문제행동 problematic behaviors	주인이 불편하다고 느끼는 반려견의 행동으로 정상행동일 수도 있고 이상행동일 수도 있음
상동행동 stereotypical behaviors	목적 없이 습관처럼 반복하는 반려견의 행동으로 이상행동으로 분류될 수 있음

위를 벗어나게 되면 이상행동이 되는 것이다. 동물이 이상행동을 보이는 이유는 주로 먹이와 물 · 온도 · 번식 · 영역 등 생존에 필요한 가장 기본적인 환경의 결핍, 사육시설 · 사육 밀도 · 소음 · 관리자 등 주변 환경으로부터 오는 스트레스, 외부에서 오는 충격적인 경험으로 인한 트라우마 등을 꼽을 수 있다. 일반적으로 이러한 이상행동은 자연 상태나 야생 상태의 동물보다는 가축화된 동물이나 반려동물에게 더욱 빈번하게 관찰된다. 앞서 말한 자신의 발을 무는 코코와 같은 행동이 이에 해당한다.

이러한 이상행동의 유형에는 어떠한 것들이 있을까? 우선 외부 자극에 대해 과도하게 민감하거나 전혀 다른 형태로 반응하는 경우를 보일 수 있다. 반대로 외부로부터의 자극에 대해 아무 반응이 없거나 움직이지도 않은 행동을 보이는 경우도 있다. 혹은 다른 동물에게 물리적으로 압박을 하는 공격적인 행동을 보이기도 한다. 이러한 공격성이 정상적인 범위를 넘어서 신체적인 위해를 입혀 다른 동물을 공격하고 신체의 일부를 먹는 행동을 보이는 경우도 있다.

❸ 문제행동

앞선 두 가지 행동이 반려견의 입장에서 구분할 수 있는 종류의 행동이라면, '문제행동problematic behaviors'은 보호자 입장에서 구분할 수 있는 종류의 행동이다. 쉽게 말해, 문제행동이란 주인이나 주변 사람들이 불편하다고 느끼는 반려견의 행동을 말한다. 문제행동은 크게 두 가지로 나눌 수 있다. 우선 반려견의 입장에서는 지극히 정상적인 행동이지만 보호자가 불편해하는 행동, 또 하나는 보호자뿐만 아니라 반려견의 입장에서도 정상 수준을 넘어선 행동이다.

문제행동의 정의를 어떻게 내릴 수 있을까? 과연 어디서부터 어디까지를 문제행동의 범위에 포함시킬 수 있을까? 우리가 문제행동이라고 여기고 있는 반려견의 수많은 행동들이 어쩌면 진짜 문제가 아닌 그 상황에서 그럴 수밖에 없었던 행동은 아니었을까? 나의 반려견과 이웃집 반려견의 '그럴 만한 행동들' 혹은 '그럴 수밖에 없는 행동들'을 나의 불편과 남들의 눈치로 인해 문제행동으로 낙인찍은 것은 아닐까? 반려견을 키우는 보호자라면 이상행동과 문제행동을 구분할 수 있어야 한다. 일본 낙농대학酪農学園大学의 미나시 요시코南 佳子교수는 자신의 저서에서 이상행동과 문제행동을 다음과 같이 구분하고 있다.

이상행동이란	문제행동이란
본래 가지고 있어야 할 종 특유의 행동이 아닌 행동을 보일 때	일단, 문제행동은 그 행동을 문제시하는 사람의 존재가 꼭 필요하다는 전제 하에,
고유의 행동을 발현하지만, 그 행동의 빈도가 비정상적으로 높거나 낮을 때	주인 또는 제3자가 문제시하는 동물의 이상행동
그 고유의 행동을 보이지 않을 때	주인 또는 제3자가 문제시하는 동물의 정상행동

어쩌면 내 반려견의 문제행동은 이상행동이 아니라 개의 정상행동일지도 모른다. 도리어 그 행동을 문제라고 바라보는 주인 혹은 주변의 누군가가 문제일 수 있다. 어쩌면 우리가 매우 불편해하고 문제시하는 행동 중 상당수가 개에게는 전혀 이상할 것 없는, 매우 정상적인 행동일지 모른다.

필자의 부모님이 키우시는 개가 바로 그런 경우이다. 대추 농사한다고 귀농해 지내시며 어디에선가 개를 한 마리 얻어오셨는데 이름을 '돈드러와'라고 지으셨다. 돈드러와는 래브라도레트리버처럼 생겼지만 사실 진돗개가 섞인 믹스견이다. 래브라도와 진돗개의 장점만 이어받았는지 참으로 영리하고 착해서 부모님 사랑을 독차지하는 것은 물론이고, 동네에서도 똑똑하다고 소문이 자자했다. 특히 돈드러와는 마당이 넓고 담이 낮은 시골집에서 기가 막히게 집을 잘 지켰고, 낯선 사람이 빗자루 하나 들고 가지 못하게 밤낮없이 철통 보안을 했다. 그렇다고 사람을 경계하거나 싫어하는 건 아니다. 천성이 사람을 매우 좋아하여 식구들과 친분 있는 사람에게는 멀리서부터 꼬리가 떨어질 듯 흔들고 가까이 다가가면 배를 보이며 벌러덩 누워 애교를 부리기도 한다. 누가 보더라도 복덩이가 따로 없다.

그런데 이러한 돈드러와가 서울의 다세대 연립주택이나 아파트 단지에 산다고 한번 가정해보자. 늘 그래 왔듯이 옆집으로 들어가는 발소리, 윗집으로 올라가는 소리, 택배 아저씨의 초인종 소리, 아이들의 뛰는 소리, 경비 아저씨의 노크 소리, 수많은 낯선 사람의 인기척마다 짖어대며 집을 지키려 할 것이다. 하지만 주인이 이런 돈드러와를 이해하지 못한다면 개가 짖지 못하게 하려고 별의별 방법을 다 동원할 것이다. 인터넷에서 자료를 찾아보기도 하고 방송에 나온 갖가지 방법을 다 시도해보지만, 우리의 돈드러와가 5년간 살아왔던 그 방식은 쉽게 고쳐지지 않는다. 더 이상 방법을 찾지 못한 주인은 훈련소에 전화를 걸어 묻는다.

"우리 개가 이런 문제행동이 있어요. 얼마나 훈련시키면 안 짖게 해 줄 수 있나요?"

이렇게 마지막까지 노력하는 주인이라면 그나마 다행이다. 적지 않은 주인들이 돈드러와를 주변 야산이나 공원에 버리고 달아나기도 한다.

자! 이 이야기에서 우리의 돈드러와는 무엇이 문제였을까? 정말 돈드러와는 문제행동을 했던 것일까? 사실 돈드러와 입장에서는 달라진 것이 없었다. 주인도 바뀐 것이 아니다. 다만 환경이 바뀌었을 뿐이다. 속리산이 내려다보이는 넓고 한적한 마당이 있는 시골집에서 서울의 닥지닥지 붙어있는 아파트라는 도시로 공간이 변하였다. 이 환경 변화 하나에 돈드러와는 순식간에 '천재견'에서 '문제견'으로 전락하고 말았다. 이렇듯 우리가 무수히 문제행동이라고 여기는 행동의 본질을 가만히 들여다보면 개의 본능 혹은 종 특유의 고유 행동에 가까운 행동들이 대다수이다. 짖지 못하고 뛰지 못하는 곳에 강아지를 가둬두고 개가 아닌 양으로 살아가라고 하는 것은 개에게 너무 가혹하고 무리한 주문 아닐까?

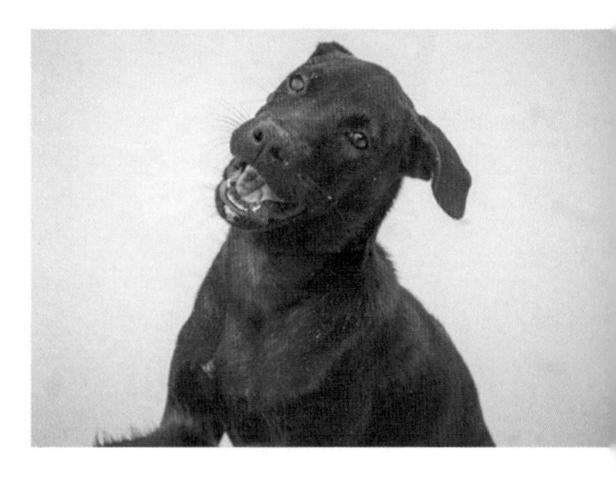

뛰고 짖는 행위는 보호자 입장에서 문제행동으로 비춰지나 강아지 입장에서는 자연스러운 본능적 행동일 뿐이다.

❹ 상동행동

마지막으로 '상동행동stereotypical behaviors'은 자신의 꼬리를 계속 뒤쫓는다거나 옆구리를 끊임없이 핥는 등 반려견이 목적 없이 습관적으로 반복하는 행동을 말한다. 정형행동이라고도 부르는 이 행동은 보호자나 훈련사의 범위를 넘어서는 경우가 많다. 훈련적인 접근보다는 의학적인 접근과 도움을 받아야 한다. 심각한 강박장애가

대표적인 상동행동의 종류

- **페이싱**pacing 실내를 계속 이리저리 왔다 갔다 하는 행동
- **록킹/스웨잉**rocking/swaying 머리 혹은 신체 특정 부위를 좌우로 혹은 앞뒤로 계속 흔드는 행동
- **러빙**rubbing 벽에 이마를 과도하게 문지르는 행동
- **테일 바이팅**tail biting 다른 개체의 꼬리를 물어 씹는 행동
- **포잉**pawing 실내에서 벽이나 바닥을 반복적으로 긁는 행동
- **키킹**kicking 반복하여 발길질하는 행동
- **헤드 쉐이킹**head shaking 머리를 지속적으로 흔드는 행동
- **아이 롤링**eye rolling 눈알을 계속 돌리는 행동
- **샴 츄잉**sham chewing 먹이가 없는 상태에서 빈 입으로 씹는 행동

있는 환자에게 약물요법을 시도하는 것처럼, 지나친 상동행동을 보이는 반려견 역시 약물을 투여하여 증세를 완화시킬 수 있다. 세로토닌이 낮아지고 도파민 수치가 증가하면 인간도 강박적인 행동을 보일 수 있는 것처럼, 반려견 역시 신경전달물질 중 한두 가지를 정상화시키는 약물치료에 행동치료가 더해지면 증세 완화에 효과적일 수 있다.

물론 흔한 경우는 아니지만, 보호자가 반려견의 상동행동을 야기하는 일도 있다. 강아지가 장난스럽게 꼬리를 뒤쫓거나 손전등 불빛을 잡으려고 따라갈 때, 그 모습이 귀엽다고 해서 보호자가 이를 무심결에 부추길 수 있다. 그런 행동이 조건화되고 안착되면 꼬리를 물거나 파리를 미친 듯이 뒤쫓는 강박적인 행동 패턴이 습관화될 수 있다. 정상적인 강아지라면 일시적으로 그런 행동을 보이다가도 금세 멈추지만,

정서적으로 연약한 강아지라면 상동행동으로 고착될 가능성이 존재한다. 이러한 행동은 보통 동물원이나 축산 농가에서 길러지는 동물들에게서 많이 보이는데, 보통 종 고유의 행동을 발현할 수 없는 환경에서 오는 심리적 갈등과 불확실성, 무료함, 행동의 제약, 운동 부족 등이 그 원인이다.

문제행동 중에서 정상행동 범주에 들어가는 반려견의 행동은 보호자가 조금만 관심을 갖는다면 간단한 훈련으로 쉽게 교정될 수 있다. 보통은 앞서 말한 적절한 조건화와 보상을 통해 공공장소나 실내에서 보호자나 주변 사람들에게 불편감을 주지 않는 방식으로 반려견의 행동을 수정할 수 있다. 문제는 정상행동의 범주를 넘어서는 것들이다. 여기에는 전문가들의 의견이 갈리는 지점도 있다. 예를 들어, 일부 반려견들이 보이는 입질을 정상행동으로 보아야 하는가, 이상행동으로 보아야 하는가 하는 논란이 그것이다.

상동행동

- 목적 없이 반복적으로 나타나는 행동
- 스트레스 환경과 갈등 시에 생긴 전위행동이 정착된 것
- 그 행동이 동물에게 하나의 레퍼토리가 된 것

상동장애

- 운동적인 것 : 꼬리 쫓기, 그림자 쫓기
- 입을 사용하는 것 : 옆구리 털을 물어뜯는 행동, 다리나 발을 핥는 행동으로 생긴 피부염, 공기 핥기
- 공격적인 것 : 꼬리 물기, 다리 물기, 밥그릇 공격
- 발성을 내는 것 : 단조롭게 짖는 행동, 지속적인 울부짖음
- 환각 행동 : 허공 물기, 응시

상동행동은 보통 정상행동에서 파생되지만, 대체행동변위행동이나 강박장애 때문에 나타날 수도 있다. 경미한 상동행동의 경우, 보호자의 세심한 주의와 관찰, 적절한 훈련으로 상태가 호전되기도 한다. 반면 상동행동이 지속적으로 반복되면 심각한 상동장애로 발전할 수 있다. 스트레스나 갈등 상황이 아닌 경우에도 상동행동이 장시간 동안 지속적으로 반복되어 행동 제어가 곤란해져서 주인의 생활에 커다란 지장을 초래하게 된다. 이러한 상동장애는 훈련이나 행동 교정만으로는 고치기 어려울 수 있다. 수의사와 협업하여 약물치료와 행동치료를 병행하는 것이 효과적이다.

스트레스를 줄이거나 자극과 갈등의 근원을 줄이는 방법을 찾는 것이 상동행동 치료의 첫 번째 단계이다. 책임감 있는 보호자라면 반려견이 하루 종일 집에 갇혀서 받는 스트레스를 여러 가지 방법으로 해소해줘야 한다. 이때 개의 종특이성을 통해 발현되는 본능적인 행동들을 평소 얼마나 자주 방해하고 억압해왔는가 주변을 살펴보는 것이 필요하다. 여기에는 기본적인 의식주뿐만 아니라 충분한 운동과 놀이, 보호자의 사랑과 관심이 포함되어야 한다.

다양한 문제행동의 종류와 원인

정글의 법칙이 지배하는 생태계를 떠올려보자. 야생견은 아침부터 먹잇감을 구하기 위해서 들로 산으로 헤매다가 포식자를 만나 걸음아 나 살려라 쫓기며 강물에도 빠지고 돌밭을 구르다가 해가 뉘엿뉘엿 질 때 용케 비를 피해 고단한 몸뚱이 하나 뉘일 은신처를 찾는다. 하루에도 무수한 생사의 갈림길에서 악전고투하며 달리고 쫓고 도망치고 짖기를 반복한다. 앞발로 땅도 팠다가 짝을 만나 교미도 했다가 새끼도 낳아 무리를 이루었다가 다시 무리를 이탈하여 살아가야 하는 적자생존의 한복판에 놓여 있다. 적대적 상황에 직면했을 때는 싸울 것인지 도망칠 것인지를 판단해야 하고, 우호적 상황에 직면했을 때는 거기서 안주할 것인지 번식할 것인지를 결정해야 한다. 자연스럽게 피아를 구분하고 무리를 이루거나 단독으로 활동하는 데 필요한 지각력이 생존에 필수적이었다.

반면 실내에서 주인이 주는 따뜻한 잠자리와 규칙적인 식사, 건강까지 생각한 다양한 간식을 받아 생활하는 반려견들은 위의 모든 상황에서 자연스럽게 면제된다. 먹이 사냥이나 잠자리 마련 같은 골치 아픈 문제는 더 이상 그의 소관이 아니다. 생존의 절대 위협이 되었던 경쟁자도 포식자도 없다. 주변에는 "아이구, 이뻐라."를 연발하는, 자신을 아끼고 사랑하는 사람들로 가득하다. 가끔 애교라도 살짝 부려주면 귀엽다고 물고 빨고 난리를 친다. 하루 세 끼 따박따박 주어지는 일상은 그렇게 반려견을 생존에 유리한 환경 속으로 밀어 넣었다. 정말이지 모든 것이 완벽해 보인다.

그러나 반려견들에게 마냥 행복할 것 같은 이런 환경도 늘 장밋빛 미래를 약속해 주는 것만은 아니다. 아무런 힘도 들이지 않고 너무나 쉽게 얻은 여러 환경들은 어느 순간부터 반려견에게 독으로 작용하기 시작한다. 지루하고 자극 없는 삶의 연속이다. 달아날 필요도 뒤쫓을 필요도 없어졌다. 땅을 파거나 먹이를 물고 뜯을 필요도 없어졌다. 반려인과의 동거는 종의 특성을 발휘할 수 있는 환경을 제대로 얻지 못하게 되었다. 21세기 대한민국의 아파트 단지에 살고 있는 반려견은 울고 짖으며 동료를 부르거나, 먹이를 뜯고 땅을 파거나, 구릉과 개활지를 정신없이 뛰고 달리는 것과 같은, 개가 수천 년 동안 지녀왔던 본연의 행동 양식을 점검하고 확인할 수 있는 기회를 갖지 못하게 되었다.

제때 식사를 제공하고 따뜻한 잠자리를 깔아주며 아플 때 동물병원에 데리고 가는 것으로 모든 문제가 해결되리라 생각한다면 큰 착각이다. '나는 우리 코코가 먹을 간식도 온갖 좋은 재료로 손수 만들어 주고, 마실 물도 비행기로 직접 공수해 온 정수기로 걸러주니까 대단한 주인 아냐?' 어쩌면 이런 생각을 할 때 한 번이라도 코코를 위해 동네 뒷산을 산책하고 돌아오는 것이 더 낫다. 지금 내 곁에서 졸고 있는 코코는 꿈에서 친구와 초원을 열심히 달리고 있을지도 모르기 때문이다.

코코에게 아파트는 감옥과 같다. 매끼 주어지는 사식을 받고는 창살 없는 감옥에 갇혀 베란다 밖을 하염없이 바라보는 코코의 일상에 유일하게 가슴 뛰게 만드는 활동은 매일 10분, 그것도 비나 눈이라도 내리면 건너뛰어야 하는 산책 시간이다. 잠깐이라도 나가야 흙도 밟고 나무 냄새도 맡을 수 있기 때문이다. 운 좋게 옆집 강아지 미미라도 만나는 날이면 그간 못 나눴던 반려견으로서 살아가는 삶의 애환과 고충을 나눌 수도 있다. 매일 같이 출퇴근을 반복하는 보호자는 감옥에 갇힌 그를 가끔씩 만나러 오는 면회자나 마찬가지다. 들어와서도 책상에 앉아 자기 일 하기 바쁘다.

우리가 마주하는 반려견의 문제행동은 대부분 종특이성을 자극하고 격려하는 방향이 아닌 개가 지닌 본연의 행동 양식을 억제하고 금지하는 방향으로 개를 길들였기 때문에 비롯된 것이다. 개라면 짖고 달리는 것은 당연하다. 문제행동 교정의 첫 출발은 바로 이 지점에서 시작되어야 한다. 터그 놀이를 통해 강아지의 물고 뜯는 본성을 살려줄 수 있고, 간식을

펫시터를 위한 노트

다른 개들과 어울리는 놀이가 중요한 이유

활동량이 부족하면 반려견은 집안의 물건을 망가뜨리고 주변의 기물을 어질러놓게 된다. 움직이지 못해 좀이 쑤시는 강아지를 종일 방에만 가둬놓는다고 생각해보라. 넘치는 에너지를 주체할 수 없는 반려견은 짖거나 달린다. 놀이는 강아지들의 사회화 과정에 있어 중요한 수단이다. 사람은 배우러 선생이 있는 학교에 가지만, 개들은 배우러 또래가 있는 놀이터로 간다. 개들은 놀이를 통해 서로 관계를 만들고 소통하는 법을 배운다. 또래 압박 가운데 다양한 행동을 보고 배운다. 뿐만 아니라 윗세대에게서 다양한 학습의 기회를 얻는다. 먹이를 사냥하는 법, 땅을 파는 법, 그 밖에 육아와 교미, 생존에 필요한 지식을 전수받는다.

주더라도 집안 곳곳에 숨겨서 후각을 사용하여 하나씩 찾게 하여 개 특유의 사냥 본능을 일깨울 수 있다. 다양한 사람과 다양한 환경에서 다양한 자극을 통해 개 스스로 사회화를 지속하고 적극적인 야외 액티비티를 통해 모험심과 활동성을 키울 수 있다. 물론 이러한 활동은 얼마든지 실내에서부터 시작할 수 있다.

문제행동 해결하기

언제부터 코코가 배변 패드를 거부하고 식탁 아래에 볼일을 보기 시작한다면, 보호자로서 어떻게 대처해야 할까? 달래야 할까, 혼내야 할까? 혼내면 고쳐질까? 처음부터 배변 교육을 다시 시작해야 할까? 어제는 갑자기 코코가 자신이 싼 똥을 핥는 행동을 보여 기겁하며 똥을 치웠다. 점점 코코가 변하는 것 같아 걱정이다. 글쎄, 지난주부터는 산책 후 집에 들어와서 안 씻겠다고 자주 떼를 쓴다. 어째 나이를 먹으면서 고집만 늘어가는 것 같다. 어떻게 해야 할까?

위에서 언급한 코코의 문제행동은 도시에서 생활하는 많은 반려견들이 자주 보이는 행태 중 하나이다. 일상에서 불안감을 느낀 강아지는 익숙한 곳이나 안전한 장소를 떠나 낯선 곳에서 잠을 자거나 볼일을 보는 행동을 보인다. 이런 강아지들은 자신이 머물렀던 위치나 흔적을 없애기 위해 종종 분변을 먹기도 한다. 이런 문제행동이 생겼을 때, 어떻게 해결해야 할까? 그것이 무엇이 되었든지 아주 작은 문제행동이라도 빨리 대처해서 해결해야 한다. 미적거리다가는 나중에 함께 살 수 없을 정도로 커다란 문제가 될 수 있다. 반려견의 문제행동이 무서운 이유는, 파양이나 유기의 80%가 이와 같이 고쳐지지 않는 문제행동으로 인한 것이기 때문이다. 처음에는 예뻐서 데리고 온 강아지가 예상치 못한 문제행동을 보이며 점차 짐처럼 느껴지게 되고, 급기야 미워지기 시작한다. 미움은 학대나 유기로 이어지고, 어느 순간 댕댕이 외에 아무것도 몰랐던 반려인에서 스스로 통제가 안 되는 무시무시한 괴물로 변해 있는 자신을 발견하게 된다.

문제행동을 어떻게 하면 빠르고 확실하게 해결할 수 있을까? 우선 문제행동을 3단계로 나누어 생각해 봐야 한다. 문제행동 이전, 문제행동 도중, 문제행동 이후. 이렇게 3단계로 쪼개서 각기 다른 처방과 대처가 필요하다.

❶ 예방이 문제에 선행한다

예방이 최선이다! 문제행동을 해결하는 첫 번째 원칙은 문제행동이 일어나기 전에 미리 예방하는 것이다. 환경이 문제행동을 잉태한다. 반려견을 키우는 보호자라면, 내 아이가 생활 속에서 느낄 수 있는 여러 문제점들과 불편함을 먼저 인식하고 발 빠르게 대처해야 한다. 시도 때도 없이 짖는 통에 옆집 윗집에서 난리를 치고, 하루가 멀다 하고 경비실에서 인터폰이 온다면 이미 강아지가 문제행동에 진입한 것이다. 문제가 불거지기 전에 훈련으로 미리 짖는 행동을 교정하고 보호자의 지시를 따를 수 있도록 처리한다면 어떨까?

❷ 문제를 보면 바로 제지시키기

강아지가 문제행동을 보인다고 실망할 필요가 없다. '어떻게 그럴 수 있어?'라며 강아지에게 낙담하기보다 문제행동을 보일 때 바로 중단시키는 것이 중요하다. 강아지가 전에 하지 않던 행동을 하고 소동을 일으키면 보호자는 흥분해서 강아지에게 짜증을 내거나 필요 이상의 감정을 드러내기 쉽다. 심지어 강아지를 혼내거나 회초리를 들고 야단치는 경우도 있다. 우리가 생각하는 것 이상으로 강아지는 사람의 반응에 민감하다. 강아지가 문제행동을 한다면, 혼내는 것보다는 그 순간 박수를 치거나 다른 소리를 내어서 강아지의 주의를 분산시킨다. 대신 그 문제행동을 하지 않는 순간을 포착하여 보상을 줌으로써 다른 행동을 할 수 있도록 유도한다.

❸ 지나간 문제로 화내지 않기

이미 엎질러진 물은 다시 컵에 담을 수 없는 노릇이다. 내가 없는 사이 이미 강아지가 문제행동을 보인 상황이라면 어쩔 수 없이 다음을 기약하는 것이 현명하다. 문제행동에 대한 처벌은 강아지에게 큰 효과가 없다. 종종 강아지들이 잘못을 저지르고 나서 죄책감을 느끼는 듯한 표정을 지을 때가 많다. 미안해하는 강아지 짤들이 SNS를 타고 돌아다니는 것도 종종 봤다. 하지만 대개의 경우, 강아지는 자기가 무엇을 잘못했는지 전혀 알지 못한다. 강아지의 표정은 지극히 인간의 관점에서 강아지에게 감정을 투사한 것에 불과하다. 개는 자신의 지나간 행동을 현재와 연관 지어서 생각하지 못한다. 당연히 과거에 대한 후회도 반성도 없다. '내가 이렇게 혼내는데 양심이 있다면 또 그렇게 하겠어?' 주인은 지극히 인간적인 생각에 강아지를 따끔하게 혼내면 다음부터 안 그럴 것이라고 착각한다.

반려견에게 죄의식과 반성을 기대한다는 것은 무리이다. 이와 관련된 여러 연구결과들도 이러한 사실을 뒷받침한다. 어떤 경우에는 퇴근하고 집에 돌아왔을 때 난장판이 되어있는 방을 보고 홧김에 아이에게 손을 대기도 한다. 예를 들어보자. 내가 너무 아껴서 한 번 밖에 신지 않은 신상 구두를 죄다 물어뜯어 놓은 것에 그만 뚜껑이 열려서 빗자루로 우리 코코를 때린다. 주인 왔다고 꼬리를 흔들며 달려갔던 코코는 마른하늘에 날벼락처럼 빗자루 세례를 받고 자지러지게 소리를 지른다. 깨갱 깽!

깽! 아이의 비명 소리에 순간 이성을 차린 나는 오줌을 지리며 베란다 뒤로 도망가 숨은 코코의 겁에 질린 얼굴을 바라본다. '아, 내가 무슨 짓을 한 거지?'

이 경우, 코코는 왜 주인이 자신을 때렸는지 전혀 알지 못한다. 질겅질겅 육포를 씹듯이 물어뜯어 놓은 구두를 코 앞에 대령해도 코코는 속으로 '그게 어째서요?'라고 되묻는다. 코코는 아마 뒤로도 이런 행동을 계속 반복할 가능성이 많다. 코코가 닿지 않는 곳에 귀중한 물건들을 미리 치워두지 않는 한, 다음번에는 내가 애지중지하는 오리털 파카를 찢어놓을지도 모른다. 처벌은 문제행동을 교정하지 못한다. 이 일 때문에 놀란 코코는 이틀 동안 내 옆으로 오지도 않는다. 이런 일이 반복되면 코코의 문제행동은 하나의 습관으로 굳어지게 된다. 많은 보호자들이 문제행동으로 인해 사랑하는 코코를 더 이상 곁에 둘 수 없는 지경에 이르러서야 문제의 심각성을 깨닫곤 한다.

문제행동의 3단계와 그 대처 방법

문제행동 이전	문제행동 도중	문제행동 이후
예방이 최선	제지나 중단	다음을 기약
다양한 문제행동의 상황을 미리 설정하여 두고 그에 맞는 다양한 교육과 훈련을 시켜야 함	다른 자극으로 주의를 분산시켜 문제행동을 멈추게 하고, 대신 다른 행동을 보상으로 줘야 함	문제행동이 벌어진 이후에 처벌은 무의미하며 재발 방지에 최선을 다하는 것이 바람직함

❹ 문제에는 그에 맞는 해결책이 있는 법

강아지에게 책임을 묻기 전에 보호자부터 정확한 반려견의 행동을 알아야 한다. 모든 문제에는 그에 맞는 해결책이 있기 때문이다. 강아지는 잘된 학습도 빠르게 익히지만, 잘못된 교육도 빠르게 접수한다. 무서운 것은 나의 부주의가 암암리에 강아지에게 문제행동을 주입하고 강화하고 있다는 사실이다.

골치 아픈 문제아에서 멋진 반려견으로

필자가 중국에서 생활했을 때 '백구'라는 강아지를 기른 적이 있었다. 너무나 순하고 사랑스럽고 사람을 좋아하던 반려견이었는데, 어느 때부턴가 공격적이고 사회성이 없는 개로 돌변했다. 중국에서 나 말고는 그 어떤 사람도 경계했고 누군가 조금이라도 가까이 다가가려고 하면 매섭게 짖었다. 원만한 사회성을 기르지 못해서 다른 개들하고도 잘 지내지 못하고 툭하면 길에서 싸움이 붙었다. 주인을 지키겠다고 느꼈는지 백구는 산책할 때마다 맹견 흉내를 내며 으르렁대었고 애착과 분리불안을 보이며 나에게만 붙어 있으려 했다. 지금 돌이켜 생각해보면, 그런 습성을 만든 것이 개에 대해 아무것도 몰랐던 필자의 무지 때문이었다는 자책이 든다.

그러다가 중국 남방지역 특유의 습기 때문에 피부병이 생겼는데, 이를 치료하는 과정 중에 백구의 성격은 점점 난폭해졌다. 현지 동물병원에 갔으나 당시 그리 위생적이지 않은 환경과 동물을 배려하지 않고 기계적으로 진료하는 수의사로 인해 백

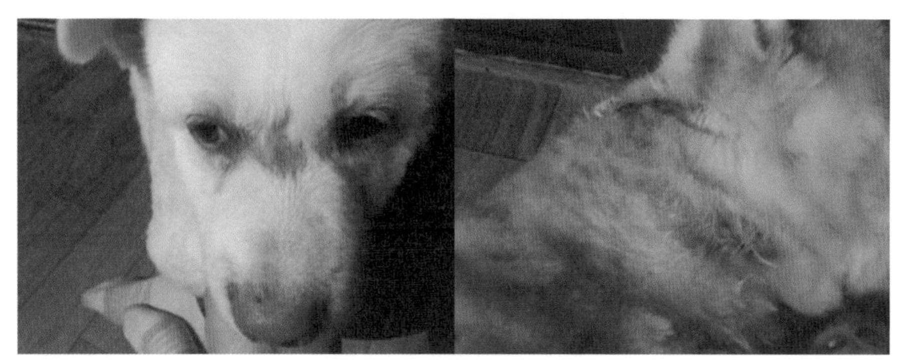

환경 문제와 스트레스로 인한 심각한 피부병에 시달렸던 백구의 모습

구는 더욱 날카로워졌다. 처음에는 아픈 주사와 여러 치료를 잘 받았는데, 강압적으로 진료하는 수의사가 미웠는지 며칠 뒤에는 그를 물려고 달려들기까지 했다. 수의사는 백구를 달래고 어르기보다는 힘으로 제압하며 치료를 강행했고, 이를 보다 못한 필자는 도중에 백구를 안고 집으로 돌아왔다. 그날의 트라우마 때문인지 백구의 피부병은 나날이 심해졌다. 다른 동물병원을 가도 만나는 모든 수의사들을 물어 죽일 것처럼 이빨을 드러내고 난폭하게 달려들어 어쩔 수 없이 마취를 하고 치료할 수밖에 없었다.

'지금 알고 있는 것을 그때도 알았더라면.'

백구를 처음 만났을 때 필자는 정말 무지했다. 아무런 지식도 없이 단지 사랑하는 마음만 가지고 호기롭게 강아지를 키우겠다고 나섰다. 다른 동물은커녕 키우는 개에 대해서조차 잘 몰랐고, 중국이란 타지에서 사업을 하느라 평소 반려견 교육에 대해서도 관심을 가지지 못했기 때문에 그 모든 결핍은 고스란히 백구의 몫이 되었다. 문제견은 문제 주인이 만드는 것이다. 지나가는 사람들이 내 털끝 하나 건들지 못하게 필자 주변을 지켜 섰던 녀석의 모습을 보며, 중국의 새로운 도시에서 새로운 사업을 시작했던 필자는 마음 한편이 불편하면서도 도리어 백구를 든든하게 생각하기도 했다.

갑자기 필자가 동물을 위한 일을 하고 싶다고 한국행을 결심했을 때, 가장 먼저 고민이 된 것 역시 백구였다. '사람도 두 번이나 비행기를 갈아타며 가야 하는 거리인데, 몸도 성치 않은 이 녀석을 어떻게 데려갈까?' 이런 개를 한국에 데려가겠다고 하니 주위에서는 "한국에서 개를 새로 사면 되는데 뭐 하러 피부병에 걸려 성격까지 안 좋은 개를 데려가려고 하냐?"며 모두 만류했다. 하지만 백구를 중국에 놔두면 분명 오래 살지 못하고 죽을 것이 뻔하였다. 결국 누구에게도 안심하고 맡길 수 없다는 생각에 10시간 렌터카를 운전하고 복잡한 수속과 법적 절차를 걸쳐 백구를 공항까지 데려갔다. 평소 무식한 주인 때문에 켄넬에 들어가는 그 흔한 훈련 한 번 해보지 않은 백구를 공항에서 낯선 켄넬에 넣어 직원에게 넘기려는데 왜 그렇게 눈물이 나던지. 공포에 바들바들 떨던 백구는 이빨로 쇠문을 뜯으려고 난리를 피웠다. 그런 녀석을 보며 속상해서 눈물이 났다. 그런 아이를 차가운 철창에 가두고 먹먹해진 가슴을 뜯으며 돌아서야 했다.

'만일 내가 지금처럼 공부를 하고 너를 키웠다면 과연 어땠을까?'

한국에서의 생활은 백구를 치료하고 이해하는 데에 집중되었다. 백구의 정신적 · 신체적 문제들을 고치기 위해 대학에서 더욱 열심히 공부했던 기억이 난다. 그 어려운 질병명 · 약물 기전 · 호르몬 용어들을 외워가며 백구를 정성껏 돌보았고, 개들의 행동과 심리를 배우고 훈련법을 익히며 비로소 보호자는 강아지가 지켜야 할 대상이 아니라 도리어 강아지를 지켜줘야 할 주체라는 엄연한 사실을 깨닫게 되었다. 그러한 거역할 수 없는 깨달음에 이르자, 하루는 백구에 대한 미안함 때문인지 도서관에서 걸어 나오며 펑펑 울었던 적도 있다.

'그래, 이제 백구에게 주인다운 주인이 되어주자.'

필자에게 보호자로 살아갈 힘을 주었던 것은 교육의 힘이었다. 나는 백구가 지켜야 할 대상이 아닌 보호자 역할을 해야 하는 주인이라는 사실은 반려견을 대하는 필자의 태도와 관점을 송두리째 바꾸어 놓았다. 그러자 놀라운 일이 생겼다. 백구의 스트레스가 사라지고 심리적으로 안정되자 고질적인 피부병이 점차 나아지게 되었다. 온몸에 구멍이 숭숭 나서 보기 흉측했던 맨살에 솜털이 나기 시작하더니 얼마 안 가서 언제 그랬냐 싶게 완벽하게 예쁘고 멋진 강아지로 다시 태어났다. 백구의 밝은 표정을 좋게 본 어느 애완동물학교의 홍보 모델이 되어 화보 촬영도 할 정도였다. 아이러니하게도 지금 필자는 그 학교에서 반려동물 응용행동학과 동물매개 강의를 하고 있다. 비록 백구는 5년 전 무지개 다리를 건넜지만, 아직도 녀석의 살인 미소와 컹컹 짖어대던 소리, 반갑게 흔들어주던 꼬리와 따뜻한 체취가 생생하게 기억난다. 사랑보다 더 큰 치료제는 없다.

백구는 피부병을 완치하고 멋진 모델견으로 활약했다.

문제견은 다 이유가 있다

'세상에 나쁜 개는 없다.'는 건 맞는 이야기이다. 나는 여기에 '문제견은 다 나름의 이유가 있다.'는 말을 덧붙이고 싶다. 문제견은 문제견으로 태어나지 않는다. 문제견으로 길러질 뿐이다. 태어날 때부터 문제를 잉태한 강아지는 거의 없다. 문제견이 문제견인 이유는 개를 문제라고 바라보는 사람들의 관점으로 인한 경우가 훨씬 많다. 반려견이 자신의 말에 복종하지 않는다고 하소연하는 사람들을 본 적이 있다. 그분들의 이야기를 들으면서 복종의 진정한 의미를 모르는 것이 아닐까 생각했다. 단순히 말을 잘 듣는 것이 복종의 지표가 될 수는 없다. 앉으라면 앉고 오라면 오고 가라면 가는 강아지가 꼭 복종을 잘하는 강아지일까? 주인의 요구 때문에 반려견 스스로 자기의 욕구를 내려놓는 것이 복종의 진정한 의미라고 할 수 있다. 길을 산책하는 강아지가 주인의 말을 듣는 것과 고양이를 쫓고 싶은 욕구 사이에서 판단하는 것, 그중에 강아지 스스로 자신의 욕구를 내려놓을 수 있는 것이 참된 복종이다.

❶ 과도한 보상

문제견이 되는 과정에는 반려견에 주어지는 보상이 합당하지 않은 경우가 많다. 보호자들은 보상에 너무 후하거나 반대로 너무 인색하다. 보상이 후하다는 것은 개를 너무 의인화시키는 것이다. 사소한 것 하나도 마음이 쓰여 반려견에게 강요하거나 주입시키지 못하는 주인들은 강아지를 상전 모시듯 하게 되고, 이런 부적절한 시그널은 반려견을 진짜 문제견으로 바꿔버릴 수 있다. 칭찬할 때 마치 상전 모시듯이 하는 방식, 호들갑스러운 목소리나 스킨십은 오히려 반려견에게 좋지 않다.

❷ 과도한 훈육

반면 보상에 인색한 것은 개를 과도하게 처벌하는 것이다. 보호자들의 리액션이 너무 큰 경우가 많다. 잘하는 것이 있을 때는 칭찬을 아끼다가 잘못하는 것이 하나라도 있으면 그것을 꼬투리 잡아 강아지를 훈육한다. 강아지를 따끔하게 혼낸다고 하면서 오버하기도 한다. 강아지의 행동이 '자신을 무시하는 것 같다.'는 이유로, 혹은 기분이 좋지 않을 때 화풀이 대상 삼아 사소한 잘못에도 불같이 혼을 내는 보호자도 있다. 혼내기에 앞서 반려견에게 체벌이나 훈육이 어떤 의미가 있는지 알아야 한다. 그래야 그 행동이 앞으로 교정되며 바람직한 방향으로 바뀔 수 있다.

자신의 기분에 따라 들쭉날쭉 혼내는 것은 더욱 좋지 않다. 어느 장단에 맞추어야 할지 반려견에게 혼란만 주기 때문에 보호자의 눈치를 살피다가 상황을 회피하거나 아예 복종하지 않게 된다.

보호자의 일관되지 않은 반응이 문제견을 만든다

아무리 강아지가 예쁘고 귀여워도 응석을 다 받아주는 것은 시그널의 일관성을 헤칠 수 있다. 아이들의 불안정한 애착이나 회피가 부모의 일관되지 않은 양육 태도에서 비롯되듯, 반려견 역시 보호자에게서 일관되지 않은 시그널을 반복적으로 받다 보면 무엇이 진짜 주인의 속마음인지 혼란스러워한다. 오늘날에는 이 부분에서 가장 많은 문제견이 발생한다.

무언가를 요구하거나 시킬 때는 합리적인 방법을 통해 합리적인 일을 시키는 것이 중요하다. 기꺼이 따를 수 있는 정당한 명령이나 손쉬운 상황을 만들어줘야 하는 것이다. 여기서 합리적인 명령이란 소위 TOP를 말한다. 시간(Time)과 상황(Occasion), 장소(Place)에 따라 명령의 기준과 방식이 달라질 수 있어야 한다.

문제행동도 예방할 수 있다

애견학교에 근무하다 보면 정상적이고 안정적인 반려견보다는 불안정한 반려견이나 문제행동을 하는 반려견을 위주로 접하게 된다. 그도 그럴 것이 애견학교훈련소를 찾는 고객들은 주로 문제가 발생해야 찾아오지, 문제가 생기기 전에는 교육의 필요성을 별로 느끼지 못하기 때문이다. 가물에 콩 나듯 간혹 1퍼센트 미만의 고객들이 아무 문제가 없는데 미리 예방 차원에서 기본교육을 시키려고, 혹은 반려견을 분양받기 전에 미리 교육을 시키려고 애견학교의 문을 두드린다. 어찌 보면 이런 부류의 고객들이야말로 가장 이상적이고 바람직한 보호자의 유형이라 할 수 있다. 왜냐하면 '사람'과 '개'라는 서로 다른 종이 함께 무리를 이루어 산다는 것은 생각처럼 그리 쉬운 일이 아니기 때문이다.

개에 대해 충분히 이해하고 개와 소통하는 법을 미리 배워 자신의 반려견이 보다 쉽고 수월하게 적응하도록 배려하는 것이 반려인들이 가져야 할 최소한의 의무이다. 또한 반려견에 대한 이러한 배려는 결국 반려견뿐만 아니라 보호자를 비롯한 모든 가족과 이웃, 주변 사람들에게도 원만한 결과로 돌아오는 시너지 효과를 발휘한다. 개체에 따라 다르지만, 일반적으로 강아지가 생후 2~3개월 정도에 기본 예절교육을 받으면 백지상태에서 교육이 시작되기 때문에 사람들의 생활 속에 무리 없이 적응할 수 있게 된다.

반면 이미 문제행동이 불거져 보호자가 손 쓸 수 없는 상황이 되어 애견학교를 찾는 보호자의 반려견은 이미 형성된 문제행동을 지우는 작업부터 바람직한 새로운 행동을 심어주는 작업까지 훨씬 더 많은 시간과 노력을 필요로 한다. 많은 보호자들이 "한두 달이면 고쳐요?"라고 물어보곤 하는데, 그리 간단한 문제가 아니다. 반려견의 나이와 성향에 따라서, 또 그 문제행동을 지속해온 기간에 비례해서, 보호자의 노력 여하와 환경의 변화 여부에 따라서 몇 달이 아닌 몇 년이 걸리기도 하고, 오랜 시간을 들여도 좀처럼 회복이 안 되는 경우도 있기 때문이다.

물론 펫시터나 도그워커는 전문적인 훈련사나 행동 교정사가 아니므로 펫시팅 의뢰를 하는 고객의 개를 훈련이나 교정하라는 것은 절대 아니다. 오히려 관련 지식과 기술을 제대로 습득하기 전에 고객에게 강아지의 문제행동과 관련된 조언을 수시로 베푸는 친절(?)도 자제하는 것이 좋다. 다만 펫시터 책에서 이렇게 많은 행동학적인 내용과 훈련방법까지 다룬 이유는 펫시터 스스로 전문적인 안목과 판단력을 기르고 자신의 서비스를 업그레이드할 수 있기 위함이다. 직접 문제행동을 치료하지는 않더라도, 펫시터라면 어떤 아이가 어떤 문제행동을 가지고 있는지 파악하고 개의 정상행동과 이상행동을 구분할 수 있는 능력을 겸비해야 하기 때문이다. 안목을 갖춘 펫시터라면 보다 전문적인 시선으로 '왜 저런 행동이 생겼을까?' 원인을 파악하고 분석하여 펫시팅할 때 적절한 풍부화 프로그램을 제공해줄 수 있을 것이다.

질문은 해당 분야의 전문가에게 하자

의외로 많은 보호자들이 질문의 대상을 헷갈려 하는 경우가 있다. 예를 들어, 훈련사에게 반려견의 질환을 물어본다든지, 수의사에게 강아지 훈련법에 대한 질문을 한다든지 한다. 물론 요즘 상당수의 수의사들도 훈련이나 동물행동학을 따로 공부하고, 훈련사 역시 동물질병학, 해부학 등 기초수의학 관련 과목들을 배우긴 하지만, 각기 영역의 전문가에게 적절한 질문을 하는 것이 정확한 답을 얻는 지름길이다.

필자가 아는 펫시터들 중에는 막상 공부를 하다 보니 어렵지만 재미있다며 깊이 파고들어 공부하는 분들도 여럿 있다. 이들은 고객의 니즈에 따라 기초훈련이나 산책훈련, 배변훈련, 가벼운 문제행동 교정, 개인기나 트릭trick, 도그스포츠 같은 부가적인 서비스를 유료로 제공하며 별도의 수익을 창출하고 있다.

자, 그렇다면 문제행동을 예방하고 치료하기 위해서 가장 먼저 무엇을 하는 것이 좋을까? 무작정 못 하게 말리는 것이 우선일까? 일단 문제행동 교정의 첫 번째 단계는 가급적 문제를 일으킬만한 상황을 만들지 않는 것이다. "우리 개는 주인을 물어요, 안 물게 해주세요."라고 요청하는 경우가 있다. 미안하지만 한 번 물기 시작한 개는 두 번 다시 물지 않으리라는 법이 없다. 현명한 주인이라면 물릴 상황을 만들지 않아야 한다. 가만히 앉아 있다가 갑자기 달려들어 주인을 무는 개는 드물다. 대부분은 사료를 먹고 있는데 건드린다든지, 자고 있는데 만진다든지, 갖고 놀던 장난감을 뺏는다든지, 극도로 싫어하는 목욕이나 발톱 깎는 행위를 한다든지, 다른 개와 싸우는 것을 말리는 과정에서 주인을 무는 것이다.

이미 무는 개라면 애초에 이런 상황을 만들지 않는 것이 좋다. "그럼 내가 키우는 개의 눈치를 보며 살아야 한단 말인가요?" 이렇게 의문을 표시하는 분들도 있을 것이다. 물릴 상황을 만들지 말라는 의미에는 '주인임에도 불구하고 반려견이 물어도 되는 상대가 된 보호자의 원죄'도 포함되어 있다. 일반적으로 보호자는 개에게 말 그대로 '보호자'의 역할을 해줘야 한다. 보호자의 사전적인 의미는 어떤 개체를 보호할 책임을 가지고 있는 사람이다. 물릴 상황을 만들지 말라는 말에는 물릴만한 환경과 상황을 재연하지 말라는 소극적인 뜻도 있지만, 보호자 자체가 물려도 되는 상대가 되어서는 안 된다는 적극적인 의미 역시 담고 있다.

행동 수정과 행동 교정의 차이

여기서 '교정'과 '수정'의 차이가 발생한다. 많은 보호자나 훈련사들이 행동 교정과 행동 수정에 대해 혼동한다. 그래서 어떤 상황에서나 '행동 교정'이라는 말을 쉽게 남용한다. 또 어떤 전문가들은 행동 교정이라는 말이 아예 없으니 행동 수정이라는 용어만 써야 한다고 주장한다. 하지만 행동 수정과 행동 교정은 둘 다 존재한다. 교정correction이 A라는 행동을 없애거나 고치는 것이라면, 수정modification은 A라는 행동을 B라는 행동으로 바꾸는 과정이다. 반려견이 안고 있는 많은 문제행동 중에는 교정이 아니라 수정으로 접근해야 하는 경우가 많다. 동물의 관점에서는 본능에 의한 행동이기 때문에 못 하게 막으면 욕구가 충족되지 않아 다시 재발되거나 혹은 다른 행동으로 발현된다. 이럴 때는 '없애겠다remove'라는 관점보다는 '다른 행동으로 바꿔주겠다change'라는 관점이 훨씬 효과적이다. 즉, '어떻게 하면 못 짖게 하지?'보다는 '짖는 행동 대신 어떤 행동을 하게 해줄까?'가 훨씬 더 바람직한 솔루션이 될 수 있다는 말이다.

행동 수정은 꼭 문제행동이라는 전제조건이 아니어도 A라는 행동을 B로 바꾸는 방식, 혹은 A에서 조금 더 단계를 높이기 위해 A'로 바꾸는 방식이다. 하지만 행동 교정은 전제조건이 꼭 잘못된 행동이라는 것이 따라야 한다. 잘못된 것을 바로잡는다는 의미의 교정이기 때문에 일반적으로 범죄심리학이나 교정심리학에 자주 등장하는 용어이다.

이렇게 행동 수정과 행동 교정의 차이점을 설명하는 것은 그 차이를 구별하고 그에 맞는 솔루션이 나가야 하는 것이 반려동물산업 종사자들의 주된 역할이기 때문이다. 지금 너무 많은 반려동물의 당연한 행동, 혹은 그럴 수밖에 없는 행동이 단지 주인과 주변 사람들이 불편하다는 이유로 문제행동으로 간주되어 왔고 전문가들에게 무리한 요구를 해왔다. 때에 따라 "이 행동 어떻게 없애요?"라는 질문만큼 터무니없는 것도 없다. 개들이 하는 짖음을 예로 들어보자. 오늘도 주인들이 훈련소를 찾아와서 "우리 개 좀 안 짖게 조용히 시키려면 얼마나 걸려요?"라고 질문한다. 이 질문이 과연 옳을까? 단 몇 달의 교육만으로 두 번 다시 안 짖는 개를 만들 수 있을까? 교육으로 불필요한 짖음의 횟수를 줄일 수는 있다. 하지만 "여기서 교육받고 돌아왔는데 정말이지 몇 년 동안 단 한 번도 짖지 않았어요. 너무 고마워요."라는 말을 들어본적이 없다. 개에게 짖는 행위는 본능에 의한 당연한 것이며, 인간이 개를 가축화하면서 그렇게 짖도록 훈련시키고 개량해왔다. 누군가 왔을 때, 어떠한 소리가 났을 때, 개의 입장에서 짖는 것은 전혀 문제가 아니었다. 다만 현대에 들어서며 인간의 입장에서 문제가 되었을 뿐이다. 우리가 싫다고 그 본능적인 행동을 한두 달의 교육으로 없앨 수 있을까?

솔직히 매우 어렵다. 그렇기에 '제거remove'의 관점으로 행동 교정을 의뢰하면 성공할 확률이 적어진다. 개의 입장에서는 당연히 할 수 있는 행동이지만 우리가 불편하니까 그 행동 대신 다른 행동을 하게끔 해서 개도 우리도 그 소음으로부터 벗어나는 것이 훨씬 더 합리적이지 않을까? 그것이 바로 '변화change'의 관점, 행동 수정의 원리이다. '없앤다'가 아니라 '바꾼다'이다. 그러니 위의 질문을 바꾸어야 한다. "개가 짖는 것을 어떻게 없앨까요?"가 아니라, "개에게 짖는 행동 대신 어떤 행동을 가르칠까요?"가 훨씬 더 효과적인 훈련의 발상이다. 이렇게 수정과 교정의 차이를 알고 어떤 행동은 교정을 해야 하고 어떤 행동은 수정을 해야 하는지 파악할 수 있게 되면, 많은 반려견과 보호자들이 불필요한 시행착오로 인해 시간과 돈을 낭비하는 불행을 막을 수 있다.

펫시터가 자주 접하는 문제행동과 솔루션

만일 반려견의 문제행동을 완화시키고자 한다면, 반드시 고려해야 할 중요한 요소가 있다. 바로 환경이다. 많은 매체에서 반려견의 문제행동은 개의 문제보다는 주인의 문제라고 하는데, 나는 여기에 환경을 추가하고 싶다. 즉 어떤 문제행동을 해결하기 위해서는 반려견과 주인, 환경이라는 3박자가 다 맞아떨어져야 한다.

여기서 말하고자 하는 환경의 범주는 상당히 크다. 집안 환경, 주위 환경, 지나가는 행인, 사람들의 반응 등이 모두 반려견들에게 환경의 범주로 들어간다. 그렇기에 교육으로 주인이 바뀌고 반려견이 잘해도 환경이 안 바뀌면 다시 문제행동으로 돌아갈 가능성이 매우 높다.

문제행동을 완화시키는 켄넬 훈련

환경을 바꾸는 방법의 하나가 켄넬이다. 켄넬kennel, 혹은 크레이트crate라고 부르는 개집은 반려견만의 공간을 제공하여 안정감을 주면서 문제행동을 바로 잡아주는 중요한 도구가 된다. 문제행동 수정에 있어 켄넬 훈련이 필요한 이유이다. 문제행동을 보이거나 지나치게 흥분한 강아지도 자신만의 보금자리로 돌아가면 정서적 안정감과 편안함으로 금세 차분해진다. 문제행동의 상황과 반려견을 물리적으로 떼어놓는 효과도 있다. 켄넬과 현장은 분리된 공간으로 인식되기 때문에 반려견이 정서적으로 문제행동에서부터 빠져나오거나 상황을 잊는 것이 훨씬 수월해진다.

이러한 효과를 얻기 위해서 켄넬 훈련은 강아지가 한 살이라도 어릴 때 진행하는 것이 좋다. 이미 성견이 된 강아지의 경우, 행동을 구속받는다고 느껴서 켄넬에 들어가는 것을 싫어할 수 있기 때문이다. 켄넬을 안락한 자신만의 공간이자 자유의 구역으로 느끼지 못하면 이러한 공간 분리는 아무런 정서적 효과가 없다.

켄넬은 문제행동을 교정하는 데 중요한 도구가 된다.

무엇보다 켄넬은 강아지에게 휴식처와 자신만의 공간을 만들어 줌으로써 사람에 대한 의존성을 낮춰주어 분리불안 교육에도 큰 도움이 될 수 있다. 특히 보호자와 떨어져 있을 때 분리불안을 드러내면서 장판이나 벽지를 물어뜯는 행동을 하는 강아지는 켄넬 훈련을 통해 이러한 문제행동을 완화시킬 수 있다. 배변 훈련이나 입질, 짖는 행위 등 일상적으로 흔한 문제행동을 교정하는 데 켄넬이 많이 응용된다.

❶ 켄넬을 설치하고, 켄넬 안에 들어가게 만들기

켄넬 훈련 역시 보상을 통한 조건화 과정을 충실히 따른다. 제일 먼저 켄넬을 반려견이 실내에서 가장 안전하고 편안하게 느낄만한 공간에 설치한다. 사방이 트여 외부에 노출된 공간보다는 사방으로 2면 이상이 막혀 있는 구석이나 넓은 공간을 등진 후면 쪽에 두는 것이 좋다. 그래야 강아지가 켄넬을 개인적인 공간, 숨을 수 있는 공간으로 여길 수 있기 때문이다. 설치가 끝나면, 켄넬에 장난감이나 간식을 넣어주고 강아지가 즐겁게 켄넬 안으로 들어갈 수 있게 배려한다. 절대 강압적으로 강아지를 밀어 넣거나 가둬서는 안 된다. 조심성 많은 개들은 낯선 켄넬에 들어가기 주저하기 마련이며 켄넬 주변을 서성거리게 된다. 그 과정에서 보호자가 끈질기게 기다려주는 인내심이 요구되는데, 켄넬에 들어가지도 않았는데 섣불리 보상을 주거나 칭찬하는 것은 도리어 역효과를 낼 수 있으니 삼가도록 하자. 만일 강아지가 켄넬에 들어가려고 하지 않는 경우, 캔넬의 덮개를 분리하면 보다 손쉽게 들어갈 수 있다.

❷ 켄넬에 대한 좋은 기억 만들기

일단 강아지가 켄넬 안으로 들어갔다면, 바로 폭풍 칭찬을 하고 맛있는 간식으로 보상해준다. 강아지가 켄넬에 들어가는 것에 성공했다면, 그다음은 켄넬에 오래 머물 수 있는 훈련을 진행한다. 켄넬이 자신만을 위한 공간이며 안전하고 편안한 공간이라는 인식을 심어주기 위해 큰 소리가 나는 물건들은 켄넬 주변에서부터 치워두는 것이 좋다. 켄넬의 문이 철제로 되어 있기 때문에 가끔 바람이 불거나 반려견의 꼬리에 걸려 철컹 닫히는 수가 있기 때문에 주의한다. 반려견이 평소 애지중지하는 이불이나 방석, 인형 따위를 켄넬 안에 넣어두는 것도 좋고, 켄넬에 반려견이 좋아하는 간식 냄새를 묻혀 켄넬에 머무는 것을 좋아하게 만드는 방법도 있다. 아예 반려견을 입양하고 집 안으로 들일 때부터 수면 공간을 켄넬로 설정하는 것도 좋다.

❸ 주의할 점

강아지로 하여금 켄넬이 평소 안락하고 따뜻한 자신의 개인 공간이라고 느낄 수 있도록 해야 한다. 이런 면에서 무엇보다 강아지를 혼낼 때 켄넬을 이용하는 것은 바람직하지 않다. 켄넬에 들어갔을 때 강아지를 혼내면, 강아지는 나쁜 기억과 켄넬을 연관 지어 생각하게 되고 평상시 켄넬에 잘 들어가지 않으려고 한다.

또한 배변훈련을 켄넬에서 하는 것도 좋은 생각이 아니다. 보통 개는 자신이 눕고 생활하는 공간에 배변을 하지 않으려는 본능이 있기 때문에, 비좁은 켄넬을 똥으로 더럽히고 싶어 하지 않는다. 켄넬을 청결하게 유지하는 것도 보호자가 놓치지 말아야 할 부분이다.

대표적인 문제행동별 솔루션

이제 문제행동의 구체적인 사례 및 그에 관한 해결책을 알아보자.

❶ 다른 개들과 싸우곤 해요

'개들은 왜 싸울까?' 이렇게 질문을 한다면 많은 사람들은 서열, 수컷, 본능, 영역, 공격성, 사회성 부족, 무리, 우위 등등을 거론한다. 물론 개들이 이런 다양한 이유와 원인으로 싸울 수 있다. 하지만 안정된 개의 무리에서는 개들끼리 싸우는 경우를 거의 볼 수 없다. 개들의 사회적 조화를 위한 열쇠는 무리의 안정성이다. 무리가 안정되었다는 의미는 장소나 자원에 대한 소유권이 정해져 있다는 뜻이다. 그 무리 안에서 상대적 지위에 따라 소유권이 정해져 있기 때문에 싸울 필요가 없는 것이다. 반면 정해져 있지 않으면 싸움이 일어난다. 즉 장소가 누구의 것인지, 좋아하는 음식을 누가 먹을 것인지, 주인을 누가 차지할 것인지, 더 세고 강한 존재가 누구인지 정하기 위해 싸운다.

그래서 다두사육을 하시는 분들께 누차 강조하는 말이 있다.

"두 마리 이상의 동물을 키우시려면 보호자가 강해져야 합니다. 보호자의 역할이 매우 중요합니다. 보호자가 진정한 리더가 되어야지, 어느 누구의 소유가 되어서는 절대 안 됩니다. 누구의 전유물이 되는 순간 그 무리에서 싸움이 생기기 쉽습니다."

다두사육 환경에서 주인이 무분별하게 개입하여 싸움을 말리는 것이 때로 상황을 더욱 악화시키기도 한다. 겁쟁이 개가 강한 상대에게 으르렁거리거나 무는 척을 하면 대부분의 주인들은 안심시키려고 안아 올리거나 끌어안는 행동을 하는데, 이런 행동이 도리어 개에게 공격적인 행동을 학습시키는 꼴이 되는 것이다. "형한테 그러면 안 되지!" "엄마한테 누가 그러래?"라며 개들의 서열에 의인화된 관계를 요구하는 것 역시 싸움을 부추긴다. 모든 자연계의 법칙이 그렇듯, 개의 세계에서도 서열은 몸집과 힘에 의해 결정된다. 주인이 자꾸 약한 개체의 편만 들어줄 경우, 주인의 든든한 빽만 믿고 포기하지 않기 때문에 벌써 끝났어야 할 싸움이 계속 이어지게 된다.

예방하는 방법 싸움을 예방하려면 개의 성별이나 연령, 크기, 성향, 견종에 따라 싸움의 가능성을 예측하여 판단해야 한다. 이성보다 동성끼리 싸움의 가능성이

사회화 교육은 그 어떤 교육보다 중요하고 우선시되어야 한다. 사회화 교육의 부재가 많은 문제를 일으키기 때문이다.

더 높고, 기본적으로 두 마리의 개가 힘이나 체격에서 비슷하면 싸움이 일어날 확률이 더 높다. 특히 성성숙기의 수컷은 다른 개에게 도전하려는 충동이 매우 강하기 때문에 싸움이 일어날 가능성이 매우 크다.

일단 집안 내에서 싸움이 일어나면, 일정 부분 자체적인 서열이 정해질 때까지 두는 것이 좋다. 만약 바깥에서 만나는 다른 개들과 싸움이 잦다면, 사회화 과정에 문제가 있지 않나 생각해볼 수 있다. 특히 한국 사회의 강아지들은 대부분 사회적 계층이 확립되지 전에 동배의 형제들과 헤어져 예방접종을 마칠 때까지 외출이 자유롭지 못하기 때문에 자연스럽게 사회화 과정을 거치지 못한다. 이러한 사회화 과정의 생략은 이후 다른 개들을 만났을 때 불안을 야기하고 공격적으로 행동하게 된다. 이때 주인이 이를 개선하려는 노력보다 나의 반려견이 누군가에게 상처를 입힐 수 있다는 불안감에 더욱 만남을 회피한다면 악순환이 계속될 수 있다.

❷ 아무 물건이나 씹거나 물어뜯어요

'씹고 뜯고 맛보고 즐기고.' 어느 CF의 문구처럼 대부분의 강아지들은 무엇인가 물어뜯거나 씹는 것을 좋아한다. 강아지가 씹는 행위를 통해 주변 세계를 탐색하는 것은 지극히 정상적인 행동이다. 또한 씹는 행동 자체는 개에게 여러 가지 이점도 있다. 어린 개에게는 이가 나는 시기에 발생하는 둔통을 완화시키고, 나이가 많은 개에게는 턱을 강하게 하고 치아를 깨끗하게 유지하는 자연스러운 방법도 된다. 씹는 행동은 댕댕이들에게 지루함을 퇴치하고 가벼운 불안이나 좌절을 털어낼 수 있는 스포츠가 되기도 한다.

원인을 찾아 해결해야 한다 어린 강아지가 물건을 씹는다면 이갈이 중일 수 있다. 젖니가 빠지고 성견의 이빨이 나면서 강아지들은 통증을 느끼게 된다. 이 과정은 보통 생후 6개월까지 진행되는데, 이때 위생적으로 씹을 수 있는 거리나 장난감을 주어 물어뜯으려는 욕구를 충족시켜주는 것이 좋다.
일반 성견이 과하게 씹는 행동을 보인다면, 먹어서 목에 걸릴 위험이 있거나 먹이로써 가치가 없는 것들 대신에 안전하게 씹을 수 있는 것들을 던져준다. 오랜 시간 혼자 두지 말고, 장시간 외출 시에는 많은 장난감과 씹는 뼈를 제공하라. 개가 쉽게 취득할 수 있는 곳에 귀중품을 방치하는 것은 100% 주인의 잘못이다. 이런 것을 보고 '고양이에게 생선을 맡긴다.'라고 표현한다. 앞서서 강조했듯이, 개가 문제행동을 했다고 탓하기 전에 그 행동을 할 수 있는 상황과 환경을 주인이 만들지 않았는지 생각해보는 것이 훨씬 더 현명하다.

예방 및 대처 방법 씹거나 물어뜯어서는 안 되는 물건에는 미리 억제제를 뿌려 놓는 것도 한 방법이다. 처음부터 물어뜯으면 안 되는 물건에 억제제를 뿌리는 것보다는 먼저 억제제에 대해 불쾌한 기억을 만들어주는 것이 더 효과적이다. 티슈나 면모에 소량을 바른 후, 부드럽게 강아지의 입에 살짝 닿게 하여 맛을 보게 하여 그 맛에 불쾌감을 경험하고 기억하게 만든다. 굳이 개에게 이러한 안 좋은 맛의 기억을 심어주는 이유는 씹을 수 있는 것뿐만 아니라 씹을 수 없는 것 또한 배워야 하기 때문이다. 지금 이 순간에도 상당수의 많은 반려견들이 주인이 잠깐 한눈을 판 사이 먹지 말아야 할 것을 씹어 먹다가 목숨을 잃고 있다.

지금도 생각하면 너무나 아찔했던 위와 유사한 사례가 필자에게도 있었다. 필자가 있던 훈련소에는 '엘리'라는 아메리칸불도그가 있었는데, 평소 밝고 명랑했던 성격과 달리 언제부터인가 매우 의기소침해 보이고 움직임도 현저히 둔감해져서 이상하다고 느꼈다. 그러던 어느 날, 행동이 너무 이상해서 강아지를 자세히 관찰해보니 아뿔싸! 소변에 피가 섞여 나오는 것이 아닌가. 너무 놀라서 급히 동물병원에 데리고 가서 엑스레이와 검사를 진행했는데, 검사 결과는 예상과 달리 정상이었다. 혹시나 하는 마음에 초음파로 다시 복부를 검사하자, 몸 안에서 이물질이 다량 발견되었고 바로 개복수술을 해보니 배에서 무수한 천 쪼가리들이 나왔다. '아니, 대체 이게 어떻게 배에 들어갔을까?'

알고 보니 담당 훈련사가 견사에 마련해주었던 방석과 옷가지를 강아지가 재미삼아 물어뜯고, 씹어 삼켰던 것이었다. 지금 생각해 보아도 초음파 검사에서 발견되었으니 망정이지 엑스레이를 찍고 그냥 말았다면 더 큰 불상사가 일어날 뻔하였다. 촌각을 다투는 매우 위급한 상황이었지만, 평소와 다른 모습을 일찍 눈치채고 그나마 빨리 병원에서 수술을 진행할 수 있어 생명을 건진 케이스였다. 다행히 그 후 엘리는 수술과 입원 치료를 마친 뒤 건강하게 퇴원하여 10마리 강아지의 엄마가 되었다.

자신의 방석을 씹어 먹어 장시간의 개복수술 후에야 어렵게 살아난 아메리칸불도그 엘리와 복부에서 나온 이물질

❸ 너무 심하게 짖어서 고민이에요

강아지가 마치 귀신을 본 듯 허공에다 대고 계속 짖어댄다. 처음에는 만성 스트레스거나 바깥에서 나는 소음을 듣고 그러는 거라고 넘겼지만, 얼마 전부터는 유독 한쪽 벽에다 거의 병적으로 짖어댄다. 벌써 이번 주까지 두 번이나 아파트 경비원에게 머리를 조아리며 박카스를 건넸다. 우리 개 때문에 인터폰으로 항의해대는 주민들 때문에 고생이 이만저만 아니었나 보다. 이런저런 방법 다 동원해도 안 되자 보호자는 개를 안고 지푸라기라도 잡는 심정으로 훈련소를 찾는다.

"정말 마음 같아서는 진짜 귀신 쫓아내는 굿이라도 하고 싶은 심정이에요."

필자를 찾아와서 이렇게 하소연하는 보호자들이 적지 않다. 주변에 정말 많은 보호자들이 반려견의 짖는 문제 때문에 골머리를 앓고 있다. 해법은 과연 있을까?

원인을 찾아 해결해야 한다 개가 짖는 것은 여러 가지 이유가 있다. 본능에 의한 것일 수도 있고, 보호자의 관심을 끌기 위한 것일 수도 있다. 후자의 경우인지 간단히 알아보는 방법이 있다. 반려견이 짖을 때마다 반응하지 말고 무시하는 것이다. 짖으면 뭔가 반응이 와야 하는데 아무런 반응이 없게 되면 강아지는 짖는 행동을 멈춘다. 시간이 걸리는 일이지만 인내심을 갖고 대처할 필요가 있다.

후자의 경우가 아니라면, 주변 환경에 너무 예민하게 굴어서 짖는 것일 수도 있다. 아토피나 알레르기 피부염의 치료 원리와 동일한 방식을 적용한다. 바로 둔감화이다. 문 두드리는 소리나 초인종 소리, 집 주변 발소리 등 외부의 자극에 둔감해질 수 있도록 어느 정도 자극에 일부러 노출시킨다. 강아지의 행동 반경을 현관에서 먼 쪽으로 이동시키는 것도 하나의 대안이 될 수 있다. 켄넬을 보다 안쪽으로 이동해주거나 방음이 되는 방에 두는 것도 좋다.

예방 및 대처 방법 앞서 언급한 행동 수정의 방법으로 짖는 행동 대신 다른 대안거리의 행동을 가르쳐주도록 한다. 짖는 대신 하우스에 들어가거나 종을 치게 하고, 아니면 테이블 위에 올라가서 엎드리기 등의 행동으로 바꾸어주는수정 것이다. 예를 들어, 초인종 소리에 심하게 반응하며 짖는 개라면 이것을 대신할 행동거리로 '하우스 교육'을 미리 가르친다. 즉 초인종 소리를 녹음해서 들려준 후 하우스에 들어가도록 조건화를 시키는 것이다. 이 과정을 반복해서 교육하다 보면 나중에는 실제 초인종 소리를 들어도 짖는 대신 하우스에 들어가 보호자가 건네줄 맛있는 간식을 기다릴 것이다.

❹ 언제인가부터 배변 실수를 하기 시작했어요

문제행동 중에 보호자들이 가장 불편함을 호소하는 문제가 바로 배변 실수이다. 평상시에는 화장실이나 정해진 장소에 배변을 잘하던 강아지가 갑자기 언제부터인가 실내에서 배변 실수를 한다면 과연 어떻게 대처해야 할까?

원인을 찾아 해결해야 한다 주인이 집을 비우고 강아지 혼자 집에 있을 때 특히 이런 문제를 호소하는 주인들이 많은데, 배변 실수가 우발적인지 의도된 것인지 파악하는 것이 중요하다. 엉뚱한 곳에 배변을 하는 강아지 중에는 보호자의 관심을 끌기 위해 일부러 제3의 장소에 볼일을 보는 경우가 있기 때문이다. 심지어 보호자의 침실이나 평소 아끼는 물건 위에 대놓고 변을 보는 녀석들도 있다. 이런 강아지들은 과거 유사한 사건에 대해 보호자가 관심을 가져준 것을 기억하고 배뇨와 배설을 하는 영리함을 보이는 경우도 많다. 따라서 보호자 입장에서 한두 번의 배변 실수를 크게 확대해서 호들갑 떨지 않는 것이 무엇보다 중요하다.

예방 및 대처 방법 강아지가 관심을 끌기 위한 행동으로 배변을 지릴 경우, 보호자는 두 가지 방식으로 이를 교정할 수 있다. 첫 번째 방식은 반려견의 이런 행동양식을 철저히 무시하는 것이다. 배변 실수를 혼내거나 꾸짖는 것은 결코 문제 해결에 도움이 되지 않는다. 설사 야단을 쳐도 보호자에게 관심을 받았다는 것 자체를 보상으로 느낄 수 있기 때문에 강아지는 같은 실수(?)를 반복할 것이다. 내가 밖에서 돌아왔는데 평소와는 다른 곳에 변이 떨어져 있다면, 아무 말도 하지 말고 변을 치워 버린다. 강아지는 배변 실수를 통해 어떠한 반응도 얻을 수 없기 때문에 한두 번 반복하다가 결국 흥미를 잃으면서 자연스럽게 문제행동이 교정된다.

두 번째 방식은 보상이다. 강아지가 옳은 장소에 변을 보도록 강화를 통해 지속적으로 보상을 준다. 반려견이 적절한 방식으로 배변을 성공했을 때 바로 클리커로 표시하고 간식을 준다. 간식과 함께 충분한 스킨십을 주어 강아지가 주인에게서 사랑과 애정을 받고 있다는 사실을 깨달을 수 있도록 해준다.

❺ 자기가 싼 응가를 자꾸 먹으려고 해요

"우리 아이는 시바견인데 요즘 들어 똥개 흉내를 내요." 자신의 강아지가 똥을 핥는 것을 보고 애견업자가 믹스견을 순수 혈통 견종이라고 속였다며 의심하는 보호자들이 있다. 강아지가 갑자기 자신의 똥을 먹는다면 어떻게 할까? 대변을 먹는 행위는 사실 혈통과 큰 상관이 없는 강아지의 본능적인 행동일 수 있다. 야생에서 새끼가 태어나면 어미는 냄새나 흔적이 천적들에게 노출될 것을 꺼려서 미리 새끼의 대변을 먹어 치우는 경우가 있다. 이러한 습관은 오랜 시간을 걸쳐 진화를 통해 개들에게 체득된 자연스러운 행동이다. 하지만 인간과 함께 실내에서 생활하기 시작한 현대의 반려견들에게는 그러한 행동의 필요성이 사라졌다. 따라서 내 반려견이 변을 먹는다면 강아지를 불편하게 만드는 여러 가지 주변 요인 및 내부 요인이 있는지 확인해야 한다.

원인을 찾아 해결해야 한다 변을 치우는 행위는 여러 가지 요인에서 올 수 있다. 어쩌면 반려견이 음식을 제대로 소화하지 못하고 있을지도 모른다. 소화에 문제가 생겨 섭취한 사료가 그대로 변으로 나오게 되는 경우, 방금 먹은 음식과 거의 비슷한 맛이 나기 때문에 변을 핥아먹게 된다. 아니면 지루함이나 스트레스, 굶주림 때문일 수도 있다. 장내 기생충이 서식하는 경우, 영양분을 빼앗기 때문에 강아지 입장에서는 먹어도 먹어도 늘 먹이가 부족하게 느껴질 수 있다.
사실 변을 먹는 문제행동의 가장 일반적인 요인은 반려견의 이러한 정서적이고 생리적인 문제보다는 보호자가 무의식중에 심어준 그릇된 의식인 경우가 많다. 만약 이러한 행동에 여러 번 놀라거나 호들갑을 떨었다면, 강아지는 단지 그 반응을 다시 얻기 위해 그 행동을 반복할 수 있다. 비록 부정적인 반응이라고 해도 똥을 먹었을 때 주인에게 특별한 관심을 받는다는 사실을 강아지가 인지했기 때문이다.

예방 및 대처 방법 강아지가 똥을 먹는 것을 막으려면 우선 반려견의 정상적인 성장을 위해 필요한 모든 단백질과 미네랄, 비타민, 다른 영양분을 고루 제공해야 한다. 사료의 성분을 꼼꼼히 챙기고 아이가 편식을 하지는 않는지, 필요한 영양을 제때 공급받고 있는지 들여다본다. 때때로 지루함이나 스트레스를 받는 환경은 없는지, 강아지가 나의 주의나 관심을 끌기 위해 아니면 배변 실수에 대한 처벌을 피하기 위해 똥을 먹지는 않는지 살펴야 한다. 소화 기능에 문제가 있어 보이면 동물병원에 데리고 간다.

❻ 유독 겁이 많고 소심해서 걱정이에요

우리도 외향적인 사람, 내성적인 사람, 수줍음이 많은 사람, 호탕한 사람, 도전적인 사람 등 다양한 성격의 사람들이 있다. 개 역시 다르지 않다. 반려견도 생김새만큼이나 성격이 다양하다. 따라서 강아지가 어느 정도 두려움을 느끼는 것은 성격으로 인정하고 당연하게 받아들이는 자세가 필요하다. 모든 동물은 언제나 주변에 호기심과 함께 일정한 경계심을 가진다. 포식자에게서 자신을 보호하고 외부의 잠재적인 위험을 피하기 위해 본능적으로 터득한 감각인 셈이다.

하지만 그 소심함이 정도가 지나쳐 일상생활이 힘들 때는 문제행동으로 커질 수 있다. 필자가 알고 있는 잉글리시불도그 럭키 역시 성격이 너무 소심해서 차를 타는 것은 꿈도 꿀 수 없었고, 야외 산책조차 어려웠다. 자신의 집을 자발적으로 걸어 나와 주차장에서 밥을 먹는 데에만 근 한 달이 걸렸으니 정말 경계심과 소심함의 끝판왕이었다. 가끔 주인도 너무 오랜만에 보면 오줌을 지리며 의자 밑으로 숨어버릴 정도였으니까. 이런 강아지들을 만나면 어떻게 해야 할까?

견사에서 주차장까지 나오는 데 한 달이 걸린 럭키(상). 차에 태우기까지 다시금 여러 달이 걸렸다(하).

대처 방법 개는 긍정적인 관계를 통해 배운다. 수줍거나 무서운 개가 자신감을 얻도록 돕는 가장 좋은 방법은 그들을 낮은 강도로 겁주는 것에 노출시키는 것이다. 이 노출을 맛있는 음식처럼 긍정적인 것과 연결시켜라. 이것을 역조건형성counter conditioning이라하며, 역조건이 잘 형성되면 공포의 근원이 더 이상 두려움으로 느껴지지 않고 편안하게 느껴질 수 있다.

그러기 위해서는 사람들이 먼저 접근하거나 간식을 주지 말고, 주변의 모든 사람들에게 당신의 강아지를 무시하도록 지시한다. 당신의 반려견이 누군가에게 접근하기를 원하는지 스스로 결정하도록 시간을 주는 것이다. 스스로 결정하고 선택한 강아지들은 사람들에게 안전하게 다가갈 가능성이 더 높다.

처음부터 직접 눈을 마주치지 말고, 강아지보다 높은 위치에서 다가가지 않는 것이 좋다. 시선은 바닥이나 옆을 보고, 몸은 웅크리거나 바닥에 앉는 것이 바람직하다. 무엇보다 강아지의 머리를 쓰다듬지 않도록 한다. 우리의 예상과 달리 대부분의 강아지들은 낯선 사람이 머리 쓰다듬는 것을 좋아하지 않는다. 우선 강아지의 턱 아래에 손을 대고 손 냄새를 맡게 한 다음, 차츰 옆쪽으로 쓸어가듯 터치가 들어가는 것이 바람직하다. 사료를 줄 때는 손으로 직접 먹이려고 들지 말고 안전거리를 유지하면서 간식을 던져주어 강아지 스스로 도주거리를 확보할 수 있게 여유를 준다.

우리도 싫어하는 사람이나 무서워 보이는 사람과는 함께 걷고 싶지 않은 것처럼, 반려견도 소심한 성격이나 두려움이 많은 편이라면 다른 개들과 함께 산책하는 것을 원하지 않을 것이다. 억지로 강아지의 친구를 만들어주겠다는 명분으로 낯선 강아지를 가까이 두려고 하지 말라. 반려견이 다른 개를 두려워하고 있다면 억지로 상호작용을 강요해서 악영향을 줄 수 있다. 차라리 길 건너편이든, 반대편이든 적당한 거리를 두어 간접적으로 상대 강아지를 경험하게 하는 편이 교육적으로 효과적이다. 강아지가 자신감을 느낄 때까지 보호자로서 충분한 인내심이 필요하다.

COLUMN

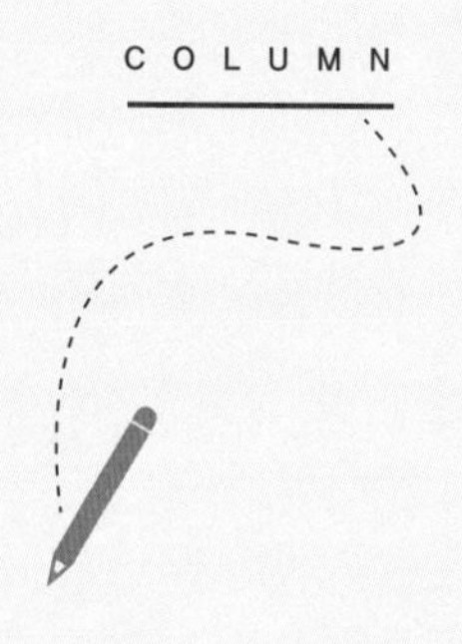

반려동물은 취미가 아니다

오늘도 신문에서 유기견에 대한 기사를 보았다. 누구나 손쉽게 동네 분양샵이나 애견센터에 가서 기분에 따라 개를 구입하고 또 아무렇지 않게 유기하는 현실을 보면, 아직도 개를 자신의 장난감이나 오락거리의 하나로 생각하는 분들이 적지 않은 것 같다. 현실적으로 우리나라는 아직 '애완견'과 '반려견'의 간극이 좀처럼 줄어들지 않고 있다. '펫pet을 애완견으로 볼 것인가, 반려견으로 볼 것인가?'의 문제는 말장난이 아니라 반려동물을 바라보는 한 사회의 문화와 시각의 차이를 보여준다.

강아지를 애완견愛玩犬으로 보는 사람들은 개를 사람보다 하위의 존재, 즉 사람이 가지고 노는 대상쯤으로 이해하는 것 같다. '애완'이라는 말이 '완구', 즉 장난감이라는 뜻이다. 반면 강아지를 반려견伴侶犬으로 보는 사람들은 개를 사람과 동등한 존재, 즉 사람과 더불어 아끼고 사랑하며 동고동락하는 동반자로 본다. 같은 대상을 지칭하지만, 사실 애완견은 수직적 상하관계를, 반려견은 수평적 동등관계를 암시하는 전혀 다른 용어이다. 애완견이 주인에게 취미와 기호의 문제라면, 반려견은 생존과 관계의 문제로 다가온다. 애완견은 '너 아니어도 돼.'이지만, 반려견은 '너 아니면 안 돼.'이다. 몹쓸 병에라도 걸리면 애완견은 바로 버려지지만, 반려견은 큰 비용이 들어가는 한이 있어도 기어코 수술대에 올리어진다. 과거 인간에게 개는 복종과 훈련의 대상으로서 애완견에 머물렀지만, 현재 인간에게 개는 공존과 상생의 대상으로서 반려견이라 불린다. 오늘날 세계는 애완견에서 반려견으로, 애완문화에서 반려문화로 나아가고 있다.

애완견	반려견
장난감 : 너 아니어도 돼	반려자 : 너 아니면 안 돼
싫증이 나면 버릴 수도 있어	죽을 때까지 데리고 살 거야
나-그것 : 수직적 상하관계	나-너 : 수평적 동등관계
취미와 기호의 대상	생존과 관계의 대상

이런 차이는 영어 단어에서도 엿볼 수 있다. '펫'은 본래 16세기 영국 북부 스코틀랜드 방언으로 쓰였는데, 누군가를 어루만지거나 쓰다듬는 동작을 뜻했다고 한다. 입을 맞추고 몸을 쓸어내리는 동작, 남녀의 스킨십을 뜻하는 '페팅petting'이라는 단어도 여기서 유래했다. 펫은 애정을 갖고 상대방을 매우 소중히 여긴다는 의미를 함께 가지고 있으며, 이미 1530년대에 '응석받이 아이'나 '가장 아끼는 동물'을 뜻하는 단어로 사용되었다. 하지만 19세기 들어서면서 펫이 갖는 도구적 의미에 예민했던 일부 사람들은 펫이라는 단어를 아예 '컴패니언 애니멀companion animal'로 바꿔야 한다고 주장했다. 우리말로 번역하면 '반려동물'이다.

반려동물과 관련해서도 사회적 합의가 필요하다

용어의 문제만큼 반려문화와 반려동물을 바라보는 사회의 의식도 성숙해질 필요가 있다. 사회의 의식이 성숙해지면, 예전에 당연했던 것도 더 이상 당연하게 여겨지지 않는다. 성숙한 사회의식은 반려문화를 어떻게 이해하고 있을까? 이 질문에 답하려면, 오랜 역사를 두고 일찍이 반려문화에 대해 묻고 답했던 서구 사회들의 사례를 들여다볼 필요가 있다. 여기에는 크게 두 가지 관점이 있는데, 반려동물을 키우는 데에 요구되는 사회적 합의가 하나의 관점이고, 반려동물의 복지에 관한 이해가 다른 하나의 관점이다.

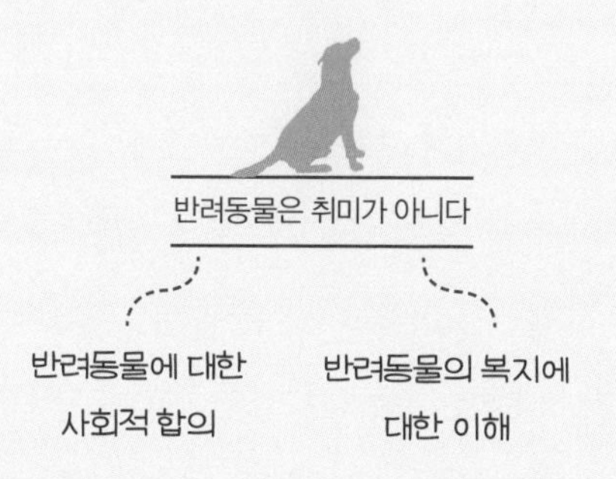

우리는 반려동물을 키우면서 자신의 개가 사회와 갖는 관계에 대해서는 별다른 관심을 갖지 않는다. '내가 개를 키우겠다는데 사회가 무슨 상관이람?' '사회가 내 강아지 개껌이라도 사줘 봤어?' 보통 이렇게 생각하기 쉽다. 그런데 이 생각은 커다란 착각이다. 사실 내가 집에서 키우는 반려견에도 사회가 일정한 몫의 비용을 지불하고 있다. 그 비용이 미미하고 처리 과정이 눈에 보이지 않아서 우리가 제대로 인식하지 못할 뿐이다. 분명한 것은 반려견 한 마리를 키우는 데에도 사회적 합의가 이뤄져야 한다는 사실이다. 이 합의가 생략되거나 무시되면 사회적으로 커다란 문제를 야기할 수 있다.

조금 극단적인 예를 들어 보자. 도심 한복판에서 수십 마리의 개들이 밤낮 짖어대는 통에 주민들이 거의 5년 동안 밤잠을 설치고 있다고 가정해보자. 여러분들이라면 어떻게 할 것인가? 내가 아무리 강아지를 좋아한다 해도 벽 하나를 사이에 두고 옆집에서 시도 때도 없이 컹컹 개 짖는 소리가 들린다면? 이런 일은 실제로 우리 주변에서 심심찮게 일어나고 있다. 2018년, 한 TV 프로그램에서도 소개된 적이 있는 67세 이 씨 할머니의 사례가 그것이다. 방송 당시, 할머니가 서울시 강서구 자신의 단독주택에 42마리의 개들을 풀어 놓고 키우는 통에 집 주변 주민들이 수년 동안 고생했다. 참다못한 일부 주민들은 구청에 민원까지 넣었다. TV 화면에 비치는 상황은 더 심각했다. 마치 축사를 연상케 하는 주택에 수십 마리의 개들을 풀어 놓고 키우다 보니, 여름에는 개털과 똥냄새로 창문을 열어두는 것은 엄두도 낼 수 없었다. 심지어 주택 지하에 오랫동안 쌓인 분뇨에서 새어 나온 암모니아 가스에 불이 붙어 동네에 때아닌 소방차가 출동하기도 했다.

안타까운 소식을 듣고 한 반려동물단체가 긴급 출동하여 보니 지하 1층, 지상 3층의 주택은 이미 견분과 토사물들이 한데 엉켜 사람이 발을 디딜 틈조차 없었다. 개들은 피부병에 안구염증, 심장사상충까지 대부분 심각한 질병에 걸려 있었다. 단체 회원들이 개들을 관계기관에 인계할 것을 요구하자, 할머니는 극구 반대하며 자신의 개들의 털끝 하나 건드리지 말라고 으름장을 놨다. "나 죽을 때까지 얘네들하고 살 거니까 다들 돌아가." 이처럼 동물을 돌보는 것이 아니라 자신의 욕심으로 동물의 수를 늘리는 데에만 집착하는 사람을 흔히 애니멀 호더animal hoarder라고 한다.

애니멀 호더는 반려인이 아니라 범죄자에 가깝다. 반려문화 선진국에서는 이미 문제의 심각성을 인식하고 이를 법으로 엄격하게 금지하고 있다. 2019년 10월, 미국 플로리다 주에서는 세 명의 성인 남녀가 자신의 집에서 자그마치 245마리의 동물들과 함께 지내다가 당국에 체포되는 일이 일어났다. 동물 중에는 개뿐만 아니라 고양이, 기니아피그, 토끼, 쥐, 파충류 등도 발견되었다. 동물을 수집하는 데에만 열을 올린 부모 때문에 정작 세 자녀들은 동물들 틈에서 제대로 된 양육조차 받지 못했다. 결국 현장에서 체포된 57세 남편과 49세 아내, 남성의 43세 여동생은 주 정부에 의해 3건의 아동학대죄와 66건의 동물학대죄로 기소되었다.

유럽의 경우는 어떨까? 독일, 네덜란드, 오스트리아, 스위스를 비롯한 유럽의 반려문화 선진국들은 이런 애니멀 호더를 원천적으로 예방하고 반려동물에 대한 책임을 묻기 위해 반려인들에게 일정한 개 양육세견세犬稅를 징수한다. 네덜란드의 경우, 개를 보유하게 되면 6주 내에 관할 구청에 등록을 해야 하며 이를 근거로 시청 관리원이 집집마다 방문하여 반려견의 여부를 확인, 세금을 부여한다. 공동체를 보호하기 위해 개 양육세는 두수에 따라 줄기는커녕 도리어 증액되는 특성이 있다. 2019년 기준으로 개 한 마리당 120.12유로, 두 마리면 120.12 + 188.16 = 308.28유로, 3마리면 120.12 + 188.16 + 238.68 = 546.96유로를 내야 한다. 물론 시각장애인용 안내견이나 구조견 같은 특수 목적견, 기타 보조견 같은 경우, 세금 면제 혜택을 받을 수 있다.

독일도 상황은 유사하다. 반려견의 천국 독일은 훈데스토이어Hundesteuer라는 개 양육세를 징세하는데, 견종과 지역에 따라 보호자는 매년 24유로에서 100유로에 이르는 비용을 내야 한다. 자신이 기르는 개가 투견이거나 대형견, 사납고 위험한 종일수록, 두수가 많아질수록 세금은 가파르게 올라간다. 예를 들어, 슐레스비히 홀슈타인 주에서 첫 번째 개는 개 양육세로 80유로만 내면 되지만, 여기에 개를 1마리 더 기르려면 보호자가 320유로를 내야 한다. 가혹한 수준의 증세이다. 그만큼 보호자들에게 반려견을 기르는 데에 책임감을 요구하고, 동시에 증가하는 개체 수에 따른 공동체가 부담해야 할 사회적 비용을 엄격하게 물리고 있다. 상황이 이렇다 보니, 아예 자신의 반려견을 양으로 둔갑시켜 개 양육세를 피하려는 일부 얌체 주민들도 있는 실정이다. 미국의 경우, 주에 따라 개를 소유한 것에 대해 라이선스 형식으로 견주에게 일정한 금액을 요구하고 있다. 이 라이선스는 매년 갱신해야 하기 때문에 사회적으로 세금과 비슷한 효력을 발휘한다.중국도 베이징 같은 대도시에서 개 양육세를 받고 있다.

반려동물에 대한 사회적 합의를 끌어내기 위해 개 양육세를 징세하는 아이디어는 어떻게 시작된 것일까? 역사적으로 개 양육세가 시작된 곳은 1796년 반려문화의 종주국이라 할 수 있는 영국이었다. 덕분에 개에게 세금이 부과되면서 사회에서 반려견의 존재를 어떻게 볼 것인가에 대한 일대 논쟁이 일어났다. 이 논쟁은 영국 사회가 반려견을 둘러싼 인간과 동물 간의 관계에 대해 근본적인 질문을 던졌고, 나아가 반려동물의 복지와 관련된 다양한 논의가 이뤄지도록 했다. 비록 1882년, 영국은 100년 가까이 이어졌던 개 양육세를 공식적으로 폐지했지만, 사회적으로 반려인에게 일정한 책임을 물리는 개 양육세의 법적 개념은 유럽의 다른 나라들로 빠르게 퍼져나갔다.

개 양육세는 자신이 기르는 반려견도 사회 구성원의 일부라는 발상에서 출발했다. 성숙한 반려문화에는 엄격한 책임이 동반되어야 하며, 공동체는 이들을 사회 일원으로 받아들일 정신적 · 물질적 준비를 해야 한다는 것이다. 반려동물을 어떤 관점에서 바라봐야 할지에 대한 사회적 합의가 없는 경우, 반려동물을 둘러싸고 사회 각 분야에서 여러 갈등이 표면화될 수 있다. 사회에는 개를 좋아하는 사람들만큼이나 개를 싫어하는 사람들도 많기 때문이다. 공원에서 산책하는 개의 그림자만 보고도 놀라서 경기를 하는 분들도 있고, 실지로 개 때문에 다치거나 물리는 사고도 꾸준히 늘고 있다.

사회적 합의의 부재는 단지 개인의 문제에 그치는 것이 아니라 나아가 반려문화를 둘러싸고 심각한 사회적 갈등을 일으킬 수도 있다. 모 지자체에서 반려견의 산책 공간으로 개공원dog park을 만들려고 하자, "내가 낸 세금으로 그런 시설을 만드는 것에 찬성할 수 없다."며 강하게 반발하는 일부 주민들 때문에 사업이 보류되기도 했다. 최근 반려견 시장이 가파르게 성장하고 있는 이웃 나라 중국의 경우, 거리 곳곳에 치우지 않은 개똥들이 넘쳐나면서 주민들이 몸살을 앓고 있다. 얼마 전부터 베이징과 상하이 같은 대도시를 중심으로 산책 시 목줄을 달지 않거나 개똥을 방치하는 견주에게 법적 책임을 묻기 시작한 것도 이와 같은 맥락에서 이해할 수 있다. 성숙한 펫시터라면 이런 사회적 합의가 얼마나 절실한지 잘 알 것이다.

이와 함께 우리나라도 반려인 가구에 세금을 부과하는 세계적인 추세에 보조를 맞추는 정책을 준비 중인 것으로 알려졌다. 농림축산식품부는 2020년 1월 발표한 「2020~2024년 동물복지 종합계획」을 통해 2022년부터 반려동물 보유세, 개 양육세, 또는 부담금이나 동물복지 기금 등을 도입하는 방안을 검토하고 있음을 공개적으로 밝혔다. 해마다 버려지는 유기견의 개체 수가 증가하면서 이와 관련된 사회적 비용이 늘어나자, 정부가 나서서 반려동물을 보유한 가구가 일정 비용을 부담하도록 하는 제도적 장치를 마련하겠다는 것이다. 이를 두고 여러 관계기관과 반려동물 단체들의 의견을 청취하여 지자체 동물보호센터와 전문기관 운영비로 세금을 활용하는 방안을 마련하겠다는 청사진을 제시했다. 아직 시기상조라는 측과 떳떳하게 반려동물을 키우자는 측이 팽팽하게 맞서고 있는데, 현장에서는 대부분 시간문제라는 입장이다. 조만간 강아지를 키우는 데에도 세금이 부과되는 시대가 올 것 같다.

반려동물에게도 복지를

하지만 이러한 논의만큼 반려동물의 복지를 고민하는 일도 중요하다. 사람들은 반려동물을 '소비'의 관점에서만 바라보는 데에 익숙해 있다. 반려인들 중에도 반려동물을 반려자라는 인식보다는 은연중에 사고파는 상품으로 이해하는 이들이 있다. 2016년, 우리나라 모 TV에 방영되어 전 국민의 공분을 샀던 '강아지 공장'의 참혹한 실태도 반려동물을 지극히 상업적 관점에서 이해하고 있는 우리 사회의 민낯을 보여주는 단적인 예에 불과하다. 좁고 불결한 철창 안에 갇혀 발정제를 맞고 교미만 하다가 폐품처럼 버려지는 개들은 인간의 탐욕이 얼마나 무서운지 알려준다. 앙상하게 뼈만 남은 강아지를 영상에서 보고 많은 국민들이 커다란 충격을 받았지만, 당시 번식업자는 동물용 마취제를 불법 유통시킨 부분만 처벌받았을 뿐이다. 선진 반려문화를 자부하는 미국에서조차 전국에 약 1만여 곳의 강아지 공장이 있는 것으로 추산하고 있으니 우리나라에는 지금 이 순간에도 얼마나 많은 강아지 공장들이 24시간 돌아가고 있을까? 멀리서 강아지들의 비명소리가 들려오는 듯하다.

이처럼 반려동물을 사고파는 과정에 상업적 논리가 개입되면서 아직도 전국에는 반려견을 진열해놓고 판매하는 애견샵과 번식장이 성업 중이다. 정부에 의해 실태조차 파악되지 않는 불법 사육장에서 만들어진 각종 강아지들이 전국에 실핏줄처럼 뻗어 있는 공급망을 통해 오늘도 버젓이 유통되고 있다. 2018년에는 모 반려동물단체가 단독으로 전국에 불법 도살장 25곳을 찾아내 고발 조치하기도 했다. 그 단체가 찾아낸 도살장에는 비좁은 '뜬장지면에서 떨어져 있는 개 철장' 하나에 네댓 마리의 개를 사육하는 곳이 수두룩했다. 한쪽에는 개를 잡기 위한 도구와 사체가 비위생적인 상태로 방치돼 있었고, 앙상하게 뼈만 남은 종견들은 썩은 분뇨에 남은 사료가 섞인 가축장에 묶여 쓸쓸히 죽음을 기다리고 있었다. 단체의 접근에 반발하며 당시 도살장 주인들은 "우리나라에 관계법령이 없다."며 배째라는 식으로 도리어 큰소리를 쳤다.(그런데 사실은 관계법령이 있다. 동물보호법 제8조 제1항 제1호와 2호에서는 잔인한 방법으로 동물을 죽음에 이르게 할 수 없다고 되어 있고, 제10조 제1항에서는 도살 과정에서 불필요한 고통이나 공포, 스트레스를 주어서는 안 된다고 명시되어 있다.)

물론 수요가 있으니 공급이 따라간다. 한쪽 코너에 애견샵을 갖추고 있지 않은 대형마트들을 찾아보기 힘들다. 오늘도 동네마다 골목마다 쇼윈도에 진열된 강아지들이 팔아 넘겨지기를 기다리고 있다. 최근에는 인터넷으로 반려동물을 구입할 수 있는 사이트와 모바일 앱이 젊은이들 사이에서 큰 인기를 누리고 있다. 유기견센터에는 버려진 강아지들로 넘쳐나지만, 사람들은 마치 휴대폰 갈아치우듯 강아지를 소비하고 교체한다. 만난 지 100일 되는 기념일에 미니어처 강아지를 선물로 주고받던 연인들이 헤어지면 강아지도 덩달아 버려진다. 싱글일 때는 애지중지 키우던 반려견을 결혼하면서 버리고, 부부에게 아기가 태어나면서 거치적거린다고 그동안 잘 기르던 강아지를 유기한다.(이런 편견은 사실일까? 2012년 한 연구에 따르면, 정반대의 결과가 밝혀졌다. 반려동물을 키우는 집과 그렇지 않은 집의 약 400명의 유아들을 대상으로 생후 1년 동안 일주일 단위로 질병

상태를 연구한 결과, 반려동물과 함께 생활한 유아들이 기침과 콧물, 귀병 등에 걸리는 비율이 그렇지 않은 유아들보다 44% 낮았으며 항생제를 투여받은 비율도 29% 낮았다. 2013년 한 연구 역시 반려견의 털에 묻은 생활 먼지는 오히려 아이들의 알레르기 및 천식에 대한 면역력을 키워주고 반려동물을 두 마리 이상 키우는 집의 아이들은 아토피에 걸릴 확률도 낮다는 결론에 도달했다.)

이쯤에서 '반려伴侶'의 개념을 다시 한번 생각해 볼 필요가 있다. 생명은 살아 숨 쉬는 것이다. 이리저리 떠넘겨질 수 있는 물건이 아니다. 철학자 칸트는 "동물을 다루는 것을 보면 그 사람의 성품을 판단할 수 있다."고 말했다. 강아지는 애견업자에게 돈을 주고 상품으로 판매되는 것보다는 유기견센터나 동물보호소를 통해 반려견으로 입양되는 것이 바람직하다. 입양할 때는 즉흥적인 기분이나 순간의 감정으로 고르지 말고 고민에 고민을 더해야 한다. 그리고 한번 반려견으로 선택했다면, 그 강아지가 세상을 떠날 때까지 함께 하겠노라고 결심해야 한다. 장난삼아 개의 꽁무니에 불을 붙이거나 개에 목줄을 달고 자동차로 끌고 가는 엽기적인 행위만큼이나, 기르던 개를 거리에 유기하고 방치하는 행위도 동일한 수준의 동물학대에 해당한다는 것을 명심해야 한다.

특히 우리나라에서는 식용견에 대한 논란도 끊이지 않고 있다. 얼마 전까지만 해도 성남 모란시장은 최대 식용견 유통의 중심지로 매년 복날이면 개고기를 사러 온 사람들로 장사진을 이뤘다. 하지만 2016년 성남시가 모란시장의 위상과 품격을 헤친다는 이유로 도축업자와 개고기 판매업자를 정리하는 사업을 진행한 덕분에 개고기는 자취를 감췄다. 하지만 개고기 문화는 사라지지 않고 여전히 우리 주변에 남아 있다. 최근에 할리우드의 모 배우가 방한하여 대규모 개고기 반대집회를 갖는 것을 보면서 이제는 개에 대한 사회적 인식을 제고할 필요가 있다고 느낀다. 오늘도 상점에서 강아지가 팔리는 이 현실이 바뀌지 않는 한, 그리고 영양탕이나 사철탕이라는 이름으로 개를 먹는 보신문화가 없어지지 않는 한, 아마 반려동물의 복지와 웰빙은 더 요원할지 모른다.

이번 장에서는...

강아지의 마음을 읽는 방법, 카밍시그널과

동물행동에 관한 이해를 높일 시간입니다.

제7장

강아지의 언어를 이해하게 되었어요 : 카밍시그널

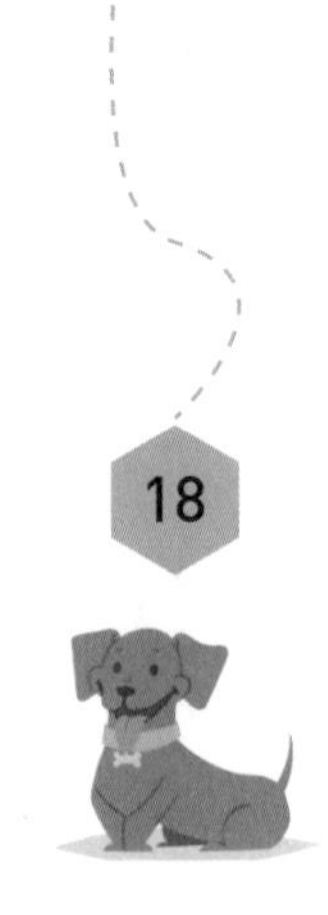

몸짓 언어를 이해하면 강아지의 마음이 들린다

각 번호의 그림마다 질문에 해당하는 쪽을 찾아보자.

❶ 오른쪽과 왼쪽 중 누가 더 직위가 높은가?

❷ 오른쪽과 왼쪽 중 누가 면접에 합격한 사람인가?

❸ 오른쪽과 왼쪽 중 어떤 남매가 소통이 안 되고 있는가?

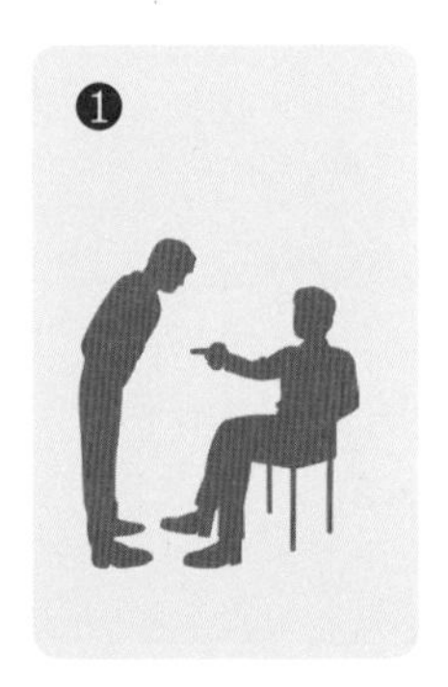

답은 모두 오른쪽이다. 우리는 금방 정답을 고를 수 있다. 표정이나 생김새도 전혀 알 수 없는 실루엣뿐이지만, 우리는 그림자만 보고도 실수 없이 둘의 관계를 알 수 있다. 음성 정보도 문자 정보도 없이 과연 무엇으로 이들의 관계를 예측할 수 있었을까? 그렇다. 바로 몸짓이다. 나라와 인종, 나이와 남녀의 구분과 상관없이 겉으로 드러난 전형적인 몸짓만 가지고도 우리는 거의 자동적으로 정황과 관계를 파악한다.

아무리 거짓말을 잘하는 사람이라 해도 몸짓은 그 사람의 속마음을 다 드러낸다. 겉으로 아무리 이중언어를 쓰더라도 표정과 몸짓은 감정을 비껴가지 않는다. 상대방이 나에게 거짓말을 하는지 아닌지, 나에게 관심이 있는지 없는지 우리가 본능적으로 알 수 있는 이유는 그의 행동에 본심이 다 드러나기 때문이다. 그래서 "잘했다."는 말도 몸의 중심이 상대를 향하며 손뼉 치며 말하면 칭찬이 되지만, 몸의 중심이 뒤로 간 채 팔짱 끼며 말하면 비꼬는 듯 들릴 수 있다. 사람은 무의식중에 자신의 심리를 시그널로 나타내기 때문에 바디랭귀지를 빨리 포착해서 상대의 본심을 제대로 파악할 수만 있다면 인간관계에서 큰 무기를 갖게 되는 셈이다.

언어를 사용하지 않는 동물은 더더욱 그렇다. 동물의 몸짓에는 수많은 단서가 숨어 있다. 우리와는 다른 동물의 몸짓언어에 대해 더 많이 배우고 경험할수록 동물들과의 소통이 원활해지기 때문에 더 많은 교감을 할 수 있으며 소통의 부재로 일어날 수 있는 수많은 사고와 문제들을 미연에 막을 수 있다. 반려견을 키우는 반려인들도 마찬가지이다. 몸짓언어를 제대로 활용할 수 있다면 어쩌면 펫시터로서, 아니 반려견을 사랑하는 보호자로서 살아가는 데 가장 강력한 무기를 갖게 될 것이다.

몸이 말보다 더 많은 이야기를 한다

'너의 말을 알아들을 수 있다면.'

강아지를 길러 본 보호자라면, 한 번쯤 이런 소망을 가져보았을 것이다. 어떨 때는 말하지 않아도 다 알고 있는 것처럼 능구렁이 같이 굴다가도, 어떨 때는 했던 말을 반복하고 재차 반복해도 도통 알아듣지 못하는 맹추가 따로 없는 것 같다. 때로 너무 답답해 강아지의 마음속으로 들어가 보고 싶은 적이 한두 번이 아니다. 낑낑대며 아플 때는 어디가 아픈지 어디가 불편한지 물어보고 싶고, 밥도 안 먹고 한쪽에 축 늘어져 있을 때는 원하는 것이 뭔지 말을 걸어 보고 싶다.

전선이며 플라스틱이며 방 안에 있는 기물들은 죄다 물어뜯어서 눈물 쏙 빼놓을 정도로 따끔하게 혼을 낼 때는 세상 못 말리는 천덕꾸러기지만, 한동안 조용해서 뭐하고 있나 쳐다보면 구석탱이에 누워 고개를 갸우뚱하며 언제 혼났냐는 듯 나를 보고 꼬리를 흔드는 녀석을 보고 그만 울음이 터지고 만다. 매번 목욕이라도 시키려 하면 누가 들으면 몽둥이로 개 잡는다고 착각할 정도로 세상 떠나갈 듯 곡소리를 해대는 통에 한 번도 마음 편히 녀석을 닦아줄 수 없었고, 병원에서 주사 한 번 맞히려 하면 미리 돈가스 곱빼기는 시켜줘야 마지못해 엉덩이를 허락하는 녀석 때문에 배꼽을 잡고 웃었던 적도 많다.

반려견과의 소통은 진정 불가능할까? 우리에겐 믿는 구석이 있다. 미국 UCLA대학의 심리학 교수인 앨버트 메라비언Albert Mehrabian은 자신의 저서 『침묵의 메시지』에서 일상 대화 중에 바디랭귀지의 중요성을 말했다. 그는 인간사회에서조차 입을 통해 전달되는 메시지는 고작 대화의 7%밖에 되지 않으며, 나머지 93%가 시각이나 청각과 같은 말로 되어 있지 않은 '침묵의 메시지'로 채워져 있다고 주장했다.

말하는 사람의 자세나 용모, 손동작 같은 제스처가 55%로 대화의 가장 많은 부분을 차지하고, 목소리나 음색, 어조 등 청각적 요소가 38%를 담당한다는 것이다. 그래서 우리는 본능적으로 상대방의 바디랭귀지를 통해 언어 아래에 놓인 정보들을 얻을 수 있다고 한다.

우리가 이렇게 침묵의 메시지를 능숙하게 다룰 수 있는 이유는 언어가 출현하기 이전부터 가지고 있었던 동물적인 본능에서 유래한다고 볼 수 있다. 오랜 진화 과정을 통해 사람은 언어와 함께 많은 비언어적 대화를 익혀왔다. 그런 의미에서 인간과 개는 같은 진화 과정을 거쳤다. 우리가 기르는 반려견들 또한 바디랭귀지를 통해 의사소통을 할 수 있기 때문이다. 개도 자신의 감정과 의도를 주위 사람들에게 전달할 수 있는 언어를 가지고 있다. 비록 개들이 소리와 신호를 사용하기도 하지만, 그들이 보내는 많은 정보는 그들의 신체언어, 즉 그들의 바디랭귀지를 통해 전달된다.

그렇다면 강아지의 바디랭귀지는 어떤 형식일까? 강아지가 보내는 신호는 모스부호나 암호가 아니다. 복잡한 체계나 까다로운 구조를 띠고 있지도 않다. 강아지의 언어는 꼬리와 몸, 그리고 입 모양을 가지고 90%가 전달되기 때문이다. 물론 컹컹 짖는 소리나 낑낑대는 울음에서도 개의 감정과 의사를 느낄 수 있지만, 강아지는 대부분의 의사표현을 침묵의 메시지에 의지한다. 이렇게 강아지가 쓰는 침묵의 메시지를 '카밍시그널'이라고 한다. 카밍시그널은 인간과 반려견을 이어주는 감정선이다. 이 감정선을 놓치면 반려견과 인간의 관계도 끊어진다.

'행동이 말보다 더 큰 소리로 말한다.'라는 영국 속담이 있다. 반려견의 언어에 대해 이보다 더 정확한 표현이 따로 없는 것 같다. 인간만 언어가 있는 것이 아니다. 개에게도 나름의 언어가 있다. 단지 입이 아닌 몸으로 말할 뿐이다. 누구라도 개의 바디랭귀지를 이해할 수 있다면 반려견과 보다 친밀한 관계를 맺을 수 있다. 사람도 마음에 드는 사람에게는 몸을 돌려 그의 말을 경청하고 대화 중에 연신 고개를 끄덕인다.

사소한 농담에 웃고 추임새를 넣기도 한다. 반면 마음에 들지 않는 사람이라면 몸을 뒤로 젖히거나 팔짱을 끼고 그의 말을 듣는 둥 마는 둥 한다. 개 역시 동일한 몸짓언어를 사람에게 보낸다. 그리고 여기에는 일정한 문법이 있다.

반려견이 보내는 신호에 민감해지기

개들은 주인에게 일정한 커뮤니케이션 신호를 보내는데, 이는 마치 아무 말도 하지 못하는 신생아가 자신의 엄마에게 보내는 신호와 유사하다. 개들의 대화 방식에는 청각적 커뮤니케이션과 시각적 커뮤니케이션, 후각적 커뮤니케이션이 있다. 개들은 귀와 눈, 코를 언어처럼 사용한다는 것이다. 표정 · 귀 각도 · 눈 흰자 면적 · 눈동자 위치 · 눈 주름 · 털 세움 · 꼬리 각도와 움직임 · 다리 높낮이 · 몸 전체의 높낮이와 경직도 · 발의 움직임 · 입 주위 근육 등에서 시각적 커뮤니케이션을, 마킹 냄새 · 발정 호르몬 냄새 · 변에서 나는 냄새 등에서 후각적 커뮤니케이션을, 으르렁거리는 소리 · 짖는 소리 · 낑낑거리는 소리에서 청각적 커뮤니케이션을 확보할 수 있다.

한편, 시그널은 위에 열거한 여러 커뮤니케이션 중 몸짓으로 자신의 감정을 나타내는 일종의 감정 신호emotional signals이자 언어이다. 우리나라에서 요즘 많이 화제가 되고 있는 '카밍시그널'은 이러한 개들이 보내는 다양한 감정 신호 중 하나에 속한다. TV나 매체의 영향 때문인지 개들이 드러내는 시그널이 모두 카밍시그널인 것처럼 착각하는 분들이 있는데, 엄밀히 말하면 그렇지 않다. 카밍시그널은 개들이 표현하는 여러 다양한 시그널 중 하나로, 개가 스트레스를 받거나 불편할 때, 두려움을 느낄 때, 자기 스스로는 물론 상대를 진정시키기 위해 사용하는 진정 신호를 뜻한다.

개의 짖는 소리를 인간의 언어로 번역할 수 있다?!

미국 매사추세츠대학의 동물행동학 교수 캐서린 로드와 동료들은 개의 짖는 소리를 구분하여 번역할 수 있다고 발표했다. 심지어 브리티시컬럼비아대학의 심리학 교수 스탠리 코렌은 이러한 개 짖는 소리를 분류하여 용어집도 만들었다. 그는 개의 짖는 행위를 음의 고저와 길이, 그리고 빈도로 구분하고 이 세 가지 요소가 결합하여 개의 정서와 의도를 알아낼 수 있다고 주장했다. 개의 그르르~으르렁거리는 저음의 소리는 보통 위협, 분노, 공격 가능성을 나타내기 때문에, "당장 나에게서 떨어져."라는 말로 해석될 수 있다. 반면 캉캉~ 왈왈~처럼 높은 음조의 소리는 그와 정반대의 의도를 의미할 수 있다. 또한 그에 따르면, 개 짖는 소리가 길어질수록 개는 앞으로 무슨 일이 일어날지에 대해 의식적인 결정을 내릴 가능성이 더 높다고 한다. 수컷의 위협적인 으르렁거림은 저음이면서 길고 지속적인 경우가 많다. 자주 그리고 빠른 속도로 반복되는 짖음은 흥분과 급박함의 정도를 나타낸다.

카밍시그널을 체계적으로 관찰하고 정리한 사람은 노르웨이의 반려견 훈련사 투리드 루가스Turid Rugaas 여사이다. 그녀는 반려견이 집중적으로 보여주는 신체적 감정신호에 주목하고, 이를 자신의 책 『개와의 의사소통』에서 처음으로 '카밍시그널'이라 명명했다. 사실 카밍시그널 이전에 이미 바디랭귀지를 통해서 상대 공격 성향을 멈추게 한다는 소위 '컷오프 시그널Cut-off Signal'이라는 개념이 제안되었다. 1990년대에 들어와 늑대의 바디랭귀지를 연구하던 학자들은 컷오프 시그널이 오직 늑대에게만 있고 개에게는 없다고 여겨왔다. 하지만 루가드 여사는 개들이 컷오프, 즉 '차단' 신호뿐 아니라 카밍, 즉 '진정' 신호를 이용하여 상대의 공격을 무마한다는 사실을 밝혔다. 그녀는 일찍이 반려견들을 위한 자연적인 훈련법을 개발하여 이를 시

투리드 루가스 여사와 그녀의 반려견 맥켄지

행하는 가운데 이러한 30여 개의 보편적인 시그널들을 찾아내었다. 그녀는 사람도 이러한 개의 카밍시그널을 활용할 수 있다고 보고 이를 한눈에 알아볼 수 있도록 도표화했다. 이후 카밍시그널은 전 세계 훈련사와 반려인들에게 널리 수용되었으며, 우리나라에도 모 훈련사에 의해 TV 프로그램에 소개되면서 대중에게 알려졌다.

하지만 루가스 여사는 자신의 이론을 학문적으로 뒷받침하지 못했다. 학계에서 카밍시그널이 과학적으로 연구된 것은 그녀가 이론을 발표한 지 12년이 지나서였다. 2017년, 이탈리아의 수의학과 연구진들이 카밍시그널의 존재 여부와 그 효과를 전문적으로 실험했다. 그들은 루가스 여사가 카밍시그널로 간주한 행동을 과학적으로 조사하기 위해 12마리의 암컷과 같은 수의 수컷을 놓고 관찰을 진행했다. 5분간 목줄을 하지 않고 드러낸 2,130가지의 행동 중에서 공격 성향이 어떻게 드러나는지 파악하기 위해 같은 성별의 친숙한 개와 친숙하지 않은 개, 다른 성별의 친숙한 개와 친숙하지 않은 개를 각기 마주하게 했다.

이론대로라면, 안면이 있는 개들보다 낯선 개들 사이에서 카밍시그널을 더 활발하게 드러내야 할 것이다. 모두 109차례의 공격적인 행동이 실험 과정에서 나타났는데, 연구진들은 그중 카밍시그널을 전달한 상대에게 공격적인 행동을 보인 사례가 단 한 건도 없었던 사실을 알아내었다. 공격적 행동을 보인 67%의 사례에서 공격을 당한 강아지가 공격을 가한 상대에게 카밍시그널을 보인 것으로 드러났다. 상대의 공격을 무마하기 위해 카밍시그널을 보였다고 해석할 수 있는 부분이다. 이로써 카밍시그널이 실제로 사회화 과정에 활용될 여지가 있으며 반려견의 공격적인 행동을 예방하는 데도 도움이 된다는 사실을 과학적으로 입증했다.

❶ 꼬리로 말해요

원래 개의 꼬리는 몸의 균형을 유지하고 올바른 동작을 구사할 때 사용하는 신체의 요긴한 부분이다. 개에게 꼬리가 있기 때문에 높은 곳에서 좁은 면적의 공간을 지날 때 몸이 흔들리지 않고 건너갈 수 있다. 마치 평균대의 체조 선수가 두 팔을 벌리거나 줄타기 고수가 손에 장대를 들고 좌우 균형을 잡는 이치와 같다고 보면 된다. 또한 개가 달리는 도중에 갑자기 방향을 전환할 때도 꼬리가 서로 반대되는 상반신과 하반신의 중심을 잡아준다.

이러한 신체상 목적 말고도 개는 꼬리를 통해 감정과 의사를 전달하는 매우 중요한 목적을 갖는다. 개들의 의사소통에 있어 꼬리가 얼마나 중요한지는 꼬리가 짧은 개에게서 확인할 수 있다. 개들 중에는 선천적으로 꼬리가 짧거나 인위적으로 수술을 하여 꼬리가 없을 수 있는데, 이 때문에 이들은 의사소통에 어려움을 겪는다. 주로 경비견이나 경찰견 등 특수목적견들은 최대한 상대에게 자신의 감정을 노출시키지 못하도록 꼬리를 잘라준다. 그도 그럴 것이 경비견이나 경찰견은 재산을 지키고 지역을 경비하는 임무를 맡고 있는데, 누군가 왔다고 꼬리를 치거나 무섭다고 꼬리를 내리면 안 되기 때문이다. 반면 사냥견 같은 경우도 일부러 꼬리를 자르는 견종인데, 이는 작업 도중 숲이나 나뭇가지에 꼬리를 다치지 않게, 혹은 야생동물에게 물리지 않게 하기 위해서이다.

하지만 이 때문에 꼬리가 없는 개들은 다른 개체와 만났을 때 본의 아니게 의사소통에 문제를 갖게 된다. 자기 딴에는 열심히 꼬리를 치며 인사해도 겉으로 드러나지

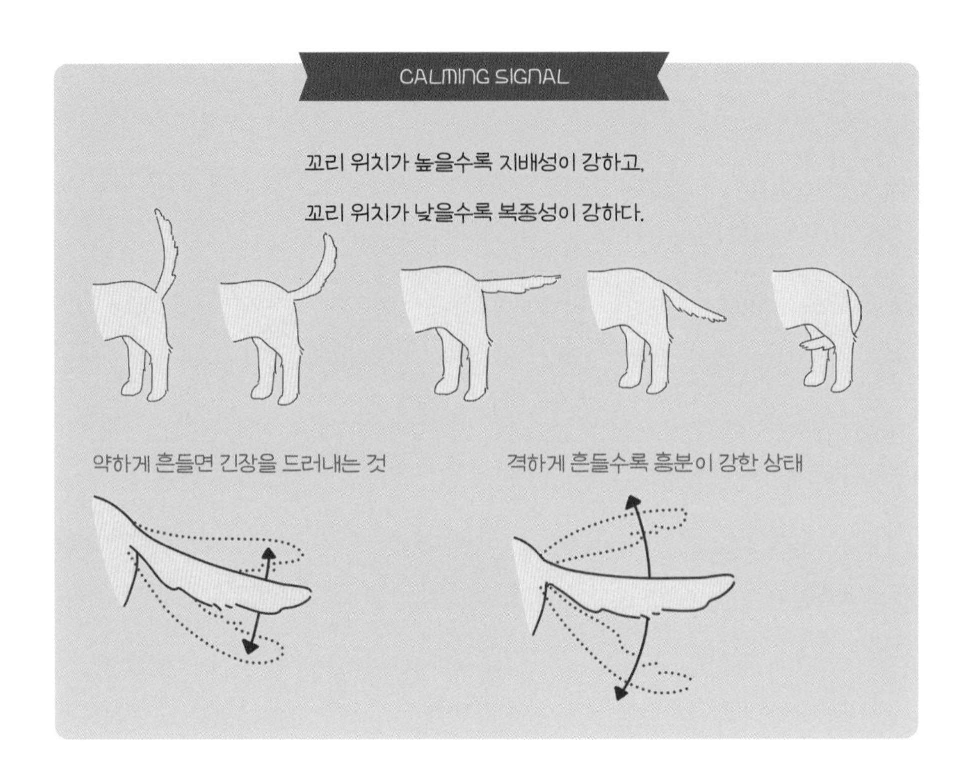

않기 때문에 상대가 오해하여 종종 싸움이 일어나기도 한다. 개에게 꼬리가 없다는 것은 마치 사람이 혀가 잘린 것과 같다. 이처럼 꼬리는 개에게 없어선 안 될 절대적인 의사소통 도구이다.

강아지의 마음을 읽는 법 꼬리의 높이와 움직임을 통해 개의 현재 감정과 의사를 읽어낼 수 있다. 꼬리를 통해 지배성이나 우위성, 불쾌감이나 복종 신호를 보낼 수 있고, 지금 기쁜지 우울한지, 행복한지 심심한지 드러낼 수 있다. 한마디로 개의 꼬리는 감정 신호의 압축판이라 할 수 있다. 기본적으로 꼬리 위치가 높을수록 지배성이 강하고, 꼬리 위치가 낮을수록 복종성이 강하다.

꼬리를 흔드는 방식은 감정의 상태를 나타낸다. 꼬리를 격하게 흔들 때는 흥분 정도가 높은 것이고, 꼬리가 미세하게 흔들릴 때는 긴장을 드러내는 것이다. 꼬리를 세웠다면 위협이나 공격의 의미를, 꼬리를 크게 흔들고 돌린다면 우호적 의미를 보이는 것이다.

❷ 편안하고 기분 좋아요

댕댕이의 웃는 모습만 봐도 하루가 행복해지는 경험을 반려인이라면 다들 해보았을 것이다. SNS에는 강아지가 사람처럼 활짝 웃는 짤들이 돌아다니고, 잠깐만 유튜브를 검색해도 주인의 표정을 보고 함께 울고 웃는 댕댕이의 영상들이 넘쳐난다. 강아지는 행복하면 정말 어떤 표정을 지을까? 놀랍게도 행복한 강아지는 사람의 얼굴과 매우 흡사한 표정을 짓는다. 오랜 시간을 두고 진화의 과정을 거치면서 개는 얼굴 근육을 인간의 표정 변화에 맞춰 발달시켜왔고, 그 결과 오늘날 우리 주변에서 흔히 볼 수 있는 '미소천사'로 거듭나게 된 것이다.

댕댕이의 행복은 사람의 행복과 큰 차이가 없다. 그리고 그 모습은 고스란히 강아지의 몸짓으로 드러난다. 일반적으로 행복한 개는 입을 약간 벌리고 꼬리를 천천히 횡으로 흔든다. 편안한 자세를 가지며 행복한 눈빛을 발사한다. 반면 귀를 빳빳하게 세우거나 꼬리가 팽팽하게 서 있는 강아지는 행복감과는 거리가 먼 정서를 표현하고 있는 것이다. 마음이 행복한 개는 기본적으로 파괴적인 행동을 보이지 않는다. 보통 건강한 식욕을 가지고 있으며 육체적으로나 정서적으로 만족감을 표시한다. 주인에게 다가가 몸을 비비거나 팔을 얹는 등 스킨십을 시도하기도 한다. 혹은 놀이인사를 하기도 한다. 품종과 나이, 건강과 같은 요소들이 강아지의 행동에 영향을 줄 수 있을 것이다. 물론 강아지가 지닌 성격에 따라 행복감을 표현하는 데 변화를 줄 수도 있다. 하지만 일반적으로 행복한 개는 편안하게 보일 것이고 문제행동을 표출하지

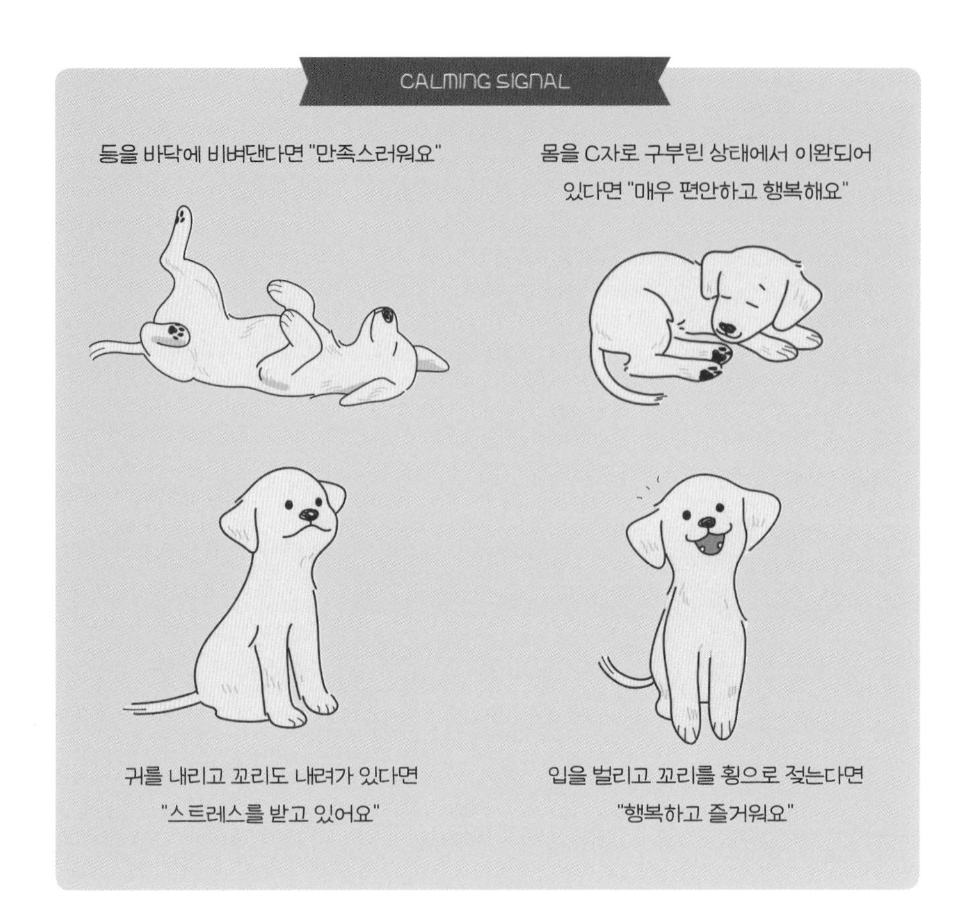

않을 것이 뻔하다.

강아지의 마음을 읽는 법 강아지의 감정 상태는 신체적으로 그대로 드러난다. 전체적으로 몸을 C자 형태로 구부린 상태에서 근육의 긴장이 없고 몸은 이완되어 있으며, 입이 느슨하게 벌어져 있고 살짝 혀가 나오거나 보일 수 있다. 숨도 매우 고르고 안정적이며 긴장감 없이 부드러운 눈빛으로 보호자와 아이콘택트를 한다면 강아지는 지금 매우 편안하고 행복한 상태라고 할 수 있다. 대개 식사나 주인과 재미있는 활동을 하고 난 후에 만족감을 나타내는 표현으로 위를 향해 드러누워 바닥에 등을 비벼대는 경우도 있다.

❸ 우리 같이 놀아요

동료 강아지나 주인에게 놀아달라고 신호를 보낼 때 반려견들은 어떤 모습을 보여줄까? 대부분의 개들은 소위 '놀이인사play bow'를 한다. 앞다리는 내리고 뒷다리와 엉덩이는 위로 세운다. 기쁘게 꼬리를 흔들고, 빙글빙글 돌린다. 또는 등을 돌리고 몸을 뒤집어 눕는다. 간혹 상대가 미온적인 반응을 보일 때는 컹컹 짖으며 어서 놀아 달라고 재촉한다. '어서 나랑 놀아줘요. 현기증 난단 말이에요.' 장난치고 놀고 싶은 상태의 반려견들은 때로 장난처럼 목덜미나 등을 물기도 하고 가볍게 으르렁거리기도 한다. 이러한 놀이인사가 무슨 뜻인지 모르는 개들은 놀자고 달려오는 개를 오해하여 공격받는 줄 알고 도망가거나 역으로 공세를 취하며 상대를 위협한다. 즉 '놀이신호를 모르면 콩트도 다큐로 받는다.' 혹은 '웃자고 한 말에 죽자고 덤빈다.'라는 우스갯소리의 주인공이 되는 것이다.

가수 양희은의 노래 「백구」에는 이러한 놀이 과정에 들어가는 개들의 전형적인 태도가 묘사되어 있다. "내가 아주 어릴 때였나. 우리 집에 살던 백구는 나만 보면 괜히 으르렁~ 하고 심술을 부렸지." 개의 놀이인사는 사실 '심술'이 아니라 자신과 놀아달라는 적극적인 '구애'의 표현이다. 머리를 낮추고 절하거나 손을 들어 올리며 상대를 부르거나 몸을 뒤집기도 한다. 내가 코코에게서 하루에도 여러 번 보는 모습이다.

강아지의 마음을 읽는 법 우리나라의 경우, 분양을 위해 새끼를 너무 일찍 어미와 떨어뜨려 놓기 때문에 마땅히 습득해야 할 이런 시그널을 알지 못하는 강아지들

이 많다. 앞다리는 내리고 뒷다리와 엉덩이는 세우는 대표적인 놀이인사는 상대를 놀이에 초대하는 동작이면서 동시에 사냥감을 유인하기 위해 사용되는 신호이기도 하다. 특히 겁이 많은 개나 어린 개가 덩치가 크거나 나이 많은 개와 선뜻 못 어울릴 때 자세를 낮춰줌으로써 해칠 의사가 없음을 보여주는 용도로 쓰인다. 많은 보호자들 이 자신의 개가 공이나 장난감을 가져와 던져 달라거나 터그놀이를 하자고 조르는 경우를 보았을 것이다. 필자의 경우, 휴일에 산책 때를 넘기면서 장시간 책상에 앉아서 컴퓨터로 작업을 하고 있으면 럭키가 와서 손으로 툭툭 나의 허벅지를 건드리며 놀아달라고 한다. 혹은 평소 짖거나 낑낑거리지도 않는 녀석이 끄엉~하며 단순한 소리를 내어 필자의 주의를 끌기도 한다.

❹ 나 지금 화났어요

강아지가 화가 났을 때 어떤 반응을 보일까? 행복감을 표현하는 시그널이 존재하듯이, 화가 나서 공격성을 보일 때도 개가 드러내는 신체적 징후들이 있다. 강아지가 귀를 앞쪽으로 세우거나 꼬리를 바짝 세운다면 우선 대상에게 경계심을 드러내고 있는 것이다. 이보다 한 단계 더 높은 시그널은 귀가 뒤로 접혀지며 이빨을 드러낼 때이다. 미 국방성이 전쟁 위협에 대해 각 단계의 데프콘을 발효하는 것에 비유하자면, 이 단계는 전쟁 직전데프콘 1단계이라고 볼 수 있다. 여차하면 달려들 수 있을 정도의 위협을 보인다고 보면 된다.

강아지의 마음을 읽는 법 화가 난 개는 털을 세운다. 바짝 곤두선 등줄기의 털은 자신이 지금 화가 잔뜩 났고, '지금 당장 너의 도전을 받아들여 나도 응하겠다.'라는 의사를 보이는 것이다. 보통 싸우려는 기세를 보일 때 개들은 자신의 몸집을 한껏 부풀리려고 한다. 귀도 쫑긋 세우고, 꼬리고 세우고, 털도 세우고, 다리도 꼿꼿이 서서 상대보다 자신이 더 크게 보이려 한다. 마치 남자들이 싸우기 전에 옷을 벗어 자신의 근육을 보여주어 상대방을 기죽이려고 하는 동작과 유사하다. 여기에 코 위에 주름이 잡히고 입 양 끝이 C자로 벌어져 잇몸이나 치아가 드러나면 공격이 임박했음을 암시한다. 상대에 달려들어 물 준비가 된 개의 꼬리는 높이 똑바로 세운 채 때로 매우 빠르고 횡으로 흔든다. 내 강아지가 어떤 공격성을 보이든 간에, 가장 중요한 것은 무엇이 그런 위협적인 행동을 유발했는지 이해하는 일이다. 개가 공격성을 표하는 이

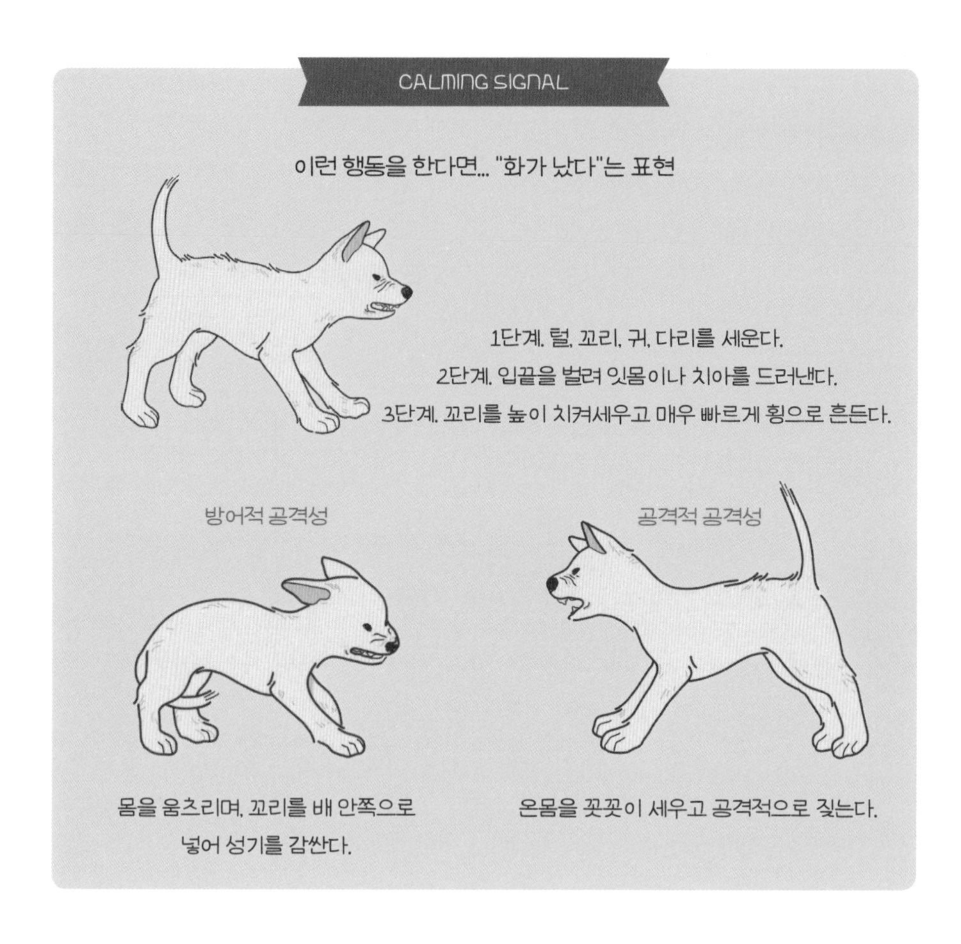

유는 매우 다양하며, 근본적인 원인이 무엇인지 알아야 상황에 더 유연하고 현명하게 대처할 수 있다.

방어적 공격성을 방치하면 위험한 이유 공격성은 공격적 공격성과 방어적 공격성으로 분류할 수 있다. 공격적 공격성은 그리 흔한 케이스는 아니다. 문제는 방어적 형태의 공격성이다.

대부분의 개들은 방어적 공격성부터 시작한다. 방어적으로 행동하는 개는 먼저 공

공격성이 나타나는 열 가지 원인

- 첫째, 사회성 부족으로 인한 공격성.
- 둘째, 환경 자극에 대한 반응으로 인한 공격성.
- 셋째, 유전적 · 기질적 성향에 기인한 공격성.
- 넷째, 과거의 트라우마로 인한 공격성.
- 다섯째, 서열상의 문제를 정리하기 위해 공격성을 드러내는 경우.
- 여섯째, 영역 지키기 위해 공격성을 드러내는 경우.
- 일곱째, 무리를 보호하기 지키기 위해 공격성을 드러내는 경우.
- 여덟째, 신체적 질병이나 통증으로 인해 공격성을 나타내는 경우.
- 아홉째, 분노를 어떤 대상에나 물건에 표출하는 형태의 공격성.
- 열째, 포식성 공격.

격하지 않는다. 분명 몸을 움츠리며 시선을 회피하던지, 성기와 배를 보호하기 위해 꼬리로 감싸며 우위인 개체의 얼굴을 핥거나 공기를 핥아서 자신은 싸울 의사가 없음을 보여준다. 그런데도 그 상황에서 피하지 못하거나 더 이상 물러설 곳이 없다고 판단되면 그들 역시 생존을 위해 싸울 수밖에 없다. 바로 이것이 '벼랑 끝에 몰리면 쥐도 고양이를 문다.'라는 말과 같은 경우이다. 그런데 이런 방어적 공격성의 문제는 경험을 토대로 변질될 수 있다는 점이다. 만일 위급한 상황에서 자신을 지키기 위해 사용한 방어적 공격이 먹혀서 상황이 해결되었다면, 앞으로 그 개는 유사한 상황에서 매번 공격적 자세를 보일 것이다. 한 마디로 공격성이 습관이 되어버린 것이다.

⑤ 나 스트레스받았어요

개들도 사람과 마찬가지로 감정이 있는 고등동물이기 때문에 매우 쉽게 스트레스를 받는다. 개들이 스트레스를 받는 이유는 인간의 그것과 크게 다르지 않다. 우선 일차

적으로 본능적이고 생리적인 욕구, 생존에 필요한 일차적인 조건들이 충족되지 않을 때 스트레스가 발생할 수 있다. 배고픔과 갈증, 더위와 추위, 개인 영역이나 안락한 공간의 부재, 좁고 더러운 공간, 낯선 환경과 낯선 상황, 무료함과 외로움, 종특이적 행동을 발현할 수 없는 환경, 시끄러운 소음, 신체적 질병에 의한 고통, 재난과 재해 등으로 언제든지 스트레스가 주어진다. 그리고 무엇보다도 주인의 무관심은 반려견에게 가장 큰 스트레스 요소이다.

책임감 있는 주인이라면 자신의 반려견이 보내는 스트레스 신호들에 민감해져야 한다. 어떠한 신호들이 개가 스트레스를 받았다는 뜻일까? 현재 필자가 키우고 있는 반려견 럭키는 골든레트리버 수컷인데, 이 녀석의 스트레스 신호는 자신의 앞다리를 핥는 것이었다. 워낙 성격이 밝고 활기찬 아이여서 눈치채지 못했는데 어느 순간 필요 이상으로 자기 왼쪽 앞 다리를 반복적으로 핥는 행동을 보였다. 피부에 이상이 있는지부터 살펴보았으나 다행히 피부에는 아무런 이상이 없었다. 그렇다면 스트레스를 받았다는 것인데 너무 쾌활한 성격이라 스트레스 원인을 찾기 쉽지 않았다. 집 안에서 먹이나 영역을 두고 경쟁을 벌일 만한 대상도 없었고, 누구 하나 귀찮게 하는 사람 역시 없었다.

그 순간 머릿속에 한 가지 생각이 번뜩 스쳐 갔다. 방학이었다. 바로 방학! 이 녀석을 데려온 시기가 바로 한창 개강 시즌인 3~4월이었다. 나는 학교 수업에 늘 럭키와 동행했다. 럭키는 학교 수업에 따라다니는 것을 무척이나 좋아했다. 그도 그럴 것이 학생들이 간식이나 장난감도 주고, 늘 스킨십을 해주며 산책도 시켜주니 럭키 입장에서는 학교가 최고의 놀이터였다. 그러니 학교에 가면 학생들 뒤꽁무니만 졸졸 쫓아다니며 갖은 애교를 부리곤 했다. 필자는 거의 쉬는 날이 없이 일주일 내내 강의가 이어지기 때문에 럭키도 매일 같이 규칙적으로 나와 함께 출근하고 저녁 늦게 퇴근하는 일정을 소화했다. 그러다가 방학이 되니 갑자기 무료해진 것이다. 더군다나 그동안 밀려왔던 책을 쓴다는 핑계로 외부 활동을 거의 잡지 않고 집 안에서 집필에 전념하니 자기 딴에는 스트레스가 쌓였던 모양이다. 반성이 되었다. 그래서 다시 산책 시간을 늘리고 다양한 놀이 활동을 해주며 럭키의 스트레스를 줄여주려 노력했다. 실내에서 밥을 줄 때도 밥그릇에 주지 않고, 5~6개의 작은 그릇에 담아 곳곳에 숨겨두어 노즈워크를 유도했더니 다리를 핥는 상동행동이 감쪽같이 사라졌다.

강아지의 마음을 읽는 법 개들이 스트레스를 받으면, 귀가 머리 뒤로 젖혀지든지

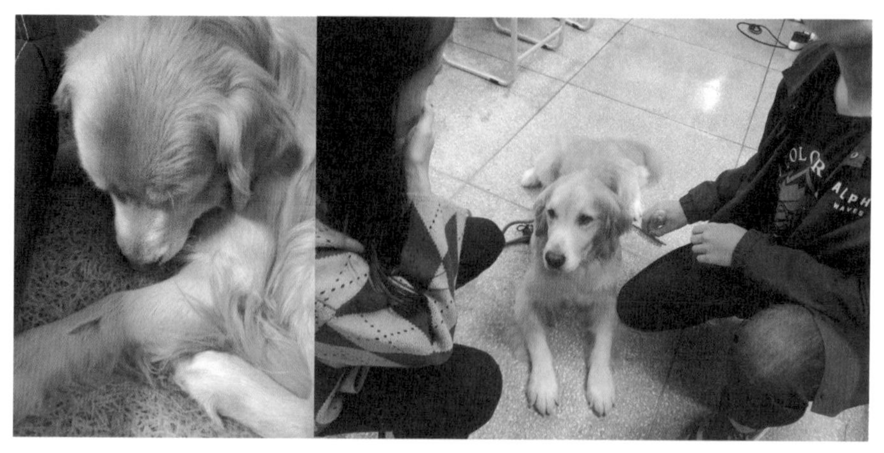

스트레스로 자기 다리를 핥아 피부에 상처가 다 났던 럭키(좌). 출강하는 학교에서 럭키는 학생들 사이에서 단연 인기 최고 연예인이다(우).

평평하게 고정되고, 눈은 흰자가 많이 보이거나 동그란 눈이 반달 모양의 눈으로 바뀐다. 입은 혀를 보이며 숨을 헐떡이다가도 입을 갑자기 꽉 다물기도 한다. 연신 코나 공기를 핥는 동작을 보이고, 한쪽 발을 살짝 들고 있기도 한다. 전반적으로 근육이 긴장되어 자세가 뻣뻣하고, 몸체는 가늘게 떨고 있던지 얼어붙은 듯 움직임이 멈춘다. 신체적으로는 몸에 심한 비듬이 생기거나 소변을 지리거나 갑자기 변이 묽거나 설사를 하기도 한다.

이러한 스트레스나 불안감을 피하기 위한 행동으로 개들은 일정한 '회피반응avoidance reaction'이나 '대체반응replacement reaction'을 보이기도 한다. 대표적인 회피반응으로는 주인에게서 고개를 돌리거나 시선을 회피하는 동작이다. 아예 달아나 사물이나 막힌 공간 안으로 들어가 몸을 숨기기도 한다. 반면 대체반응은 현재의 불편한 상황에 대해 다른 행동으로 주의를 전환하려는 시도이다. 가렵지도 않은데 몸을 긁는다거나 재채기나 하품을 한다. 물기가 묻어있지 않는데도 몸을 바르르 털거나 땅 냄새를 맡는 경우도 있고, 코나 입술을 핥는 경우도 종종 있다.

CALMING SIGNAL

이런 행동을 한다면... "스트레스받고 있다"는 표현

귀가 머리 뒤로 젖혀지거나 고정되고,
몸을 가늘게 떨거나 얼어붙는다.

가려움 요인이 없는데도 몸을 긁거나
재채기를 한다.

코나 입술을 핥는다.

막힌 공간이나 사물 안으로 들어간다.

보호자는 강아지가 최대한 스트레스를 안 받을 수 있는 환경을 만들어주는 것이 제일 중요하다. 새로운 것이나 장소, 혹은 상황은 미리 자연스럽고 힘들지 않게 조금씩 둔감화시켜 적응하게끔 해야 하며, 산책이나 운동 등 개들이 가장 좋아하는 것들을 매일 꾸준히 해줘 스트레스를 줄여줘야 한다.

소리의 높낮이에 따라 말뜻이 다르게 전달된다

개와 인간은 오랫동안 함께 진화를 거듭하며 서로를 이해하는 능력을 발달시켜왔다. 인간은 오랫동안 개를 훈련시켜 청각 명령에 반응하게 했으며, 개는 인간의 말뿐 아니라 어조와 감정까지 이해할 수 있는 단계로 올라섰다. 종종 개는 '무엇을 말하는가what'보다 '어떤 식으로 말하는가how'가 더 중요하다. 주인의 "이리 와!"라는 말만 들어도 주인이 화가 났는지 즐거운지 강아지들은 대번에 알 수 있다. 개들은 목소리 뒤에 숨겨져 있는 나도 모르는 나의 감정을 읽어낼 수 있기 때문이다.

특히 개들은 하이톤에 반응하는 경향이 있다. 보통 강아지들은 고음을 들으면 흥분한다. 고음이 강아지끼리 놀 때 '깽깽~' 하는 울음소리와 비슷하기 때문이다. 그래서 '삑삑~' 소리가 나는 강아지 장난감을 가지고 하루 종일 물고 뜯는 놀이를 좋아하는 것이다. 반대로 낮고 느린 중저음 소리는 개의 행동을 억제하는 효과가 있다. 단 한 번의 낮고 긴 소리는 움직임을 늦추거나 멈추게 하는 효과가 있다. 따라서 개들을 훈련시킬 때 이런 성향을 이용하면 훨씬 좋은 결과를 얻을 수 있다.

냄새로도 내 뜻을 전달한다고?

'호랑이는 죽어서 가죽을 남기고 사람은 죽어서 이름을 남긴다.'라는 말이 있다. 그래서인지 어느 관광지나 놀이동산을 가더라도 '똘이 왔다가다' 혹은 '똘이♡순이' 같은 표시를 바위나 벽에 남긴다. 이렇게 사람은 어느 곳에 가던지 자신의 이름을 남기려 하는데, 개는 과연 무엇을 남기려 할까? 바로 냄새이다. 더 정확하게는 자신의 분변을 남기려고 한다.

주인의 말이 진심인지 아닌지, 개는 구별할 수 있다

개는 주인이 진심을 자신을 칭찬하는지 아니면 영혼 없는 칭찬을 하는지 금방 알 수 있다고 한다. 개들이 주인의 칭찬과 중립적인 어조를 구별할 수 있다는 사실이 최근 연구로 밝혀졌다. 헝가리의 동물행동학자인 아틸라 앤딕스는 "개들은 우리가 말하는 내용과 말하는 방식을 구분할 수 있을 뿐만 아니라, 말의 내용과 억양을 결합시킬 수 있다."고 주장했다. 연구팀은 13마리의 개들이 주인의 말을 들을 때 뇌에 얼마만큼의 혈액이 공급되는지 자기공명영상(fMRI)을 통해 관찰했다. 그들은 개들이 주인이 우호적인 어조와 중립적인 어조를 구분할 수 있는지 실험을 실시했는데, 결과는 놀라웠다. 개들은 긍정적인 어조로 칭찬을 들었을 때만 뇌의 보상센터가 활성화되는 사실을 알아냈다. 앤딕스는 "개에게 좋은 칭찬은 보상으로도 효과가 있지만, 단어와 억양이 모두 일치하면 가장 효과가 좋다."라고 말한다. 이 연구 결과는 2016년 「사이언스」지에 실렸다.

개들에게 분변은 명함과 같은 역할을 한다. 분변에는 성별과 나이, 힘의 세기 등 다양한 정보가 들어있다. 그래서 산책을 하다보면, 굳이 다른 강아지가 오줌을 싼 곳에 가서 그 위에 자신의 오줌을 싸고 덮으려는 아이들이 있다. 마치 경쟁 상대에게 내 구역이라고 경고하듯 말이다.

이처럼 개들이 가장 많이 오줌으로 표시하러 몰려드는 곳은 어디일까? 바로 동네 전봇대나 나무일 것이다. 수컷이나 기질이 센 암컷들에게 수직으로 우뚝 솟은 사물들은 마치 유튜브나 인스타처럼 매우 좋은 정보 전달의 수단이 된다. 일일이 종이 명함을 돌리다가 전봇대를 이용하는 그 순간 온라인으로 내 정보가 세상에 퍼지는 느낌이랄까? 한쪽 다리를 들어 오줌을 싸서 마킹을 하는 행동은 성적 이형性的 異形: 수컷과 암컷이 서로 다르게 행동하는 것으로 같은 종이라도 암수에서 나타나는 형태나 크기, 구조, 색깔 등에서 뚜렷한 차이점을 보임

행동으로 볼 수 있다. 자기가 배설한 분변을 뒷발로 땅을 파서 널리 퍼트리는 행동 역시 냄새를 멀리 퍼트려 자신의 세력권에 대한 정보를 알리는 것으로 성적 이형 행동과 관련이 있다.

분변과 마찬가지로 반려견에게 매우 중요한 신분정보를 담고 있는 신체기관이 바로 항문낭이다. 항문낭에는 강아지들만의 독특한 냄새가 난다. 비유하자면, 사람들 손가락에 있는 지문처럼 저마다 다양한 체취를 갖고 있기 때문에, 산책 중 처음 대면하는 강아지의 항문에 코를 박고 킁킁 냄새를 맡는다면 서로 자기소개를 주고받는 것으로 보면 된다. 후각이 뛰어난 강아지는 서로의 엉덩이 냄새만 맡아도 상대가 암컷인지 수컷인지 임신 중인지 배란 중인지 몸이 좋은지 나쁜지 알 수 있다. 사람들도 처음 만난 사람과 명함을 주고받으며 악수를 나누듯이, 강아지끼리도 서로의 엉덩이에 코를 박고 냄새를 맡으며 인사를 주고받고 상대와의 서열을 정한다. 다른 개가 자신의 항문 냄새를 맡을 때 피하거나 공격하지 않고 가만히 있는 것은 개들 사이에서 암묵적인 매너인 셈이다.

본래 항문낭은 강아지가 똥을 쌀 때 몸 밖으로 부드럽게 배변이 이뤄질 수 있도록 돕는 역할을 한다. 더불어 개들은 항문낭을 통해 여러 의사와 감정, 영역 표시를 할 수 있다. 자신의 배설물과 함께 독특한 냄새를 묻혀 주변 강아지들에게 자신의 영역을 과시하거나 이성의 관심을 끌기 위해 유혹의 시그널을 보내기도 한다. 또한 두려움이나 스트레스, 흥분을 일으키는 어떤 상황을 만나면 독특한 냄새를 분비하여 이를 표시할 수도 있다. 이는 어떤 강아지에게 위협이 될 수도 있고, 때에 따라서는 선전포고도 될 수 있다. 강아지가 이러한 생화학전을 할 수 있는 것은 오랜 진화 과정 중에 냄새를 생존 기술의 하나로 터득했기 때문이다. 해부학적으로 항문낭 주변의

근육을 자유자재로 수축시켜서 냄새를 분출할 수 있는 이러한 능력은 스컹크 같은 동물들에게서 보이는 기관과 기능 면에서 유사하다.

이렇듯 뛰어난 후각 때문에 '개들은 코로 세상을 읽는다.'라는 말도 있고, 그 말을 증명하듯 탐지견들이나 구조견들이 뛰어난 후각을 사용하여 범인이나 실종자도 찾고, 마약같이 위험한 물건도 찾아낸다. 어디 그뿐인가? 주인은 미처 발견하지 못한 자기 몸속의 암 덩어리를 주인의 입에서 나는 냄새로 조기에 발견하여 치료할 수 있었다는 놀라운 이야기도 심심찮게 들을 수 있다. 그동안 이처럼 뛰어난 후각 능력을 우리는 너무 등한시했던 것은 아닐까? 사용할 기회를 주기는커녕, 산책하다가 다른 개가 남긴 냄새를 맡으려 다가가는 반려견을 더럽다며 목줄을 당겨 매섭게 혼내지는 않았는지 곰곰이 생각해볼 필요가 있다.

내 강아지의 카밍시그널 이해하기

항간에 강아지의 마음을 읽고 이를 인간의 언어로 번역해 주는 사람들이 등장했다. 우리나라에서도 모 TV 프로그램에 나와 많은 사람들의 관심을 끌었던 하이디 라이트Heidi Wright가 대표적이다. 카밍시그널이 아닌 텔레파시로 동물의 생각과 감정을 읽어주는 이러한 사람들을 흔히 '애니멀 커뮤니케이터animal communicator'라고 한다. 이들은 반려견과 대화는 물론이고 강아지 사진만 봐도 감정과 기분, 생각까지 알 수 있다고 주장한다. 한 번쯤은 키우고 있는 강아지가 대체 어떤 생각을 하는지 궁금해 하던 전 세계의 보호자들은 그녀에게 돈을 주고 의뢰를 한다.

과연 가능할까? 대체 어떤 방식을 써서 강아지와 대화를 한단 말인가? 자칭 애니멀 커뮤니케이터 리디아 히비Lydia Hiby는 1998년 쓴 『동물과의 대화』라는 책에서 자신이 동물과 대화할 때는 소위 '그림 대화'를 시도한다고 말한다.

"그림 대화는 태어나는 시점부터 말을 하기 시작하는 시점까지 우리가 본능적으로 사용하는 자연스러운 의사소통 방식이다. 하지만 일단 아이가 학교에 들어가면 이 능력은 급격히 퇴보한다. 열린 마음을 갖고 꾸준히 연습하면 이 능력을 되살려서 기술로 갈고 닦는 것이 어렵지 않다고 믿는다."『Conversations With Animals』, p.4

엄마가 옹알이도 못 하는 갓 태어난 아기와도 아무런 불편함 없이 감정과 생각을 교류할 수 있듯이, 어떤 보호자라도 이러한 그림 대화를 통해 반려견과 소통할 수 있다는 주장이다. 심지어 한편에서는 강아지의 이름과 견종, 성별 및 나이만 가지고 타로카드를 뽑아 점을 보는 펫타로도 꾸준히 인기를 얻고 있다.

물론 이런 대화법은 과학적으로 입증되지 않았고 학계에게서도 인정받지 못하고 있다. 동물 사진만 봐도 해당 동물의 마음과 사연까지 알 수 있다고 주장하는 것이 진정 커뮤니케이터의 모습일까? 혹여 점쟁이나 초능력자는 아닐까? 동물행동학이나 응용동물행동학계의 전문가들은 하나같이 그녀를 '탁월한 통찰력 및 행동 분석 능력을 기반으로 자기 홍보성 판타지를 가미한 콘셉트 마케팅 사기꾼'이라고 입을 모은다. 나는 그녀가 실제 사진 속의 동물과 소통을 할 수 있는 능력이 있는지 아니면 말만 번지르르한 사기꾼인지 따위는 관심 없다. 단지 안타까운 것은 '보호자로서 얼마나 절박하면 이런 유사과학에 의지할까?' 싶어서다. 사실 카밍시그널만 알아도 강아지의 속마음을 어느 정도 파악할 수 있기 때문에 입증되지 않은 애니멀 커뮤니케이터에게 괜히 시간과 돈을 낭비할 필요는 없다고 생각한다. 반려견들의 문제행동을 신비적이고 주술적인 과정을 통해 해결하는 것은 때로 위험하기까지 하다. 반면 카밍시그널은 과학적으로 입증되었고, 많은 반려인들의 다양하고 오랜 경험에 의해 검증되었다. 명심하자. 반려견과 가장 많은 시간을 보내게 될 사람, 반려견을 가장 잘 이해할 수 있는 사람은 오직 주인, 바로 당신밖에 없다는 사실을.

지금부터 내 강아지가 보내는 카밍시그널에 관해 구체적으로 알아보도록 하자.

카밍시그널은 왜 필요한가

시그널은 개한테만 있는 것일까? 그렇지 않다. 사람도 카밍시그널을 사용한다. 일례로 나는 긴장을 할 때 자주 머리를 긁적인다. 어릴 때는 손톱을 물어뜯다가 부모님에게 꾸지람도 들었다. 성장하면서 손톱을 뜯는 행동은 사라진 것 같지만, 대신 나도 모르게 머리를 긁적이거나 손톱자국이 남을 때까지 주먹을 꼭 쥐는 경향이 생겼다. 시험을 보는 도중에 모르는 문제가 나올 때는 손으로 볼펜을 팽그르르 돌리는 행동을 한다. 어디 그뿐인가? 실수를 하거나 겸연쩍은 상황에 맞닥뜨리면 혀를 살짝 내밀기도 한다. 이렇듯 우리 모두는 나름의 진정 신호들을 한두 가지씩 가지고 있다.

혹자는 이런 의구심이 들 것이다. 개들이야 말을 못 하니까 그렇다 치고, 언어와 문자를 가지고 소통을 하는 인간이 왜 굳이 이러한 신체적인 시그널을 사용할까? 우리는 그런 행동을 함으로써 일종의 대체 메커니즘으로 자기 자신을 진정시키는 효과를 얻을 수 있고, 더불어 지금 자신이 불편하다는 것을 다른 사람들에게 간접적으로 알릴 수도 있다. 뜻밖의 당황스러운 상황에서 손부채를 만들어 얼굴을 식히는 동작은 '나 지금 당황했거든.'이라는 메시지를 상대에게 전달하고 있는 셈이다. 말로 해서 되는 것이 다르고, 몸으로 해서 되는 것이 다르다.

그렇다면 개들은 왜 카밍시그널을 사용할까?

개는 카밍시그널을 통해 상대에게 '당신을 공격할 의사가 없으니 나를 공격하지 마세요.', '나는 지금 스트레스를 받고 있어요.', '나는 이 상황에서 벗어나고 싶어요.', '괜찮아요, 진정해요.' 등의 의사를 표현한다. 이러한 시그널 중에는 입술 핥기나 씹기, 눈 깜빡이기, 긁기 등과 같이 인간과 개들이 공통적으로 사용하는 것들도 있지만, 인간과 개가 전혀 다른 의미로 사용하는 것들도 있다. 바로 이렇게 전혀 다른 의미를 가지고 있기 때문에 우리는 서로 배우지 않으면 안 된다. 사람이 개들의 신호를 알아야 하고, 개들 역시도 사람이 자주 사용하는 공통된 시그널을 알아야 그 행동이 위협이 아니라는 것을 알 수 있다. 개에게 사람의 여러 시그널들을 미리 이해시키며 둔감화 교육을 해주는 것은 어찌 보면 개에게 예방주사를 맞히는 것과 같다.

카밍시그널의 순기능

- 긴장 완화의 기능 .... 자신의 긴장을 완화한다.
- 진정 신호의 기능 .... 적의가 없음을 알리고 상대를 진정시킨다.
- 공격 차단의 기능 .... 불안이나 불쾌감을 느꼈을 때 자신의 심리상태를 알린다.
- 갈등 중재의 기능 .... 다른 동물이나 사람과 싸움을 멈추게 하고 싶을 때 표현한다.
- 분쟁 회피의 기능 .... 공격이나 위협, 침략할 의사가 없음을 알린다.
- 평화 유지의 기능 .... 구성원끼리 물리적 마찰을 막고, 무리의 평화를 유지한다.
- 의사 전달의 기능 .... 개들에게는 인간처럼 언어의 장벽이란 존재하지 않는다. 국적이 다른 개라도 금세 상대의 의사를 파악할 수 있다.

다양한 의미의 카밍시그널

기본적으로 카밍시그널은 상대가 다른 개이든 사람이든 상대방을 진정시키는 신호이다. 상대에게 적의가 없다는 것을 드러내는 행위이자 자신 이외의 개들이 싸우는 상황을 진정시키고 말리는 효과도 있다. 이러한 카밍시그널에는 크게 세 가지가 있는데, 능동적인 카밍시그널, 수동적인 카밍시그널, 중재적인 카밍시그널이 그것이다.

여기서 주의할 점은 개가 표현하는 카밍시그널을 다른 행동과 구분해야 한다는 것이다. 평상시 반려견을 꾸준히 관찰함으로써 강아지가 하품을 할 때 진짜 졸려서 하는 것인지 카밍시그널인지 알아야 한다.

카밍시그널을 이해하면 더 깊이 있는 교감이 가능하다.

현재까지 밝혀진 카밍시그널은 대략 30여 가지가 넘는다. 하지만 개들이라도 이 시그널을 모두 사용하는 것은 아니다. 개중에는 대단히 풍부한 어휘를 구사하는 개들이 있는가 하면, 단순히 몇 개의 어휘로 살아가는 개들도 있다. 그런 차이가 나는 이유는 무엇일까? 이는 기회의 부족이나 안 좋은 경험에 의해서이다. 만일 시그널을 사용할 기회가 없이 다른 개들이나 사람과 단절된 곳에서 혼자 장시간 살았던 개라면, 본래 구사할 수 있었던 카밍시그널도 쓸 기회가 없기 때문에 점차 그 기능이 쇠퇴할 것이 뻔하다.

또 다른 경우는 과거의 경험과 맞물려 있다. 예를 들면, 주인에게 야단을 맞는 상황에서 개가 카밍시그널을 사용해 주인의 시선을 피하고, 고개를 돌려 외면하면서 주인을 진정시키려 했는데도 주인은 오히려 자기를 무시하는 행동을 한다고 착각하여 더 심하게 혼내는 상황이 반복된다면 어떻게 될까? 그 개는 점차 아무런 효과가 없는 카밍시그널을 쓰게 되지 않게 될 것이고, 그런 불안한 상황에 상대를 진정시키는 방법을 잘 몰라 허둥대다가 오히려 신경질적으로 돌변하거나 공격적으로 반응하게 될 수도 있을 것이다. 그만큼 주인의 관심과 이해가 필요한 부분이다.

세 가지 카밍시그널과 그 특징

능동적인 카밍시그널	수동적인 카밍시그널	중재적인 카밍시그널
상대에게 적의가 없음을 보여주는 시그널	상대에게 불안을 느낀다는 점을 보여주는 시그널	갈등 상황을 조정하려는 의도를 보여주는 시그널
놀이인사를 한다. 마주치지 않고 피한다. 하던 동작을 멈춘다. 제자리에 앉는다.	고개를 돌린다. 몸을 흔들며 턴다. 자기 코를 핥는다. 으르렁거리거나 짖는다.	하품을 한다. 사이에 끼어든다. 제자리에 엎드린다. 몸을 돌린다.

능동적인 카밍시그널 : '괜찮으니 진정하세요'라는 신호

우선 능동적인 카밍시그널을 살펴보자. 능동적인 카밍시그널은 상대에게 자신이 적의가 없음을 적극적으로 보여주는 신호이다. 시야에 다른 개가 포착되었을 때, 상대를 도발하려는 의지나 의도가 없음을 보여주기 위해 개들은 하던 동작을 멈추거나 느리게 한다. 상대와 마주치지 않으려 하고 슬쩍 원을 그리며 돌아가는 개들도 있다. 아니면 상대에게 놀이인사를 하며 관심을 표명하기도 한다.

❶ 제자리에 앉기(Sitting Down)

앉는 동작은 가장 흔히 볼 수 있는 대표적인 카밍시그널로 상대에게 적의가 없음을 표현하는 시그널이다. 누군가 갑자기 자기에게 다가올 때, 혹은 주인이 야단칠 때, 진정하라는 신호로 보통 앉거나, 아니면 앉아서 등을 돌린다. 그렇다고 뭐든 앉는 동작을 다 카밍시그널로 볼 수는 없다. 반려견이 스스로 앉을 때 힘들어서 앉는 것인지, 아니면 몸을 긁기 위해 앉는 것인지, 상대를 진정시키기 위해 앉는 것인지 면밀히 관찰해야 한다.

❷ 안전거리를 유지하며 돌아 다가가기(Curving)

돌아갈 수 없는 막다른 골목에서 위험한 물건을 피해 가려면 어떻게 해야 할까? 최대한 그 물건에서 멀리 떨어져서 간격을 유지하며 그곳을 빠져나가려 할 것이다. 마찬가지로 개 역시 상대가 정면으로 다가오며 거리를 좁히면 자신의 안전거리가 침범당했다고 생각하고 불안감을 느낄 수 있다. 그러한 불안감과 긴장감을 느끼지 않게 하기 위해 최대한 거리를 유지하며 커브를 돌아 다가가는 행동은 '나는 당신을 공격하거나 위협할 의사가 전혀 없으니 안심하세요.'라는 의미를 포함하는 것이다.

❸ 평소보다 느릿느릿 움직이거나 동작 멈추기
(Using Slow Movement or Stopping)

개가 느릿느릿 걷거나 동작을 멈추는 것은 어떤 의미일까? 이는 상대의 긴장을 완화시키려는 강력한 시그널로 상대를 자극시키지 않고 진정시키려는 시그널이다. 반대로 사람이 겁에 질린 개를 대할 때는 큰 목소리나 빠른 패턴의 동작, 급격한 움직임은 배제해야 하며, 이처럼 천천히 느린 동작으로 접근하거나 일시적으로 동작을 멈추어

주면 강아지의 불안감을 완화시키는 데 도움이 될 것이다.

❹ 절하는 것 같은 기지개 자세(Play Bow)

앞다리를 낮춘 채 앞으로 쭉 빼고 엉덩이를 위로 들어 올리고 마치 기지개를 켜는 듯 자세를 취하면 상대방과 놀고 싶다는 의사를 표시한 것이다. 소위 '놀이인사'라고 하는 동작이다. 자신보다 몸집이 작은 개체에게 사용할 때는 자신의 몸을 낮춤으로써 상대방을 안심시키는 작용을 하고, 자신보다 몸집이 큰 동물이나 다른 종의 동물들에게는 자신을 낮춰 상대방을 진정시키는 작용을 한다.

수동적인 카밍시그널 : '지금 몹시 불안해요'라는 신호

적극적인 카밍시그널과 달리 수동적인 카밍시그널은 자신의 불안감을 표현하는 방식으로 드러내는데, 대표적으로 고개를 돌리거나 상대를 외면하는 행동을 보인다. 숨을 과도하게 헐떡이다가도 입을 갑자기 꾹 다물거나 혀로 코를 핥는 행동을 반복한다. 때로 입꼬리가 당겨지고 이빨이나 혀가 자주 보이기도 한다. 몸에 물기가 없는데도 몸을 흔들어 터는 동작을 반복한다. 괜히 바닥이나 땅 냄새를 맡는 시늉을 하기도 한다. 몸을 바르르 떨고 있거나 자세가 뻣뻣하고 전반적으로 근육이 경직된 상태를 보인다. 얼어붙은 듯 움직임을 멈추고 누워서 배를 드러내거나 소변을 지리기도 한다.

❶ 고개를 돌리기(Head Turning)

주인이 고래고래 화를 낼 때 주인을 똑바로 쳐다보는 개는 세상에 없다. 대부분의 개들은 시선을 회피하기 위해 고개를 돌린다. 개는 누군가 정면으로 쳐다보거나 자기에게 다가와서 불안감을 느낄 때 자신의 머리를 옆과 뒤로 돌리거나, 잠시 머리를 한쪽에 두는 신호를 보내면서 '나는 불안해요.'라는 의사를 전달한다.

❷ 등 돌리기(Turning Away)

개들끼리 놀다가 놀이가 너무 과격한 단계에 이르러 진정시키려고 할 때나 힘이 센 다른 개체가 공격하려고 으르렁거릴 때, 자신은 싸울 의사가 없음을 나타내려고 몸을 옆으로나 뒤쪽으로 돌리는 동작을 보인다. 등 돌리기는 위협감을 낮추며 상대를 강하게 진정시키려는 신호이다.

❸ 바닥이나 땅의 냄새를 맡기(Sniffing)

실제 냄새를 맡기 위한 목적으로 바닥이나 땅에 코를 대는 것이 아니라 긴장이나 불안을 느끼고 있을 때 땅에 코를 대고 냄새를 맡는 행위를 하면서 그 대상이 사라지거나 상황이 끝나기를 바란다. 혹은 다른 쪽으로 관심을 유도하기 위해서 하는 표현 방식이다.

❹ 한쪽 앞발 다리 들기(Lifting Paw)

개들은 한쪽 앞발을 살짝 들어 올리는 행동으로 불안감을 표현하기도 한다. 낯선 환경에 오거나 두려운 상황에 닥치거나 어수선한 환경에 놓였을 때 종종 이런 동작을 보인다. 주로 동물병원에 도착한 반려견들이나 유기견 보호소, 기타 새로운 환경에 도착해서 당황해하는 개들에게서 많이 볼 수 있다.

❺ 코 핥기(Licking the Nose)

혀를 내밀어 자신의 코를 핥는 행위로 상대에게 자신이 두렵다는 것을 나타낸다. 또한 이는 자기 스스로 불안감을 해소하고자 하는 행동이기도 하다. 이 행동 역시 동물병원에 가면 많은 반려견에게서 볼 수 있다.

우리가 카밍시그널을 배워야 하는 이유

이러한 다양한 의미의 카밍시그널을 잘못 이해하면 여러 문제를 야기할 수 있다. 개 물림 사고가 대표적이다. 소방청 통계에 따르면 지난 3년간 개 물림 사고로 병원으로 이송된 환자는 총 6,883명으로 매년 2천 명 이상, 하루 평균 6명 이상이 반려견에게 물리고 있는 셈이다. 왜 이런 일들이 자꾸 발생할까? 자신의 반려견을 제대로 통제하지 못한 주인의 탓도 있지만 개들의 카밍시그널을 이해하지 못해 일어나는 경우도 허다하다. 일반적으로 개들은 공격하기 전에 일정한 시그널을 보내며 자신의 의사를 표현한다. 그런데 그 신호를 알아보지 못하고 행해진 움직임으로 인해 개가 자신을 지키기 위해 방어적으로 공격할 위험이 있다. 그러니 특히 보호자가 이런 신호를 이해해야 사전에 위험 상황을 방지할 수 있다.

중재적인 카밍시그널 : '흥분하지 마세요'라는 신호

중재적인 카밍시그널은 주변 싸움이나 갈등 상황을 말리고 무리의 평화를 찾기 위해 개들이 보이는 시그널이다. 종종 감정이 격한 상대를 진정시키기 위해 개들은 하품을 하는 경우가 많다. 하품은 긴장을 이완시키는 효과를 갖는다. 때로는 갈등 관계에 있는 당사자들 사이로 끼어드는 적극적인 행동을 하기도 한다. 반려견을 키우는 가정이라면 주인이 부부싸움을 하거나 둘 사이에 묘한 기류가 흐를 때 강아지가 두 사람 사이에 끼어드는 일을 많이 경험했을 것이다.

❶ 사이에 끼어들기(Split Up)

가끔 SNS 같은 매체에서 가족끼리 싸울 때 개가 중간에 끼어들어 싸움을 말리는 것 같은 동영상을 본 적이 있을 것이다. 개들은 어른과 어른, 어른과 아이, 아이와 아이가 밀착되어 있거나 큰 목소리나 오가거나 행동이 과격한 것을 보면 다투고 있다고 생각하여 말리고 싶어 한다. 물론 정말 부부싸움이나 어린 아이들끼리 싸울 때 말리려고 그 사이로 끼어들어가는 경우도 있는데, 가끔 부부관계를 보고 오해하여 사이를 비집고 들어오거나 아기를 돌보는 모습도 오해하여 중간에 끼려고 시도하기도 한다. 어찌 되었든 개가 사람 사이로 끼어드는 것은 싸우거나 흥분한 상태인 줄 알고 말리고자 하는 시그널이다.

❷ 하품하기(Yawning)

사실 하품하기는 상황에 따라서 상대방을 진정시키기 위한 능동적인 카밍시그널이

되기도 하고, 자기 자신의 긴장을 완화하기 위해 자연스럽게 나오는 수동적인 카밍시그널이 되기도 한다. 또, 감정이 격해진 상황을 진정시키거나 상대가 흥분을 멈추고 진정하기를 원할 때 하는 행동이기도 하다. 이 차이를 구분할 줄 알아야 한다.

❸ 엎드리기(Down)

자신보다 어리거나 몸집이 작고 서열이 낮다고 생각하는 상대가 자기를 두려워하거나 흥분해있을 때 엎드리는 행동을 보여줌으로써 '내가 너보다 세지만 너를 해칠 생각은 없어.'라는 의사를 전달할 때 사용한다. 일종의 배려 표현이다. 서열이 높은 개들이 사용하는 시그널이기에 어미가 새끼들에게 중재의 의미로 사용하기도 하고, 너무 겁을 먹은 개를 안심시키기 위해서도 사용한다.

주인은 어떻게 달라져야 할까?

반려견의 문제행동은 문제 주인이 만드는 것이다. 사소한 일상의 카밍시그널들을 무시하면 나중에 큰 화를 부르게 된다. 카밍시그널을 알았다면 이제 보호자가 어떻게 바뀌어야 할지에 대해 알아보자.

❶ 스킨십 활용하기

제일 먼저 스킨십에 열정을 갖는 것이다. 스킨십의 위력은 우리의 예상보다 훨씬 대

CALMING SIGNAL

카밍시그널을 이용하여 반려견과 소통하는 방식
: 겁이 많은 개와 소통할 때

- 동작을 천천히 하거나 멈춘다.
- 고개를 돌려 개와 시선을 마주치지 않는다.
- 몸을 돌려 자신의 뒷모습을 보여준다.
- 내가 다가가는 것이 아니라 개가 다가와 자신의 냄새를 충분히 맡게 해준다.
- 되도록 개가 진정할 때까지 시선을 마주치지 않는다.
- 지나가야 할 상황이라면 안전거리를 유지하며 커브를 그리면서 지나쳐 간다.

: 겁을 많이 먹은 나의 반려견과 소통할 때

- 서 있는 것보다는 반려견 곁에 같이 앉는다.
- 모든 동작은 평소보다 느릿느릿 천천히 한다.
- 편안하고 온화한 목소리로 천천히 이름을 부르며 스킨십을 한다.
- 주인이 놀이인사 자세를 취해도 반려견은 그 의미를 알아차린다.

단하다. 스킨십과 애착, 분리불안에 관한 실험으로 유명한 미국의 심리학자 해리 할로우는 1950년 새끼 원숭이를 대상으로 실험을 실시한다. 태어나자마자 어미와 떨어진 새끼 원숭이에게 두 가지 어미 인형이 제시되었는데, 하나는 온통 철사로 뒤덮여있는 모형 원숭이였고, 다른 하나는 양모로 된 푹신한 헝겊으로 만들어진 모형 원숭이였다. 철사 원숭이에겐 우유가 든 젖병이 달려 있었지만, 헝겊 원숭이에겐 젖병이 없었다. 실험 결과는 놀라웠다. 젖병을 빨기 위해 철사 원숭이에게 갈 것이라는 학자들의 예상과 달리, 새끼 원숭이는 헝겊 원숭이의 품에 파고들었다. 간혹 배가 고플 때 철사 원숭이의 가슴에 달린 젖병을 물었지만, 이내 허기를 달래고는 바로 헝겊 원숭이의 품으로 돌아갔다.

할로우의 실험이 비윤리적이며 동물권에 심각한 훼손을 가져왔다는 비판을 받았으면서도, 그의 논문이 20세기 가장 많이 인용된 심리학 실험이라는 점을 생각할 때 이 원숭이 애착실험이 갖는 중요성은 결코 간과할 수 없을 것이다. 엄마의 따뜻한 품이 당장의 배고픔을 해결하는 것보다 새끼에게 훨씬 지속적이고 완전한 안정감을 주었다는 실험의 결론은 이후 많은 동물행동학 실험에 귀중한 관점을 제공했고, 스킨십이 관계에서 갖는 영향력과 부모와의 애착관계에서 물리적이고 공간적 매개가 얼마나 중요한지 가르쳐 주었다. 이는 또한 반려인과 반려견의 관계에도 그대로 적용할 수 있다.

반려견과 스킨십할 때 지켜야 할 원칙 스킨십에도 원칙과 방식이 있다. 할로우가 말한 소위 접촉 위안contact comfort은 스킨십을 하는 사람보다 이를 받는 당사자의 기분과 감정에 더 좌우된다. 머리나 귀, 등을 쓰다듬는 것은 강아지에게 안정감을 주고 주인과 애착을 가질 수 있는 바람직한 스킨십이 될 수 있다.

반면 스킨십을 한다고 강아지의 코나 꼬리는 만지는 것은 좋지 않다. 또한 특정 부위만큼이나 강아지의 기분과 상황을 고려하는 것이 필요하다.

사료를 먹거나 자신의 영역을 고수하려고 할 때 견체의 다른 부위를 만지거나 터치하는 것은 자칫 강아지를 도발할 수 있는 행동이다. 또한 강아지가 막 새끼를 낳았거나 몸이 아플 때도 스킨십에 주의해야 한다.

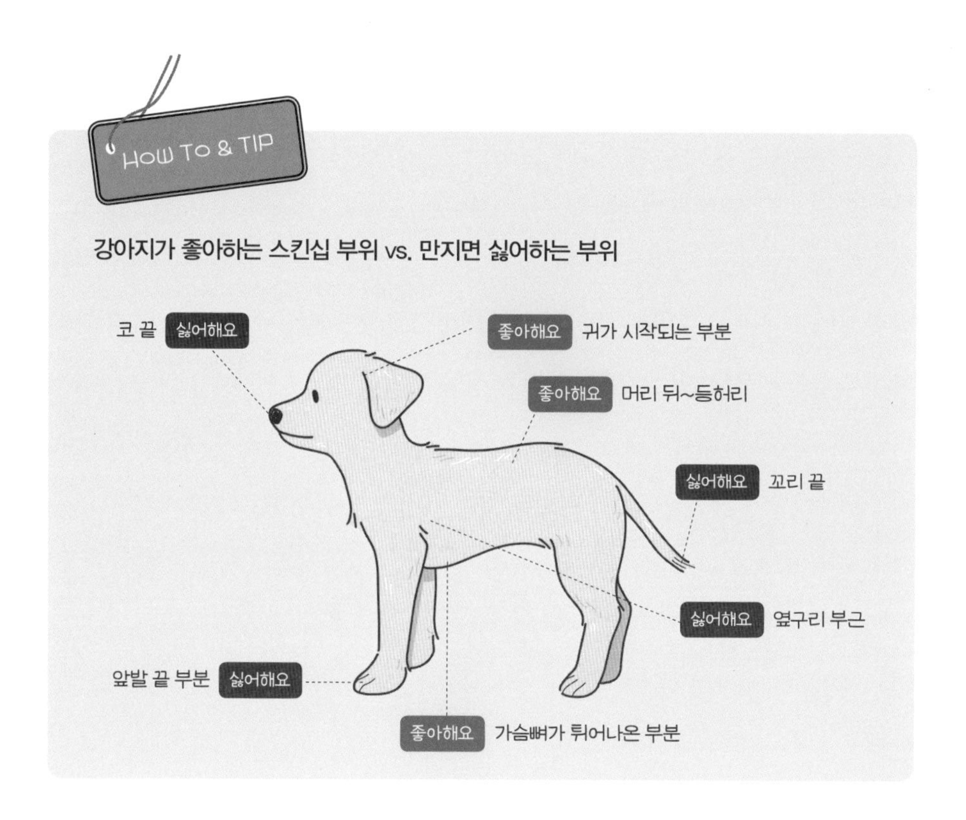

❷ 화를 낼 땐 그때 바로

"너 내가 이렇게 하지 말라고 했지?" "코코야, 엄마가 너 이러면 혼난다고 했어, 안 했어?" 이처럼 화가 났을 때 버럭 소리를 지르며 말을 많이 하는 보호자들이 있다. '이번엔 그냥 넘어갈 수 없어. 한 번 단단히 혼내야지.' 이런 생각을 가진 보호자들은 따끔하게 혼낸다는 명분 하에 강아지가 눈물 콧물 쏙 뺄 정도로 화를 낸다. 잔뜩 겁에 질린 반려견을 보며 '이 정도 말했으면 알아들었겠지?', '말귀를 다 알아들었겠지?'라고 생각하기 쉽다. 하지만 안타깝게도 강아지는 주인의 말을 알아들은 것이 아니라 주인의 화난 표정과 윽박지르는 목소리의 톤에 눌려있을 뿐이다. 그런 식으로 화를 표현하면 반려견이 아니라 지나가던 쥐라도 사람이 화가 났다는 것을 알아차릴 것이다.

또 반려견을 혼낼 때 "엄마가 얘기하는데 지금 어디 딴 데를 보는 거야? 똑바로 안 봐?"라고 다그치는 보호자들도 있다. 그런데 혼날 때 주인을 똑바로 응시하는 개는 이 세상에 거의 없다. 대부분 고개를 돌리거나 다른 곳을 쳐다보거나 아니면 긁적긁적 목덜미를 긁는 등 딴청을 피운다. 그러한 동작은 보호자를 무시하거나 상황을 회피하기 위해서 하는 것이 아니라 상대의 화를 누그러뜨리기 위해서 보내는 카밍시그널이다. 어쩌면 화가 나 있는 보호자보다 강아지가 본질적인 문제 해결에 대한 의지가 더 강할 수도 있다. 도리어 이런 신호를 읽지 못한 나머지, 그간 착한 댕댕이를 쥐 잡듯 잡지는 않았는지 돌아볼 필요가 있다.

반려견을 혼낼 때 지켜야 할 원칙 문제행동을 보이거나 잘못을 했을 때 현장에서 바로 문제를 지적하지 않는다면 강아지를 혼내는 것은 아무런 효과가 없다. 지난 일을 소환해서 혼내봤자 강아지에게는 과거의 행동과 지금의 훈계를 서로 연결시켜 이해할 능력이 없다. 즉 자신이 왜 혼나는지도 모르고 야단 맞고 있는 것이다. 그렇다면 보호자들이 혼낼 때 강아지들이 보이는 겸연쩍고 미안해하는 표정과 행동들은 다 뭘까? 강아지는 단지 상황과 분위기에 질려서 카밍시그널을 보낼 뿐이다. 앞으로 자신의 행동을 고쳐야겠다고 반성하거나 주인의 꾸지람을 모두 이해하고 문제의 원인을 깨달았기 때문에 그런 행동을 보이는 것이 아니다.

❸ 첫인사는 무덤덤하게

강아지 중에는 의외로 내성적이어서 상대 강아지나 사람에게 잘 다가가지 못하는 개들도 적지 않다. 평소 조심성이 많거나 내성적이어서, 아니면 과거 안 좋은 기억이 있어서 선뜻 새로운 환경, 새로운 상대와 마주하길 거북해하는 것이다. 문제는 이런 강아지를 반려견으로 키울 때 이들의 자신감을 어떻게 심어줄 수 있을까 하는 부분이다. 이런 강아지들에게는 첫 만남이 무조건 중요하다. 첫인상이 주는 정보의 기억은 꽤 오래가기 때문에 나쁜 정보를 고치는 데 시간을 허비하고 노력을 들이는 것보다 아예 처음부터 좋은 인상을 줄 수 있도록 준비하는 것이 훨씬 바람직하다.

반려견에게 좋은 첫인상을 남기는 원칙 가장 좋은 반응은 역설적으로 별다른 반응을 하지 않는 것이다. 괜히 불쌍하다고 어루만져주려고 호들갑을 떨거나 우쭈쭈 하며 다가가는 것은 도리어 강아지에게 괜한 경계심만 불러일으킬 수 있다. 강아지를 무시하라는 것이 아니라 처음부터 불필요한 관심을 너무 쏟지 말라는 이야기이다. 또, 이런 강아지에게는 서서 다가가는 것보다 앉아서 눈높이를 맞추는 배려가 중요하다. 성인이 서 있을 경우, 강아지가 올려다봐야 하므로 높이에서 오는 위협감을 느낄 수 있기 때문이다.

내성적인 반려견과 외출할 때의 팁

내성적인 강아지가 산책하면서 옆집 강아지를 만났을 때도 별다른 조치를 취하지 말고 처음에는 무리 중에서 어떻게 행동하는지 가만히 놔둔다. 애써 강아지 둘을 붙여주려고 끌거나 밀지 말고 강아지가 피하면 피하는 대로 주저하면 주저하는 대로 일단 놔둔다. 둘은 서로를 탐색하며 우열을 가리기 위해, 또 관계를 이어갈지 서로를 배타적으로 밀어낼지 결정할 시간이 필요하다. 반려견이 상대 강아지에게 우호감을 보이지 않고 수동적인 카밍시그널을 보낼 때는 천천히 현장을 뜨는 것만 도와준다. 상대가 공격신호를 보이거나 싸움으로 번질 수 있는 상황이 일어나면 그때 나서서 몸으로 끼어들며 블로킹(blocking)으로 중재할 수 있다.

❹ 붕가붕가할 때는 낯붉히지 않기

강아지가 갑자기 당신의 다리에 허리를 밀착시키거나 집에 있는 인형이나 쿠션을 붙잡고 마운팅을 해서 당황한 적이 있는가? 산책할 때 코코가 갑자기 옆집 강아지 등에 올라타서 낯뜨겁고 민망했던 적이 있는가? 마운팅은 단순히 성적인 의미만 있는 것이 아니라 다양한 상황과 정서를 표현하는 시그널이다. 그렇기 때문에 이성 간에 하기도 하지만 동성 간에도 하고, 또 개가 아닌 인형이나 사람의 다리를 붙잡고도 얼마든지 할 수 있다. 물론 마운팅이 기본적으로 이성에게 교미를 요구하고 성적 능력을 과시하기 위한 동작이긴 하나, 보통은 둘 사이에 우열을 가리고 싶어서, 즉 내가 너보다 더 우위라는 것을 강조하려고 할 때 일어난다. 등을 탄 개는 밑에 깔린 개에게

복종을 요구하고 있는 것이다.

또는 일상이 지루하고 심심할 때 놀이의 하나로 마운팅 동작을 보이기도 한다. 마치 남학생들이 학교 쉬는 시간에 교실 뒤에서 서로 뒤엉켜 레슬링을 하며 노는 것과 같다. 따라서 주인 입장에서 마운팅을 하나의 놀이로 하고 있는 강아지들을 굳이 떼어놓으려 하거나 말릴 필요가 없다. '어머, 우리 애는 임신하면 안 되는데.' 이런 생각으로 수컷 강아지가 올라탔다고 해서 놀라거나 걱정할 필요는 없다. 또한 강아지는 기분이 매우 업되고 흥분이 최고조에 달했을 때, 너무 좋아하는 사람, 혹은 만만한 사람을 만났을 때도 마운팅 동작을 한다. 이밖에 습관화된 행동 패턴으로 이상행동을 보이는 경우도 간혹 있다.

에소그램 : 내 아이의 카밍시그널을 관찰하고 기록하는 법

개들은 순백의 도화지tabula rasa로 태어난다. 태어난 이후의 환경과 개별적인 경험으로 그 도화지 위에 그림이 그려진다. 평소 온순했던 개들이 공격적으로 변하는 이유는 과거 자신이 겪었던 경험과 직접적인 관련이 있다. 모든 개들은 마음속 도화지 위에 블랙박스처럼 자신만의 부정적 경험들을 기록한다. 전 주인에게서 받은 체벌의 아픈 기억이나 상실에 따른 좌절감과 분노, 강압적인 훈련으로 얻은 트라우마가 특정한 상황에서 떠오르거나 재현될 수 있다. 블랙박스를 해체하여 그 기록을 들여다볼 수 있다면 얼마나 좋을까?

블랙박스를 열어보는 작업이 바로 에소그램이다. 에소그램ethogram은 동물이 보여주는 행동 패턴을 체계적으로 기록하여 일정한 기준에 따라 분류하여 목록화한 것이다. 에소그램은 동물행동학자들이 야생에서 동물의 생활을 연구 관찰하면서 집단 내 행동 패턴을 체계적으로 기록할 때 사용하기 시작했고, 서구에서는 이미 다양한 동물들의 에소그램이 확립되어 쓰이고 있다. 우리나라에서는 수의학자이자 동물행동연구학자인 소피아 잉Sophia Yin의 저서 『개, 어떻게 가르쳐야 하는가』를 통해 대중에게 소개되었다. 실제 우리나라의 논문 중에서도 진돗개나 제주개의 상황별 행동 패턴을 에소그램으로 만들어 기록한 것이 몇 편 있다.

에소그램은 주관적인 평가나 판단을 지양하고 오로지 객관적으로 드러난 사실만을 기술하는 자세를 취하기 때문에 대단히 과학적이다. 한두 개인이 자신의 경험을 가지고 '개는 이러이러하다.' 혹은 '개의 행동은 저러저러하다.'라고 하지 않고, 직접 실험하고 관찰해서 과학적으로 입증할만한 결과들을 목록화했다. 특히 우리나라는 과학적으로 입증된 사실보다는 근거 없는 개인적인 경험과 주관적인 견해를 대중에게 전달하고, 또 그것을 유명인이라고 아무 대책 없이 맹목적으로 따라 하는 경우가 많은 것 같다. 그런 면에서 에소그램은 반려견들의 카밍시그널을 보다 체계적으로 이해하고 따라갈 수 있게 도와준다.

강아지를 꾸준하고 체계적으로 관찰하며 안목을 기르다 보면 내 강아지가 평소 주로 무슨 말을 어떻게 하는지 알 수 있게 된다. 모든 강아지는 특정한 상황에서 특정한 행동을 하게 되어 있다. 물론 그 특정한 행동에는 보편적인 요소들도 있지만, 내 반려견만이 가지고 있는 지엽적인 요소들도 있기 마련이다. 이렇게 에소그램이라는 큰 그림 안에서 총체적으로 두 가지 요소를 바라볼 때 카밍시그널의 진정한 의미를 정확하게 파악할 수 있다.

에소그램을 작성하는 방법 관찰을 하기 전에 제일 먼저 해야 할 일은 관찰의 기준을 정하는 일이다. 관찰의 기준을 정하는 방식에는 세 가지가 있다. 첫 번째는 강아지의 특정한 부위를 관찰하는 것, 두 번째는 특정한 시간에 강아지를 관찰하는 것, 세 번째는 특정한 상황에 강아지를 관찰하는 것이다. 이 세 가지는 각기 개별적으로 수행할 수도 있고, 복합적으로 할 수도 있다.

우선 강아지의 특정 부위를 관찰한다고 해보자. 하루는 반려견의 귀만 관찰하고, 하루는 꼬리만, 또 하루는 입 모양만 관찰하는 것이다. 이 관찰 내용은 모두 일지에 꼼꼼히 적어둔다. 그다음 강아지가 특정 시간에 어떤 모습을 하고 있는지, 식사 시간이 다가오면 어떤 행동을 보이는지, 오후 간식타임에는 어떤 자세를 취하고 있는지 관찰한다. 그리고 산책할 때와 다른 강아지를 만났을 때, 혼자 집에 남겨졌을 때, 어떤 행동 패턴을 보이는지 관찰하고 기록한다.

이렇게 남겨진 기록은 마치 블랙박스처럼 반려견의 일거수일투족을 이해하는 데 없어선 안 될 중요한 자료가 된다. 일지를 들여다보면 댕댕이를 더 잘 이해할 수 있게 되고, 문제와 상황에 따라 어떤 대처가 필요한지 지혜가 떠오르게 된다. 이렇게 에소그램은 카밍시그널 학습의 마침표가 된다.

알아두면 유용한 동물행동학의 기본교양

한국인들에게 '개'라고 하면 대뜸 '프란다스의 개'와 함께 '파블로프의 개'를 가장 많이 떠올린다. '프란다스의 개'는 애니메이션이 워낙 유명하니 그렇다 치고 파블로프의 개를 떠올리는 건 왜일까? 아마도 우리나라 의무교육이 지닌 위력이 아닐까 한다. 심리학에 관심이 없는 사람도 프로이트와 함께 파블로프는 들어서 알고 있을 만큼 익숙한 이름이니 말이다. '펫시터를 이야기하면서 그 파블로프를 다시 듣게 될 줄이야.' 펫시터를 이야기하려면 파블로프의 개를 반드시 언급해야 한다.

파블로프의 개 : 고전적 조건화 실험

러시아가 낳은 위대한 심리학자이자 생리학자인 이반 파블로프Ivan Petrovich Pavlov는 육군 군의관으로 봉사하던 중 우연히 사료를 주던 조교의 발소리에 실험견이 침을 흘리는 현상을 발견한다. 마침 소화액 분비에 관한 연구를 하던 파블로프는 학문적 호기심이 발동하여 실험에 착수했다.

인간과 동물이 보이는 행동에는 기본적으로 반응response과 반사reflex가 있다. 반응은 의식적인 행동이지만, 반사는 무의식적인 행동이다. 개의 입에서 침이 흘러나오는 현상은 무의식적인 것이기 때문에 반사와 관련이 있다. 다시 반사에는 크게 두 가지가 있는데, 외부 조건에 따라 일어나는 조건반사conditioned reflex와 조건에 상관없이 신체가 본능적으로 일으키는 무조건반사unconditioned reflex가 그것이다.

무조건반사는 대뇌를 거치지 않고 바로 반응하는, 개체의 생존과 직결된 선천적인 본능이기 때문에 자동적으로 일어난다. 무조건반사를 자동자율반사autonomic reflex라고도 부르는 이유가 바로 여기에 있다. 흔한 예로 뜨거운 난로에 손을 갖다 대면 화들짝 손을 떼고 뒤로 물러난다든지, 공포영화의 무서운 장면에서 눈을 질끈 감거나 나도 모르게 소리를 지른다든지 하는 것도 모두 무조건반사이다.

반면 조건반사는 말 그대로 조건에 따라 반응이 일어나기 때문에 반사가 가능하려면 일정한 경험이 반드시 동반되어야 한다. 예를 들어, 한국인이라면 누구라도 한 번쯤 골목길을 지나가다 담을 타고 퍼지는 김치찌개 냄새에 군침을 흘린 적이 있을 것이다. 김치찌개 맛에 대한 경험을 가진 우리들은 냄새만 맡고도 바로 김치찌개의 기억을 소환하기 때문에 자연스럽게 입안에 침이 고이는 것이다. 반면 김치찌개를 먹어보지 못한 외국인들은 군침은커녕 강렬한 김치 냄새에 불쾌감을 표현할 수도 있다. 그들에게는 김치가 조건화되어 있지 않기 때문이다.

조건반사와 무조건반사 둘 다 의식을 거치지 않은 무의식적 반응이라는 점에서 공통점이 있으나, 경험의 유무가 각기 반사의 전제로 쓰이느냐에 따라 차이점을 드러낸다. 파블로프는 실험실의 개들이 음식을 보고 침을 흘리는 무조건반사에 조교의 발소리라는 경험조건을 얹을 경우, 조건반사 역시 무시할 수 없는 위력이 있다는 사실을 입증하려고 했다. 그는 훗날 고전적 조건화classical conditioning라고 불리게 될 유명한 실험을 수행한다. 실험은 다음과 같은 간단한 전제를 바탕으로 이루어졌다.

- 사료를 주었을 때 개가 군침을 흘리는 것은 지극히 정상적인 반응이다.
- 여기에 종소리를 들려주면서 사료를 준다면, 개는 자연스럽게 종소리와 사료를 연관 지어 학습하게 될 것이다.
- 시간을 두고 '종소리-사료' 학습이 반복된다면, 그 연관성은 더 강화될 것이다.
- 이후 개는 사료 없이 종소리만 들어도 자동으로 사료를 연상하며 군침을 흘릴 것이다.

이러한 가설을 입증하기 위해, 그는 자신이 고안한 장치에다 실험견을 묶어두고 실제로 타액 실험을 진행했다. 개가 침을 진짜 흘리는지 알아보기 위해 입에다 호스까지 달았다.

제일 먼저 그는 개에게 종소리를 들려주었다. 개는 종소리에 대한 아무런 경험이나 학습이 이뤄지지 않았기 때문에 잠깐 쳐다볼 뿐 별다른 반응을 보이지 않았다. 이렇게 아무런 반응이 이뤄지지 않은 자극을 중립자극neutral stimulus이라고 한다. 이후 개에게 사료를 주면, 개는 먹이를 보고 본능적으로 침을 질질 흘린다. 이때 사료는 개에게 군침이 돌게 만들었기 때문에 무조건자극unconditioned stimulus이 되며, 개는 자기도 모르게 침을 흘렸기 때문에 무조건반사unconditioned reflex를 보인 셈이다. 그다음, 종을 울리면서 약간의 시차를 두고 개에게 사료를 준다. 소리가 개에게 아무런 의미가 없었지만, 점차 종소리만 듣고도 개는 먹이를 연상한다. 이렇게 종소리와 사료를 함께 연결시키는 과정을 조건화conditioning라고 한다. 이렇게 되면 강아지는 보호자가 부엌에서 간식 봉지를 뜯는 소리만 들어도 만사를 제쳐두고 한걸음에 달려온다. 그 강아지는 부스럭거리는 소리에 대한 일정한 경험을 축적했기 때문이다.

한동안 이처럼 조건화 과정을 반복하면, 어느 순간 사료 없이 종소리만 들어도 개는 자동적으로 침을 흘리게 된다. 이때 개에게 군침을 흘리게 만든 종소리는 조건화 과정을 통해 '조건자극conditioned stimulus'이 되었다. 이렇게 조건화되지 않은 자극사료과 조건화될 자극종소리이 함께 제시되면, 이전에 조건화되지 않았던 자극까지 조건화된다. 이 실험을 통해 그는 조건반사 개념을 확립했으며, 뇌 신경계와 소화기관이

그림으로 보는 파블로프의 실험

1. 개에게 종소리를 들려준다. 개는 반응을 보이지 않는다. (중립자극)

2. 개에게 사료를 준다. 개는 본능적으로 침을 흘린다. (무조건자극 & 무조건반사)

3. 종을 울리고 잠시 후 사료를 준다. 개는 점차 종소리만 듣고도 사료를 연상하게 된다. (조건화)

4. 개는 사료없이 종소리만 들어도 자동적으로 침을 흘리게 된다. (조건자극&조건반응)

서로 연결되어 있음을 입증하여 1904년 노벨 생리의학상을 수상하였다. 개가 침을 흘리는 것도 그냥 지나치지 않았던 지적 호기심이 그를 세계적인 학자로 우뚝서게 만들었다.

그의 조건반사 개념은 이후 동물행동학에 기본 토대가 되어 반려견 훈련에 다양한 방식으로 응용되었다. 펫시터가 응용하는 클리커 트레이닝도 이러한 원리를 기반으로 만들어진 것이다. 아이러니한 것은 이러한 이론을 파블로프 스스로 실험실에서 숱한 개들을 죽이면서 구축해냈다는 사실이다. "내 실험에서 죽어간 700마리의 강아지 이름을 모두 기억한다."라고 말할 만큼 생애의 마지막까지 과학이라는 이름으로 희생된 개들에 대한 연민과 죄책감을 느꼈던 그는 최근 이슈화되는 동물실험의 윤리성과 관련하여 최소한의 양심이 있었던 학자가 아니었을까?

수많은 개들의 희생이 바탕이 된 고전적 조건화는 동물뿐 아니라 사람에게도 적용되며, 8장에서 배울 클리커 트레이닝 중 차징charging의 기본 개념이 되기도 한다.

손다이크의 고양이 : 도구적 조건화 실험

러시아에 파블로프가 있었다면, 미국에는 에드워드 손다이크Edward Lee Thorndike가 있었다. 그는 파블로프의 고전적 조건화와는 반대의 실험을 계획했다. 조건자극 다음에 강화를 주었던 파블로프와는 달리, 그는 동물의 반응을 조건자극 앞에 배치했다. 실험 대상도 개가 아닌 고양이였다. 이를 위해 그는 소위 '퍼즐 상자puzzle box'를 고안해냈다. 이 상자는 훗날 스키너에게 많은 영감을 주었다. 손다이크가 설계한 상자는 문을 가로지른 고리나 이와 연동된 발판, 창살 등으로 이루어져 있었는데, 고양이가 발판을 눌러야만 상자의 문이 열리도록 되어 있었다. 고양이의 입장에서 이 실험을 보자. 눈앞에 먹음직스러운 사료가 놓여 있는데, 야속하게도 창살이 가로막고 있어 아무리 발을 뻗어도 닿지 않는다. 고양이는 상자에서 탈출하기 위해 여러 가지 시도를 감행한다. 이것저것 만져보기도 하고 누르고 두들겨보기도 하고 바닥을 할퀴기도 하고 창살 사이로 발을 내밀어 보기도 한다. 그러한 시행착오 가운데 우연히 발판을 건드렸을 때 문이 활짝 열리는 경험을 하고, 이를 반복하면서 고양이는 발판이 문과 연결되어 있다는 구조적인 사실을 학습하게 된다. 시험이 지속될수록 상자의 난이도가 높아져서 여러 잠금 장치가 추가되지만 여러 차례 실패를 거듭하는 시행착오를 거치며 점차 실수가 줄어들고, 나중에는 자신이 건드린 장치의 의미를 정확하게 알게 된다. 결국 고양이는 빠르게 상자를 빠져나올 수 있게 된다. 손다이크는 이를 '시행착오 학습'이라고 불렀다.

파블로프의 고전적 조건화에서는 동물이 반응을 하든 안 하든 간에 상관없이 강화가 주어지는 방식으로 조건화가 이루어졌다면, 손다이크의 실험에서는 강화가 주어지기 위해서 동물이 먼저 반응을 해야만 했다. 이를 도구적 조건화instrumental conditioning라고 부른다. 위 실험을 통해 손다이크는 "긍정적인 결과는 기억하고 부정적인 결과는 잊으면서 행위와 결과 사이에 연결성을 구축하여 학습한다."라는 유명한 주장을 남겼고, 이를 효과의 법칙law of effect이라고 명명했다. 그는 활동 결과에 만족하게 되면 그 활동을 되풀이하는 경향이 있고, 만족 사이에 끼어 있는 불만족도 전체적 결과가 좋으면 함께 만족을 가져올 수 있다고 보았다. 그가 효과의 법칙을 '결과의 법칙'이라고도 불렀던 이유가 여기에 있다.

손다이크의 실험은 이후 스키너의 실험에 많은 영향을 끼쳤으며, 행동주의 심리학에 지워지지 않는 족적을 남겼다. 이후 손다이크는 학습이 이루어지는 과정을 체계적이고 과학적인 방식으로 연구하여 '현대 교육심리학의 아버지'라는 평가를 받게 되었다. 뿐만 아니라 강아지들에게 긍정적인 행동을 교육시키는 데에 이론적 토대를 제공했다. 좋아서 하는 일의 시행착오는 억지로 하는 일의 실패와 다른 양상을 드러낸다는 그의 시행착오학습은 오늘날 AI인공지능의 딥러닝과 같은 분야에도 널리 적용되고 있다.

행동주의 심리학의 이상한 실험

행동주의 심리학의 개척자로 알려진 존스홉킨스대학의 존 왓슨John Broadus Watson은 1920년 소위 '어린 앨버트 실험Little Albert experiment'이라는 유명한 연구를 진행한다. 개나 고양이를 가지고 실험을 진행했던 전임자들과 달리, 왓슨은 대담하게 직접 사람(!)을 실험 대상으로 삼았다. 실험 과정은 이랬다. 사람들은 일반적으로 쥐를 무서워하는데, 왓슨은 이러한 두려움을 후천적인 학습이나 경험의 결과로 보았다. 일반적인 성인이라면 쥐에 대한 혐오감과 두려움이 있었겠지만, 어린 아기들은 아직 쥐가 무섭다는 공포를 학습하지 않았기 때문에 왓슨은 생후 9개월짜리 아기, 앨버트를 실험에 참여시켰다. 앨버트는 예상대로 움직이는 쥐를 보며 호기심을 보였고, 서슴지 않고 쥐를 가지고 놀려고 손을 뻗었다. 그에게 쥐

비하인드 스토리 : 어린 앨버트는 어떻게 되었을까?

2010년, BBC방송은 실험에 동참했던 앨버트를 찾는 다큐멘터리 「어린 앨버트를 찾아서(Finding Little Albert)」를 방영했다. 방송은 당시 앨버트라는 이름은 존재하지 않았고, 존스홉킨스대학에서 일하던 여직원의 아들 더글러스가 실험에 참여했다는 결론을 내렸다. 안타깝게도 더글러스는 6세 때 뇌수종으로 유명을 달리했다고 한다.

는 혐오감을 주지 않는 중립자극이었던 셈이다. 이후 쥐와 놀고 있는 앨버트에게 갑자기 시끄러운 소리를 가하자, 앨버트는 깜짝 놀라 울기 시작했다. 이후 규칙적으로 쥐와 연계해서 시끄러운 소리를 들려주자, 얼마 후부터 앨버트는 큰 소리 자극이 없이 쥐만 보고도 겁에 질려 울음을 터뜨리게 되었다. 평소 별다른 혐오감이 없었던 앨버트가 쥐를 보기만 해도 자지러지게 울게 된 것이다. 이렇게 해서 쥐는 그에게 조건자극으로 남았다.

지금 관점으로 보자면 아동학대에 해당하는 기괴한 실험이었지만, 어린 앨버트 실험은 두 가지 측면에서 학문적인 의의가 있었다. 첫 번째는 파블로프의 실험이 신체적인 생리 반응에 집중된 구조였다면, 왓슨의 실험은 다분히 정서적인 반응에 관심을 둔 연구였다는 점이다. 이로써 미국의 행동주의 심리학이 단순히 행동뿐만 아니라 정서적 반응까지 조건화할 수 있다는 가능성을 주장하도록 길을 열어주었다. 두 번째는 긍정적인 조건화를 상정한 파블로프의 실험과 달리 왓슨의 실험이 부정적인 조건화도 조건반사를 끌어낼 수 있다는 점을 확인했다는 사실이다. 이는 뒤이어 등장한 스키너의 연구를 이론적으로 가능하게 했다.

특히 어린 앨버트 실험은 컬럼비아대학의 메리 존스Mary Cover Jones에게 영감을 주었다. 1924년, 그녀는 앨버트와는 반대로 쥐에 대한 공포심을 갖고 있던 3살짜리 남자아이 피터를 데리고 실험을 진행했다. 학계에서 '어린 피터 실험Little Peter experiment'이라고 부르는 실험 구조는 말 그대로 왓슨의 실험과 정반대였다. 왓슨이 앨버트에게 불쾌한 소음과 흰쥐를 결합해서 공포 반응을 이끌어내었다면, 존스는 흰쥐 옆에 아이가 좋아하는 음식을 함께 두어 쥐에 대한 공포심을 제거하는 것이 목표였다. 실험은 성공적이었다. 피터는 점차 흰쥐에 대한 두려움을 극복했고, 마침내 아무렇지 않게 흰쥐를 만지고 놀 수 있게 되었다. 이것은 가장 고전적인 행동치료의 첫 사례로 꼽힌다. 이후 존스는 유사한 연구를 다양한 장소에서 365명의 아이들을 대상으로 실시했고, 다양한 임상에서 행동치료를 적용하고 기법을 개발하면서 '행동치료의 대모'라 불리게 되었다. 뿐만 아니라, 트라우마로 인해 특정 사물이나 물건, 장소에 공포증이 있는 반려견에게도 메리 존스의 기법은 오늘날 매우 유용하게 사용되고 있다.

스키너 상자와 비둘기 : 조작적 조건화 실험

'스키너 상자Skinner box'로 유명한 프레데릭 스키너Burrhus Frederic Skinner는 우리들에게 행동주의 심리학의 대부로 각인되어 있다. 하버드대학에서 그는 파블로프나 손다이크처럼 동물을 대상으로 행동의 조건화를 연구하기로 마음먹었다. 우선 그는 버튼을 누르면 먹이가 나오도록 설계한 상자를 만들었다. 그리고 박탈된배고픈 쥐를 상자 안에 넣었다. 실험 대상인 쥐는 상자 안에서 버튼을 쪼아 먹이를 얻을 수 있다는 단순한 사실을 학습한다. 유의미한 실험 결과를 얻기 전까지 상자 밖으로 나올 수 없었던 쥐는 속절없이 이런저런 행동을 한다. 그렇게 일정한 시간이 흐르자 여러 시도 끝에 쥐는 자발적으로 버튼을 조작하여 손쉽게 먹이를 받아먹도록 조건화되었다. 이를

동물행동학에서 말하는 긍정(positive)의 의미

영어 단어 '포지티브(positive)'에는 크게 세 가지 의미가 들어 있다. 첫 번째 포지티브는 보통 사람의 성격을 지칭하는 '긍정적인'이라는 의미이다. 두 번째 포지티브는 전기적으로 플러스(⊕) 상태, 수학적으로 정수(正數), 광학적으로 양(陽)을 지칭한다. 반면 심리학이나 동물행동학에서 말하는 세 번째 포지티브는 이들과는 사뭇 다른 의미이다. 보통 이 경우의 포지티브는 '좋다', '긍정적이다'라는 뜻이 아니라 '더하다'라는 뜻을 가지고 있다.

앞선 파블로프의 고전적 조건화와 상대적 개념이자 손다이크의 도구적 조건화의 뒤를 이은 스키너의 조작적 조건화operant conditioning라고 부른다. 이 과정에서 스키너는 강화reinforcement와 처벌punishment을 통해 쥐의 행동을 조절할 수 있다는 사실을 알았다. 강화는 쥐가 특별하게 요구된 행동을 반복적으로 하도록 만드는 방식으로, 스키너는 여기에 긍정적인 강화와 부정적인 강화가 있다고 보았다. 전자를 정적강화positive reinforcement, 후자를 부적강화negative reinforcement라고 한다. 정적강화는 보상을 주는 방식으로 바람직한 행동을 끌어내며, 부적강화는 보상을 빼앗는 방식으로 그 행동을 유도한다. 이와 반대로 처벌은 쥐가 특별한 행동을 덜 하도록 만드는 방식으로 여기에도 정적처벌positive punishment과 부적처벌negative punishment이 존재한다. 정적처벌은 특정 자극을 주는 방식으로 바람직하지 않은 행동을 없애며, 부적처벌은 특정 자극을 제거하는 방식으로 그 행동을 없앤다.

쉬운 예를 들면 다음과 같다. 회사에서 일을 잘 하거나 성과가 좋은 직원에게 포상휴가나 인센티브를 주는 것은 정적강화에 해당한다. 잘했을 때 좋은 것을 주는(⊕) 것이다. 그 직원이 업무에 충실하여 얻어낸 보상은 다시 일의 능률을 올려주게 되어 직원의 사기가 올라간다. 반면 회사에서 재교육을 받는 과정에서 능동적으로 참여한 직원에게 오후 교육을 2시간 빼주는 것은 부적강화에 해당한다. 잘했을 때 나쁜 것을 빼주는(⊖) 것이다. 누구라도 지겨워하는 보수교육을 퍼포먼스에 따라 일정 부분 제외시켜 줌으로써 교육의 능률을 올리는 방식이다.

반면 학교 수업 시간에 말을 안 듣거나 떠드는 학생을 체벌하는 것은 정적처벌에 해당한다. 잘못했을 때 나쁜 것을 더해주는(⊕) 것이다. 아이는 체벌이 무서워 수업시간에 고분고분하게 있으려 한다. 마지막으로 컴퓨터 게임을 과도하게 하는 자녀에게 엄마가 용돈을 줄이는 것은 부적처벌에 해당한다. 잘못했을 때 좋은 것을 빼앗는(⊖) 것이다. 아이는 용돈을 빼앗길까 봐 게임을 줄이려고 한다. 이런 네 가지 패턴

강화와 처벌에 대한 스키너의 네 가지 범주

중에서 정적강화는 뒤이어 배울 클리커 트레이닝에 고스란히 적용된다. 이를 도표로 나타내면 다음 페이지와 같다.

2차 세계대전 당시, 미국 정부에 소위 '비둘기 프로젝트'를 제안할 정도로 행동의 교정과 학습에 맹신에 가까운 신념을 보였던 그는 이후 인간의 행동도 이러한 강화와 처벌이라는 메커니즘을 통해 얼마든지 형성하고 교정할 수 있다고 믿었다. 그의 이러한 이론은 나중에 여러 동물 훈련사들과 반려견 행동 교정가들에 의해 수용되었다. 특히 20세기 후반 동물행동과 관련하여 정립된 여러 이론들은 대부분 이러한 스키너의 이론을 바탕으로 세워진 것이다.

프리맥의 쥐 실험 : 상대가치이론

1965년, 미국 펜실베이니아대학의 데이비드 프리맥David Premack은 자극뿐 아니라 반응도 강화물이 될 수 있다는 사실에 주목했다. 그는 실험용 쥐들에게 일부러 충분한 물을 주지 않아 갈증을 느끼도록 만들고, 쥐들이 쳇바퀴를 돌려야만 물을 마실 수 있도록 실험을 설계했다. 물을 마시기 위해서 쥐들은 일정 기간 노동에 해당하는 쳇바퀴를 돌릴 수밖에 없었다.

여기서 중요한 점은 행위들이 가지는 상대적인 가치로, 목표로 하는 행위가 강화되기 위해서는 쥐에게 더 중요하고 가치 있는 보상이 주어져야 한다는 사실이었다. 이를 프리맥은 상대가치이론Relative Value Theory이라고 불렀다.

프리맥은 또 다른 실험에서 아동들을 대상으로 핀볼게임과 사탕을 먹는 행위가 어떻게 강화물로 작용하는지 관찰했다. 여기서 핀볼게임을 사탕보다 좋아하는 아동에게는 사탕을 먹는 행위가 핀볼게임을 하기 위한 유인물로, 반대로 사탕을 더 좋아하는 아동에게는 핀볼게임이 사탕을 먹기 위한 수단으로서 활용될 수 있다는 사실을 밝혀냈다. 행위들 사이의 상대적 가치와 중요성에 따라 어떤 행위가 피실험대상에게 더 강력한 강화물로 작용하는지가 결정된다. 이러한 프리맥의 이론은 단순히 동물행동뿐만 아니라 인간의 행동 교정 및 교육 분야, 심리치료 등 다양한 영역에서 활용되었다.

이처럼 행동주의 심리학 이론들은 강화물에 의한 조건화를 통해 어떻게 동물들에게 바람직한 행동을 유도하고 바람직하지 않은 행동을 제거할 것인가 제시해주었다. 이들의 이론은 이후 동물행동과 교정, 동물 조련과 펫시터 분야에서 활동한 여러 선구적 인물들에 의해 다양한 방식으로 적용되고 응용되었다. 다음 장에서는 이론에 대한 응용으로 동물행동에 기반을 둔 클리커 트레이닝에 대해 하나씩 살펴보도록 하자.

COLUMN

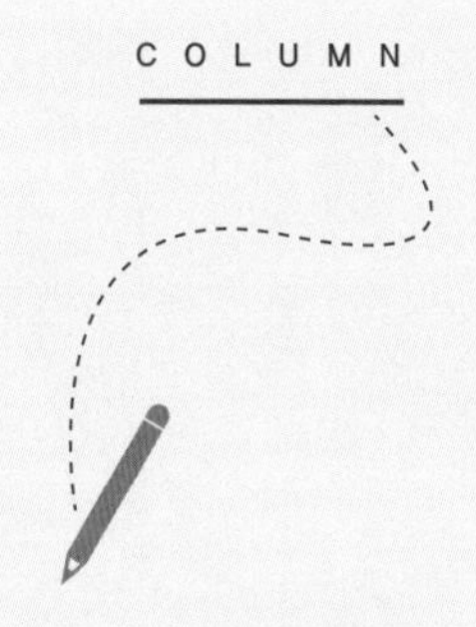

카렌 프라이어에게 클리커 트레이닝을 배우다

2019년 3월, 나는 그간 바쁘다는 핑계로 미뤄놓았던 중요한 스케줄 하나를 해결했다. 바로 클리커 트레이닝 전문가 과정이었다. 벌써 마음은 수년 전에 먹었지만, 이런저런 일들이 나를 붙잡고 있어서 '미국행 워크샵' 계획을 실행으로 옮기기가 쉽지 않았다.

카렌프라이어아카데미 전문가 과정은 까다로운 편이다. 일단 모든 과정이 영어로 진행되기 때문에 영어가 능수능란하지 않으면 수업 진행이 어렵다. 또한 온라인 과정이 거의 6개월이고, 매 강좌마다 온라인 테스트 및 동영상 테스트, 미국 워크샵 일정까지 전과정을 완수하려면 1년은 족히 걸리기 때문에 클리커 트레이닝 전문가 과정은 클리커 트레이닝을 활용하는 전 세계 훈련사들에게 커다란 도전이면서 동시에 영예이기도 하다. 사람을 지도할 수 있는 일종의 사범자격증 과정이기 때문에 그 과정을 공부하기 위해서도 자격요건이 충족되어야 한다. 일단 서류심사에서 자신의 경력을 포함한 세세한 이력서와 자료를 제출하고, 관련업종 종사자나 수의사 두 명의 추천서 역시 제출해야 한다. 서류 심사에 합격하면 영어 인터뷰 테스트가 있다. 미국에서 직접 전화가 오면 담당자와 함께 영

클리커 트레이닝 전문가 과정 노즈워크(nose work) 트레이닝 모습

어 인터뷰를 진행한다. 이러한 절차를 거치면 비로소 전문가 과정professional course의 온라인 학습을 시작할 수 있다. 온라인 과정을 이수한 다음에는 동영상 테스트와 종합시험도 패스해야 미국 워크샵 참가 자격이 생긴다. 최종 관문으로 미국 현지 워크숍 과정을 이수하고 실습과 테스트를 통과해야 최종 합격증을 받을 수 있다.

클리커 트레이닝의 성지로 향하다

내가 클리커 트레이닝을 시작하게 된 것은 한 가지 물음이 머리에서 줄곧 떠나지 않았기 때문이다. 언제부터인가 강아지들을 훈련시키면서 '왜 개들이 즐거워 보이지 않지? 좀 더 재미있게 훈련하는 방법은 없을까?'라는 문제의식을 갖게 된 것이다. '더 유쾌하게 훈련하고 놀이처럼 재미있게 트레이닝하는 방법이 있을 텐데.' 이런 갈증과 호기심이 나로 하여금 카렌프라이어아카데미의 문을 두드리게 했다.

나는 한국에서 펫시터와 도그워커의 수요가 나날이 증가하는 상황을 보면서 앞으로 클리

클리커 트레이닝 전문가 과정 퍼피 트레이닝(puppy training) 모습

커 트레이닝이 더욱 중요한 반려견 훈련 모델이 될 것이라고 직감했다. 대학 강단과 지자체, 문화센터, 훈련센터에서 클리커 트레이닝을 손수 가르치고 시연하면서 보다 객관적이고 체계적인 과정을 통해 내가 가진 능력을 한 단계 업그레이드하고 싶었다. 그래서 클리커 트레이닝의 성지라고 할 수 있는 카렌프라이어아카데미KPA에 가기로 결심했다. 서투른 영어와 낯선 환경에 대한 두려움으로 발이 떨어지지 않았지만, 없던 용기를 끌어내어 미국으로 가는 비행기에 몸을 실었다.

카렌프라이어아카데미의 전문가 훈련 과정을 경험하다

훈련 셋째 날, 우리는 퍼피 트레이닝을 해야 했다. 우리가 받은 미션은 각자에게 맡겨진 강아지에게 1분 안에 다섯 가지 행동을 하나의 신호(큐)만을 사용하여 아무런 군더더기 없이 연결 동작으로 만들어내는 것이었다. 배정받은 강아지가 말썽을 부려서 도중에 부랴부랴 다른 강아지를 선택했다. 강아지가 이름이 없다기에 내 이름에서 '진'을 그대로 붙

카렌프라이어아카데미 자격증(좌), 2018년 한국을 찾은 테리 라이언과 함께한 저자(우).

여주었다. 덩치가 컸기 때문에 '슈퍼 진'이라고 불렀다. 어떻게 시험이 진행되었는지도 모르게 1분이라는 시간은 후다닥 지나갔다. 결과는 합격!

또 다른 테스트는 반려견을 데리고 온 두 명의 손님에게 주어진 미션의 동작을 클리커로 20분 안에 프레젠테이션하고 8단계의 순서를 사용하여 코칭하는 테스트였다. 훈련도 훈련이지만, 티칭하는 기술과 커뮤니케이션 능력이 모두 다 필요한 종합시험이었다. 일단 다른 것보다도 영어로 가르쳐야 하는 부분 때문에 매우 긴장되고 부담되었다. '이럴 줄 알았으면 중국어가 아니라 영어를 공부해 두는 건데.' 한국인 특유의 영어 울렁증은 나라고 어쩔 수 없었다. 한쪽에서는 우리를 가르치는 테리 선생님이 타이머를 들고 매의 눈으로 나의 일거수일투족을 살피고 있어서 말 그대로 입이 바짝 타들어 갔다. 나에게 주어진 미션은 타깃을 터치하는 것과 타깃을 따라가는 것이었다. 20분 동안 클리커의 스킬 중에서 타깃팅이 얼마나 중요한지를 차분히 설명했고, 클리커의 기본을 다루는 동작을 연습하게 했다.

많이 떨릴 줄 알았는데 생각보다 물 흐르듯 자연스럽게 흘러갔다. 신기하게도 어느새 영어로 줄줄 말하고 있는 자신을 발견했다. 어디서 그런 초인적인 능력이 나왔는지 나도 놀라웠다. 그렇게 정해진 순서를 마치고 나는 평가를 기다렸다. 마른 침을 꼴깍 삼키며 테리 선생님의 입만 쳐다보았다. '제발, 제발요. 제가 떨어지면 무슨 면목으로 한국에 있는 제자들의 얼굴을 봅니까?' 속으로 이렇게 외치며 빌고 또 빌었다. 1분이 마치 10년처럼 길게 느껴졌다.

드디어 최종 결과가 나왔다. 합격이었다!

이번 장에서는...

빈려견과 진정으로 소통할 수 있는 즐거운 훈련법,

클리커 트레이닝에 관해 구체적으로 배워보겠습니다!

제8장

우리는 정말로 교감하고 있어요 : 클리커 트레이닝

클리커 트레이닝의 역사

클리커 트레이닝은 동물행동학을 토대로 하여 만들어진 훈련법이다. 여러 가지 실험과 이론적 과정을 거쳐 과학적으로 입증된 방법이면서, 오늘날 전 세계 많은 반려견 훈련사들이 강아지들을 트레이닝시키면서 검증된 훈련법이다.

본격적으로 클리커 트레이닝을 말하기에 앞서, 체계적인 개 훈련은 언제부터 시작된 것인지에 관해 간단히 짚어보자.

사실 현대적인 의미의 개 훈련은 전쟁의 용도로 시작되었다. 어찌 보면 특수목적견 훈련이 개 훈련의 시작이라고 볼 수 있다. 본래 유럽 대륙에서 군견을 훈련시켜 작전에 투입한다는 아이디어는 새로운 것이 아니었다. 역사적으로 독일과 프랑스, 러시아군은 여러 해 동안 다양한 군사적 목적으로 개를 훈련시켜왔다. 그러나 체계적인 사육과 훈련으로 군견의 위상을 정립한 인물은 1차 세계대전 당시 영국군 장교 출신이자 최고의 훈련사 중 한 명이었던 에드윈 리처드슨Edwin Hautonville Richardson

이었다. 전쟁이 터지자 그는 영국 적십자사에 자신이 훈련시킨 개들을 부상병을 수색, 탐지하고 후송하는 업무에 투입하도록 제안했다. 이후 왕립 포병대의 한 장교는 리처드슨에게 기존 통신이 적 포병대에 의해 계속 중단되자 그의 전초기지와 총포대 사이에 메시지를 전달해줄 개들을 요청했다. 이에 그는 '울프'와 '프린스'라는 두 마리의 군견을 훈련시켜 1916년 12월 31일 프랑스 전장으로 파송했다. 최초의 근대적 군견이 전투에 배치된 역사적 순간이었다.

개들의 활약은 기대 이상이었다. 전장의 한복판에서 전화선은 모두 끊어지고 시각 신호가 불가능해진 상황에서 포연을 뚫고 리처드슨의 군견들이 적진을 누비며 맹활약을 펼쳤던 것이다. 리처드슨의 군견들은 기존의 비둘기와 여타 장비로 군사 암호를 전달하던 군사 작전체계에 일대 변화를 가져왔다. 이러한 활약에 고무된 군은 1918년 11월에 각 대대에 한 무리의 메신저 개를 배치해야 한다고 지시하기까지 했다. 이후 군견들은 통신 업무 외에도 탐지, 수색, 후송 업무를 도우며 각종 전투에서 무공을 세웠다. 전쟁이 끝날 무렵, 리처드슨이 설립한 군견훈련학교War Dog Training School는 크게 성장했고, 육군은 경비견과 보초견을 훈련시켜 1917년과 1918년 무기고를 지키는 보초병을 개로 교체해 인력난을 해소하기도 했다. 1차, 2차 세계대전이 끝나고 세상은 다시 평화를 찾았다. 엄혹한 상황에서 고도의 군사훈련을 받았던 개들은 자신들이 활약할 무대가 사라지는 것을 지켜보아야 했다.

한편, 군견들을 훈련시키던 훈련사들과 달리 개 훈련을 일반 반려인들에게 대중화시킨 이들이 있었다. 바로 켈러 브릴랜드Keller Breland와 마리안 브릴랜드 베일리Marian Breland Bailey 부부였다. 그들은 조작적 조건화 실험으로 유명한 스키너의 연구 조교였다. 그들은 미네소타대학에 다니며 스키너 밑에서 조교로 있으면서 굵직한 동물 실험에 참여했는데, 특히 2차 세계대전이 막바지에 달하던 시절 미 해군의 기밀작전인 '비둘기 프로젝트Pigeon Project'에 동참하기도 했다. 전쟁이 끝난 후에도 스키너의 연구는 계속되었고, 브릴랜드 부부는 스키너를 도와 더욱 복잡한 실험과 자료 분석에 매달리면서 자연히 조작적 조건화 방식을 동물 트레이닝에 접목시킬 경우 상업적으로 성공할 수 있다는 가능성으로 미네소타 주의 한적한 농장을 사서 동물행동엔터프라이즈Animal Behavior Enterprises(ABE)라는 거창한 이름의 단체를 설립했다.

이 농장에서 브릴랜드 부부는 개뿐만 아니라 고양이, 소, 닭, 염소, 돼지, 토끼, 너구리, 쥐 같은 다양한 동물들을 조련하기 시작했다. 여기에 돌고래 같은 수상 동물까지 더해져 가장 바쁠 때는 한 번에 1,000마리가 넘는 동물들을 관리했는데, 그들은 오늘날 동물원에서 흔히 볼 수 있는 돌고래쇼와 버드쇼를 최초로 기획하고 상업적으로 안착시키는 데 결정적인 역할을 했다. 하지만 그들에게 전국적인 명성을 가져다 준 것은 단연 치킨쇼였다.

이를테면 이런 식이었다. 무대 위에 한 암탉이 작은 모형 피아노 앞에서 연주를 하면, 옆에 연미복과 구두를 차려입은 다른 암탉이 음악에 맞춰 탭댄스를 추고, 또 다른 암탉은 둥지에서 나무로 만든 계란을 낳았다. 이러한 성공에 힘입어 최초의 동전 작동 동물쇼를 만들어 상업적으로 커다란 이윤을 남겼으며, 동물을 통해 사람들에게 무한한 영감을 주면서 월트 디즈니를 비롯하여 다양한 영화 제작자나 TV쇼 관계자들의 섭외가 줄을 이었다. 1966년, 브릴랜드 부부가 자신들의 경험을 토대로 내놓은 『동물행동Animal Behavior』은 이 분야의 바이블로 통한다. 1965년, 남편 켈러가 갑작스러운 심장마비로 유명을 달리하자, 마리안은 ABE의 수석 조련사였던 밥 베일리Robert E. Bailey와 재혼하여 사업을 이어갔다.

카렌 프라이어, 행동주의 심리학과 훈련을 결합시키다

브릴랜드 부부 외에도 개 훈련을 동물행동학이라는 학문의 영역에서 접근하는 이들이 등장했다. 행동주의 심리학을 동물 훈련에 본격적으로 적용했던 인물은 카렌 프라이어Karen Pryor였다. 그녀는 1954년 생물학과 동물행동학 전공으로 미국 코넬대학교를 졸업하고, 1963년 상어 전문가였던 남편과 함께 하와이에서 해양생태공원 Sea Life Park을 설립하여 수석 조련사로 활동했다. 그녀는 군사적 목적으로 개들에게 부적강화를 기반으로 한 강압적인 훈련을 요구하던 방식보다는 정적강화긍정강화를 통해 고래나 돌고래 같은 바다 생물들을 조련하는 것이 훨씬 바람직하다는 것을 깨달았다. 그녀는 1986년 이런 이론과 경험들을 모아 『Don't Shoot the Dog한국어판 제목 : 긍정의 교육학』 라는 책을 썼다. 책에서 프라이어는 목줄이나 체벌을 가하지 않고도 개에게 바람직한 행동을 가르칠 수 있는 방법을 소개했다.

그녀 역시 로렌츠의 동물행동 연구와 스키너의 행동주의 심리학을 통해 과학적 훈련으로 알려진 조작적 조건화 내용을 대중들에게 소개하기 시작했다. 특히 그녀는 클리커라는 도구를 통해 반려동물을 훈련시키는 방법을 체계화했는데, 이는 본래 돌고래에게 신호를 보내는 도구에서 비롯된 것이다. 그녀는 동료들과 함께 클리커 트레이닝의 각종 도구들을 보완하고 수정하여 오늘날 우리가 사용하고 있는 아이클릭i-click™ 클리커를 디자인했다.

클리커 트레이닝은 반려문화의 성숙과 함께 상업적으로 크게 성공을 거두었다. 1992년, 카렌 프라이어는 개리 윌키스, 잉그리드 셀렌버거와 함께 샌프란시스코에서 첫 번째 클리커 트레이닝 세미나를 개최했다. 이 전통은 그대로 이어져 카렌 프라이어아카데미Karen Pryor Academy라는 상설 교육기관이 개설되었고, 오늘날까

클리커 트레이닝의 산증인 카렌 프라이어와 과거 그녀가 클리커로 돌고래를 훈련시키는 모습

지 전 세계에 클리커 트레이닝을 보급하는 일에 매진하고 있다. 이를 위해 카렌프라이어클리커트레이닝Karen Pryor Clicker Training이라는 회사를 세우고 클리커 엑스포 ClickerExpo를 주관하고 있다.

그녀의 관심은 단순히 동물을 교육하는 데 그치지 않고 인간의 행동 수정으로 확장되어 태그티치TAGteach라는 방법을 고안했다. 이는 운동선수들의 기량을 높여 경기력을 향상시키고, 자폐 및 특수 장애아들에게 보다 쉽고 빠르게 이해시키는 프로그램이다. 태그티치 기법은 특수한 대상뿐만 아니라 정서적으로 불안한 배우자, 통제 불가능한 십 대, 나이 많은 부모와 갈등을 일으키는 자녀, 심지어 테니스 게임 실력을 향상시키고 싶은 선수에게 이르기까지 다양한 분야에 활용될 수 있다고 한다.

22

내 생애 첫 번째 클리커 트레이닝: 원리와 기본

카렌 프라이어에 따르면, 클리커 트레이닝은 바람직한 행동을 표시하고 보상하는 것에 집중하는 훈련 방식이다. 행동주의 심리학에서 정적강화에 근거한 트레이닝으로 분류된다. 정적강화는 긍정강화, 혹은 양성강화로도 번역된다. 바람직한 행동은 대개 동물에게 옳은 일을 할 때 정확히 알려주는 짧고 뚜렷한 '딸깍' 소리를 내는 기계 장치 클리커를 사용하여 표시된다. 이 분명한 형태의 의사소통은 긍정적인 강화와 결합되어 반려견에게 신체적으로 추구할 수 있는 바람직한 행동을 가르치는 효과적이고 안전하며 인도적인 방법이다. 이 방법은 비단 개를 비롯한 동물들뿐만 아니라 사람에게도 적용되는 원리이다. 그러기에 아동심리학, 발달심리학, 학습심리학에서도 바람직한 행동에 보상을 주는 긍정교육법에 대한 언급은 빠지지 않는다.

클리커 트레이닝의 원리와 원칙

사실 클리커 트레이닝의 기본 원리는 매우 간단하다. 하지만 실제로 클리커를 가지고 반려견을 훈련시키는 것은 생각만큼 녹록지 않다. 현재 SNS나 유튜브에 떠돌고 있는 대다수의 동영상들을 보면, 클리커 트레이닝의 기초 지식과 기본 자세가 결여된 채 그릇된 방식으로 클리커를 다루는 이들이 많은 것을 발견하게 된다. 트릿백먹이주머니의 위치, 트레이너의 위치 및 자세, 시선 처리, 개를 다루는 방식, 트레이닝의 절차와 타이밍 포착 등 많은 부분에서 틀린 부분이 많은데도 불구하고 마치 그것이 정답인 양 "클리커 트레이닝 너무 쉽죠?"라고 말한다. 이는 클리커 트레이닝의 기본 원리인 과학적인 이론과 도구를 다루는 정확한 움직임의 기술은 배우지 않은 채 클리커만 들고 딸깍거리는 격이 된다. 그런 함량 미달의 동영상을 보고 따라 하기 때문에 제대로 된 훈련이 진행될 리가 없다. 그러니 클리커 트레이닝 사용 후기를 물으면 한결같이 "클리커요? 처음에는 좀 하다가 지금은 안 해요.", "그냥 말로 하는 게 편해요."라는 부정적인 피드백이 돌아온다.

물론 가르치고자 하는 목표 행동이 완벽하게 숙지된 상태라면 클리커를 점차 생략하기도 한다. 그러나 내 계획에 의해 클리커를 생략해나가는 것과 목표 행동의 성공 여부와 상관없이 클리커를 좀 사용하다가 어느 순간 귀찮아서 혹은 잊어버려서 사용하지 않는 것은 천지차이다. 이것은 제대로 배우고 적용하느냐 그렇지 않느냐의 차이라고 볼 수 있다. 클리커를 누르는 동작은 매우 쉽다. 그냥 누르기만 하면 되기 때문이다. 하지만 클리커를 '언제' '어떻게' '왜' '어떤 기준으로' 누르는지 알기 위해서는 지식과 노력과 연습이 필요하며, 이는 절대 쉽지 않다. 하지만 이런 복잡한 과정을 이해하고 연습하여 훈련에 적용한다면 매우 편리할 것이다. 배우고 있는 동물에게도, 가르치고자 하는 사람에게도 말이다.

무엇이든 정도가 있고 정석이 있는 법. 그렇다면 클리커 트레이닝의 기본 원리는 무엇일까? 원리 자체는 매우 심플하다! 관찰과 표시, 그리고 보상, 이렇게 3단계로 이루어져 있다.

클리커 트레이닝의 3단계

STEP 1	STEP 2	STEP 3
관찰 observation	표시 marking	보상 rewarding

클리커 트레이닝은 동물이 어떤 행동을 하는지 관찰하다가 내가 원하는 행동을 하는 순간에 클리커로 표시하여 동물이 좋아하는 보상을 제공하는 훈련이다. 이때 클리커는 특정한 행동을 표시하는 도구 역할을 하기 때문에 이벤트 마커event marker라고도 부른다.

이렇게 클리커로 표시한 후 보상을 제공하는데, 보상은 학습에 의해서가 아닌 당연한 생리반응을 일으킨다고 하여 무조건 강화물이라고 하고, 이는 1차 강화물이 된다. 이때 내가 트레이닝하는 동물이 좋아하는 모든 것맛있는 먹이 보상이나 장난감, 스킨십은 1차 강화물이 될 수 있다. 클리커는 이벤트 마커의 역할을 하며, 2차 강화물조건 강화물이 된다. 클리커가 조건 강화물이 되는 원리는 바로 앞에서 배운 파블로프의 고전적 조건화의 종소리처럼 조건화 과정을 거쳤다는 의미이다.

❶ 목소리보다는 딸깍으로

왜 목소리 대신에 클리커를 이용할까? 개에게 그냥 "코코야, 옳지!"해도 되지 않을까? 간단하다. 인간의 언어 대신에 일관된 청각 신호를 사용하는 것이 반려견에게 새로운 행동을 가르칠 때 이점이 있기 때문이다. 클리커의 '딸깍!' 하는 소리가 주인의 몇 마디 외침보다 더 정확하다. 클리커는 어떤 상황에서건 동일하고 한결같은 청각 신호를 준다. 기분이 좋을 때의 "옳지!"와 기분이 나쁠 때의 영혼 없는 "옳지!"는 하늘과 땅 차이이다. 사람은 상황과 조건, 기분에 따라 다른 음성을 내기 쉽지만, 감정이 없는 클리커는 매번 똑같은 신호음을 내고 동일한 의미를 전달할 수 있다. 다른 음성 신호가 간섭해도 혼동할 가능성이 작다는 이야기이다. 인간은 같은 단어도 매번 다른 방식으로 다른 의미와 감정을 담아서 표현하지만, 클리커는 그렇지 않다.

또한 클리커가 지닌 무시할 수 없는 장점은 누구에게나 이용 가능하다는 사실이다. 사람마다 발음과 억양, 톤이 다르다. 엄마가 "옳지!" 할 때와 아빠가 "옳지!" 할 때, 한국인이 할 때와 외국인이 할 때가 다 다르다. 반려견은 비언어적인 동물이기 때문에 억양만 조금 바뀌어도 대

주인의 목소리보다는 클리커가 더 효과적인 또 하나의 이유

주인의 목소리는 평소 강아지에게 너무 많이 노출되어 있어서 특별하지 않다. 바람직한 행동을 했다고 확실하게 표시해야 하는데, 주인의 목소리는 너무 익숙하기 때문에 강아지 입장에서 잘한 일인지 아닌지 티가 나지 않는다. 반면 클리커로 주는 신호는 정확하게 인식된다.

번 혼동할 수 있다. 하지만 클리커는 누가 손에 쥐었다 하더라도 때와 장소를 가리지 않고 동일한 소리를 내기 때문에 매우 일관적이며 효과적이다. 언어장애가 있는 분도 문제없이 클리커로 교육할 수 있다.

❷ 보상은 개가 좋아하는 것으로

클리커로 훈련하는 과정에 인간들은 종종 반려견에게 딸깍 소리에 의해 약속된 보상을 던져주지만, 사실 보상이 무엇인지를 결정하는 것은 주인이 아닌 반려견들이다. 다시 말해서, 클리커 트레이닝이 성과를 얻으려면, 내가 건네는 보상이 반려견에게 '가치'가 있어야 한다. 반려견은 주인이 요구하는 특정한 행동을 하면서 주인이 던져주는 보상을 받을 것인지, 아니면 무시할 것인지 결정할 수 있다. 어떤 반려견은 몇천 원짜리 닭가슴살로 만든 간식이나 양고기로 만든 프리미엄 개껌이라도 꿈쩍하지 않는다. 대신 몇백 원짜리 치즈봉에 강렬한 관심을 나타낼 수 있다. 이처럼 보호자가 클리커 트레이닝을 하기 위해서 사용하는 보상이 반려견이 원하는 강화물인지 자세히 살펴야 한다.

강아지가 어떤 것을 좋아하는지, 어떤 것에 반응하고 어떤 것에 시큰둥한지 여러 상황과 장소에 따라 효과적인 강화물보상을 찾아내는 것은 매우 중요하다. 가끔 집에서는 간식만 줘도 손도 내주고 '빵~'까지 하던 댕댕이가 산책길에 고양이나 다른 개를 마주치면 간식을 한 뭉치 입에 넣어줘도 아무 짝에 쓸모없다는 것을 반려인이라면 누구나 한 번쯤 경험해봤을 것이

HOW TO & TIP

무형의 것도 강화물이 될 수 있다

강화물은 간식이나 장난감 같은 눈에 보이는 유형물도 될 수 있지만, 칭찬이나 관심, 눈빛, 구속으로부터의 자유, 스킨십처럼 무형의 것들도 될 수 있음을 기억해야 한다.

다. 이러한 이유로 최적의 클리커 트레이닝을 위해서 상황과 장소에 따라 강화물의 선택이 바뀌어야 한다.

❸ 타이밍이 제일 중요하다

클리커를 이용한 훈련에서 가장 주의를 요하는 것이 바로 타이밍이다. 내가 시키고자 하는 행동이 무엇인지 반려견에게 정확히 인식시키려면, 반려견이 내가 원하는 행동을 하는 그 '순간'에 클리커를 눌러야 한다. 만일 1초라도 클리커를 빠르게 혹은 늦게 누르면, 본의 아니게 전혀 다른 행동을 강화시키게 된다.

예를 들어, '앉아'를 강화시키고 싶어서 강아지가 앉은 동작을 보고 2초 늦게 클리커를 눌렀다고 해보자. 그 순간 강아지가 앉았다 일어나려 했다면, 앉는 동작을 표시하

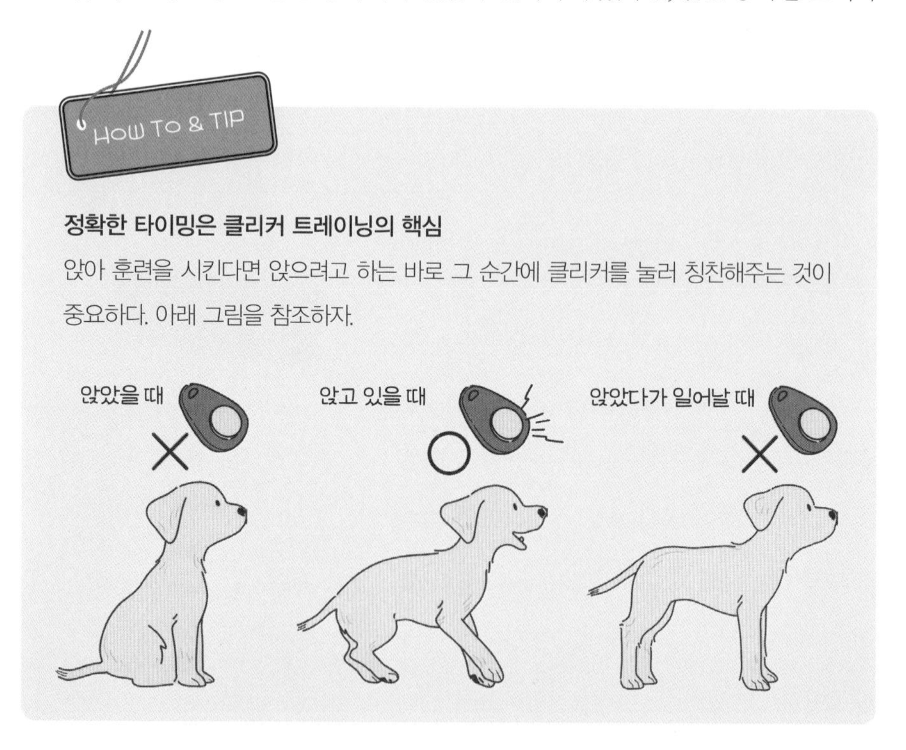

려는 나의 의도와는 반대로 일어서는 동작을 표시한 꼴이 된다. 이런 과정이 반복되면 개의 입장에서는 '아, 서 있어야 보상이 주어지는구나.'라고 착각하게 된다.

행여 타이밍이 맞지 않는다고 두 번 세 번 클릭하지는 말아야 한다. 복잡한 신호는 반려견에게 혼란만 가중시킬 뿐이다. 그리고 클리커를 사용할 때는 움직임을 최소한으로 유지하고 목소리를 조용히 한다. 트레이너가 쓸데없이 움직이거나 여러 가지 행동을 보이면 반려견의 주의가 산만해지기 때문이다.

10분 미만을 한 세션으로

세션(session)이란 트레이닝을 시작해서 끝나는 시간까지의 한 타임을 뜻한다. 반려견을 트레이닝할 때 너무 오래 진행하는 것은 오히려 집중력을 떨어뜨리니 보통 10분 미만으로 한 세션을 구성하는 것이 좋다. 연령이 어린 강아지일수록 집중력이 부족하기 때문에 짧은 세션이 효과적이다.

클리커 트레이닝을 시작하기 전에

❶ 클리커 장만하기

클리커는 시중에 저렴하게 다양한 형태로 출시되어 있기 때문에 굳이 비싼 제품이나 특정 브랜드의 클리커를 구매할 필요가 없다. 자신의 손에 알맞은 크기, 가르치고자 하는 훈련의 종류, 트레이닝할 동물에 따라 필요한 모양과 기능의 제품을 구비하면 된다. 클리커의 종류나 브랜드보다 중요한 것은 얼마나 일관적으로 정확하게 사용하느냐이다. 아무리 비싸고 특이한 제품이라도 쓰다 말다 하거나 트레이닝 세션 중에 이것저것 바꿔 쓰면 소리가 바뀌기 때문에 혼동을 줄 수 있어 무용지물이 된다.

시중에는 다양한 형태의 클리커 제품들이 출시되어 있다. 일반적인 버튼형 클리

시중에 나와 있는 여러 가지 종류의 클리커들

박스형 	휘슬형 	반지형 
팔찌형 	타깃형 	리쉬형 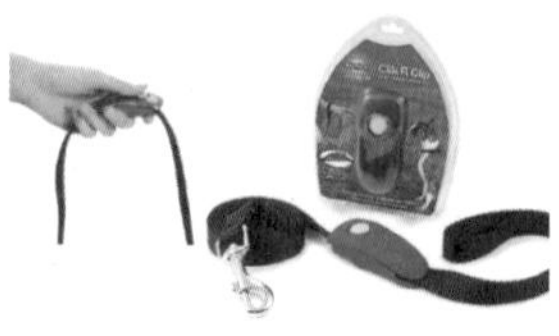

커는 단추를 누르는 형태로 작동되는데, 버튼이 돌출되어 있어 누르기 쉽다는 장점과 동시에 실수로 누를 수 있다는 단점도 있다. 보통 소리가 크지 않아 야외용으로는 적합하지 않지만, 소리에 예민한 반려견이나 고양이에게는 오히려 적합할 수 있다. 박스형 클리커는 플라스틱으로 되어 있어 가볍고 녹이 슬지 않으며 내구성이 좋다는 장점이 있다. 일반 버튼형 클리커보다는 소리가 커서 주변 소음이 있는 곳에서도 잘 들리고 버튼이 떨어지는 불상사도 일어나지 않는다. 반면 휘슬형 클리커는 호루라기 기능과 클리커 기능이 합쳐진 클리커로 짖음 예방 교육이나 리콜 훈련 등에 주로 사용된다.

또한 다양한 디자인의 클리커도 나와 있는데, 형태에 따라 반지형 · 팔찌형 · 목걸이형 · 타깃스틱형 · 리쉬형 클리커로 나뉜다. 손가락에 반지처럼 낄 수 있는 반지형 클리커, 손목에 착용하는 팔찌형 클리커, 목에 걸고 다닐 수 있는 목걸이형 클리커는 기존에 클리커를 사용하면 한 손을 사용하지 못한다는 단점을 보완하기 위해 만들어졌다. 클리커를 사용하더라도 양손 모두 자유롭게 사용할 수 있도록 트레이너의 편의를 위해 고안된 제품들이다. 또한 타깃스틱형은 주로 타깃팅 교육을 할 때 쓰이는 클리커로, 목표물을 따라 이동하게 하거나 닿게 하는 행동을 가르치고자 할 때 사용하면 편리하다. 리쉬형 클리커는 반려견 산책 교육에 쓰이는 클리커로 줄에 클리커를 끼울 수 있게 만든 제품이다. 보호자가 산책할 때 한 손에 줄과 클리커를 다 잡을 수 있다는 장점이 있다. 이 밖에도 소리의 크기를 조절할 수 있는 클리커나 버튼을 누르면 '딸깍' 소리와 함께 간식이 떨어지는 자동급여형 클리커도 있다. 자, 이제 여러분이 필요한 클리커를 골라서 주문해보자.

❷ 클리커 눌러보기

클리커가 준비되었다면, 이제 직접 눌러보도록 하자. 일단 오른손으로도 눌러보고 왼손으로도 눌러본다. 어느 손이 편한지 느껴본 다음, 보다 편한 손에 클리커를 쥐도록 한다. 클리커를 쥐는 손이 정해지면 자연스럽게 먹이를 주는 손도 정해진다.

간식은 미리 준비해서 트릿백treatbag : 트릿파우치(treat pouch), 피드백(feedbag)이라고도 함에 넣어 허리춤에 찬다. 시중에는 다양한 종류의 트릿백이 시판되고 있으며, 클리커와 세트로 묶어 판매되는 상품들도 있다. 막상 트레이닝이 시작되었는데 트릿백이 없어서 트레이닝 도중 부랴부랴 봉지를 뜯어서 간식을 준다거나 주머니에 꺼내다가 간식이 떨어지기라도 하면 반려견의 집중력을 떨어뜨리고 타이밍을 놓치는 원인이 된다. 훈련용 트릿백을 구하지 못했다면, 복대나 낚시조끼처럼 주머니가 커서 훈련용으로 쓸 수 있는 것을 미리 준비한다. 그리고 트릿백에 간식을 넣고 클리커를 누른 후 보상을 건네는 가상 연습을 진행한다.

주의할 점은 가능한 반려견이 클리커 소리를 듣지 못하는 곳에서 따로 연습하는 것이다. 트레이닝에 들어가기에 앞서 트레이너가 먼저 기계적으로 '클릭 후 보상'이라는 과정을 정확한 타이밍에 바른 자세로 익혀야 한다. 연습 없이 바로 반려견에게 적용하려다 보면 실수하기 마련이다. 나의 실수가 반려견에게 불필요한 혼동을 줄 수 있으므로, 클리커를 누르고 보상을 건네는 연습을 시뮬레이션으로 충분히 한 다음에 반려견과 트레이닝을 시작하는 것이 좋다.

CLICKER TRAINING

강아지 없이 클리커 연습하기

① 클리커를 어느 손으로 사용할 것인지 먼저 정한다.

② 보상은 어느 손으로 사용할 것인지 정한다.

③ 트레이닝 중에 양 손은 어떤 자세로 하고 있을 것인지 정한다.

④ 한 손이 목줄을 쥐어야 할 때, 클리커와 보상은 어느 손으로 사용할 것인지 정한다.

⑤ 클리커를 누른 후 트릿백에서 보상을 꺼내 컵이나 반찬통에 넣어본다.

⑥ 어느 정도 익숙해졌으면, 타이머로 시간을 재고 1분에 몇 개 정도 컵 안에 들어가는지 확인한다.

⑦ 컵 주위에는 떨어지지 않았는지 확인하고 정확한 위치에 넣도록 한다.

⑧ 1분에 약 20개 이상이 정확히 컵 안에 들어갔다면, 이번에는 점차 난이도를 높여서 먼 거리에서 보상을 건네는 연습을 한다.

⑨ 같은 방법으로 1분의 시간을 재고 약 20개 이상 성공했을 시, 이번에는 움직이면서 클릭 후 보상을 컵 안에 넣는 연습을 한다.

❸ 클리커 트레이닝의 적정 시간

최적의 트레이닝 시간은 얼마일까? 애견학교에 근무할 때 많은 보호자들이 이렇게 질문하곤 했다. "우리 아기는 하루에 몇 시간이나 훈련해요?" 훈련을 몇 시간 진행하면 그 아이는 지쳐서 더 이상 훈련사를 보려고도 하지 않을 것이다. 훈련은 길게 하는 것보다 짧게 여러 번 반복하는 것이 훨씬 효과적이다. 아무리 재미있는 것이라도 너무 길어지면 집중력이 흐트러지기 때문이다. 연구 결과마다 조금씩 상이하지만, 반려견의 지능은 대개 서너 살짜리 어린아이의 지능과 같다고 한다. 그 나이의 어린아이들이 집중할 수 있는 시간을 고려해보라. 훈련 시간이 길면 길수록 트레이너에게 불리해진다. 당장 집중력이 저하되고 지루해지면 반려견이 다른 것에 정신을 팔 확률이 높아지기 때문이다.

특히 클리커 트레이닝은 더욱 시간에 주의해야 한다. 클리커 트레이닝은 무작정 트레이너의 손 가는 대로 따라가는 것이 아니라 반려견 스스로 생각하게 하는 원리이기 때문에 트레이닝 시간이 길어지다 보면 자칫 반려견에게 과부하가 걸릴 수 있다. 그러니 트레이닝 세션은 짧게 잡도록 하자. 혹시 본인이 너무 열중하여 시간 가는 줄 모르는 타입이라면 타이머를 설정하여 도움을 받도록 한다. 그리고 세션의 마지막은 성공으로 마무리하는 것이 훨씬 효과적이다. 즉 잘못해서 '이제 하기 싫은가보다.'라고 느끼도록 훈련을 끝내는 것보다 잘할 수 있는 동작으로 훈련을 마무리한다. 그 후 보상으로 재미있는 놀이나 편한 휴식이 제공된다면 트레이닝은 더욱 즐거운 놀이가 되고 게임처럼 느껴질 것이다.

왜 클리커 트레이닝을 제대로 배워야 하는가

클리커 트레이닝은 내 반려견과 소통하는 도구이다. '클릭'은 '예스', '그래', '그거야', '지금 행동이 맞아!', '내가 원하는 게 그거야!'라는 의미이다. 클리커 트레이닝은 재미있게 하는 게임이다. 클릭은 강아지에게 언제나 좋은 놀이이며, 신나는 경험이다. 언제나 보상이 뒤따라오기 때문에 반려견들에게 재미있는 게임이 될 수 있다.

무엇보다 클리커 트레이닝은 과학이다. 과학적 접근은 언제 어디서나 동일한 결과를 만들어내는 이치라고 할 수 있다. 클리커 트레이닝은 지역과 상황, 견종과 연령, 성별과 성격에 커다란 구애를 받지 않고 소기의 성과를 내는 성공률 높은 훈련법이다. 강아지 입장에서도 클리커 트레이닝은 동일한 행동에 동일한 보상이 주어지는 과학이다. 강아지에게 '클릭'은 틀림없이 이루어지는 조건과 보상을 의미한다. 강압적 훈련으로 헤매는 대신, 강아지는 긍정적인 동기를 통한 트레이닝으로 빠르게 원하는 행동을 익힐 수 있다. 과학적 원리로, 스스로 행동하게끔 훈련시키기 때문에 힘을 주어 강압적으로 훈련시키지 않아도 되어 견종과 크기에 상관없이 남녀노소 누구나 쉽게 훈련시킬 수 있다.

클리커 트레이닝이 과학적이라고 하는 이유는 가설과 검증을 통해 원리가 입증된 조작적 조건화를 기반으로 만들어졌기 때문이다. 앞서 언급했던 것처럼, 아무 의미 없는 중립자극에클리커 무조건자극보상을 더해 의미를 입혀주는 순간조건형성, 반려견은 맹렬하게 클리커 트레이닝에 빠지게 된다. 억지로 줄로 끌어당기거나 회초리를 들어 강압적으로 시키는 것이 아닌 동물 스스로 판단하여 행동하게끔 하는 방식이라 개나 고양이뿐만 아니라 덩치가 큰 코끼리, 기린, 사나운 맹수들, 조류, 돌고래도 훈련시킬 수 있다.

클리커 트레이닝은 매우 간단하다. 누구라도 금방 이해하고 익힐 수 있다. '관찰하고 표시하고 보상한다.' 이 원칙이 훈련의 골자를 이룬다. 학습되지 않아도 아무 조건 없이 생리적으로 나오는 자연스러운 반응1차 강화물에 클리커와 같은 2차 강화물을 얹어 바람직하고 긍정적인 반응을 유도하는 강력한 훈련이다.

조작적 조건화에 사용되는 1차 강화물과 2차 강화물

1차 강화물 primary reinforcer	2차 강화물 secondary reinforcer
조건화가 필요 없는 무조건 강화물. 학습되지 않아도 아무 조건 없이 생리적으로 나오는 반응을 유도함	조건화가 필요한 조건 강화물. 학습에 의해 무조건 강화물과 연관시켜 나오는 반응을 유도함 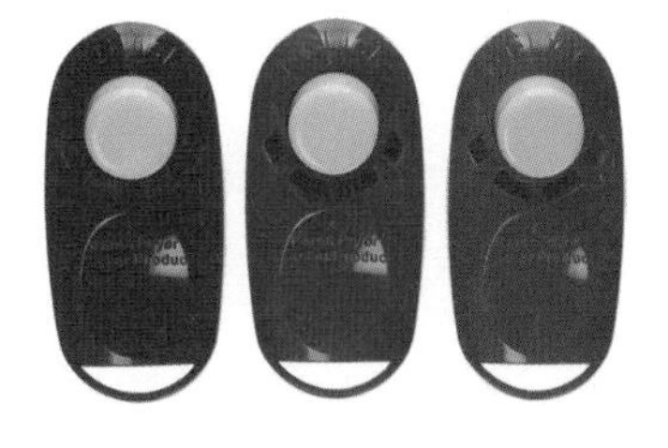

클리커 트레이닝의 장점은 헤아릴 수 없이 많다. 과거 70년대 군대식 교육이 주를 이루던 시절의 훈련사들은 밥을 굶겼다가 먹이를 주면서 훈련하는 식의 강압적 방식으로 개를 대했다. 훈련사가 동등한 반려자이기보다는 강아지에게 두려운 존재, 일종의 '알파 메일'이 되어야 한다는 강박관념이 있었기 때문이다. 그래서 개가 갖고 있는 야생의 습성과 서열 의식, 생존 행동과 같은 생물학적 본능에 기반한 동물의 행동 교육 계획을 짰던 것이다. 하지만 시대가 바뀌고, 동물의 지위 역시 높아지자 긍정적인 방법으로 훈련을 시키려는 움직임이 일어났다. 그중 클리커 트레이닝의 원리는 정적강화를 통해 보다 나은 방향으로 문제를 수정시켜 나가는 것이다.

CLICKER TRAINING

클리커 트레이닝의 열다섯 가지 장점

- 강압적이지 않은 긍정적인 교육이다. 바람직한 행동에 칭찬과 보상을 줌으로써 반려견에게 동기부여가 되고, 자신감을 잃은 반려견에게 자신감을 심어줄 수 있다.
- 단순히 먹이나 미끼로 유인하여 그것만을 쫓는 훈련이 아니라 교육받는 대상이 스스로 생각하게 하는 창의적인 교육이다.
- 트레이너가 정확한 기술을 습득하여 적용한다면, 매우 일관성 있는 교육이다.
- 복잡한 난이도의 다양한 동작을 쉽게 이해시키고 가르칠 수 있는 교육이다.
- 단순한 도구를 사용하여 모든 동물에게 적용할 수 있는 교육이다.
- 힘이나 기술을 요구하지 않기 때문에 남녀노소 누구나 시킬 수 있는 교육이다. 장애가 있어도 클리커를 조작할 수만 있다면 쉽게 교육할 수 있다.
- 실내나 실외를 막론하고 언제 어디서든 자유롭게 할 수 있는 교육이다.
- 게임처럼 진행되기 때문에 반려견이 귀찮아하지 않고 적극 참여할 수 있는 즐거운 교육이다.
- 실수에 대한 처벌이 없기 때문에 반려견이 두려움 없이 받을 수 있는 교육이다.
- 반려견과 아이콘택트 및 상호 교감을 형성할 수 있는 교육이다.
- 언제나 일정한 소리로 원하는 메시지를 정확하고 빠르게 전달할 수 있는 교육이다.
- 신경학자들의 연구에 따르면, 신경기관 자체에 전달되기 때문에 쉽게 잊지 않는 교육이다.
- 트레이너의 관찰력과 통찰력을 높이고 타이밍을 포착하는 스킬을 향상시킬 수 있는 교육이다.
- 보상을 주는 타이밍과 횟수에 변화를 주는 간헐적 강화계획으로 행동을 더욱 강화시키고, 보상의 빈도 수와 양을 줄여나갈 수 있는 교육이다.
- 반려견의 집중도를 높일 수 있어 산만함을 줄일 수 있으며, 잘못된 행동을 올바른 행동으로 교정하는 데도 쉽게 적용할 수 있는 교육이다.

내 반려견과 클리커 트레이닝하기

천릿길도 한걸음부터다. 처음부터 반려견에게 클리커 트레이닝으로 어떤 동작을 만들 생각을 해서는 절대 안 된다. 반려견이 트레이닝에 비협조적으로 나와도 인내심을 갖고 천천히 주의를 끄는 것이 중요하다. 애초에 반려견은 자신에게 아무 의미가 없는 딸깍 소리에 별 반응이 없을 수밖에 없다. 클리커 트레이닝을 해보지 않았으니 그 소리의 의미를 이해하지 못하는 것이 당연하고, 반응이 없는 것이 정상이다.

중요한 것은 딸깍 소리에 '의미'를 심어주는 작업이다. 파블로프가 아무 조건화가 되어있지 않던 종소리에 '먹이'라는 의미를 넣었듯, 딸깍 하는 클리커 소리에 주인이 원하는 의미를 담아야 한다. 일단 반려견이 클릭의 의미를 알게 되는 순간, 주인은 클리커 트레이닝을 통해 강력한 훈련 도구를 하나 얻게 된다.

CLICKER TRAINING

훈련을 시작하기 전에...

- 반려견이 공복상태인 시간대에 훈련하면 효과적이다.
- 배변이나 여러 생리현상을 마친 상태인지 확인한다.
- 너무 산만하고 넓은 공간보다는 조용하고 익숙한 공간이 바람직하다.
- 방해요소가 없는 환경에서 방해요소가 많은 환경으로 점차 난이도를 올린다.

훈련을 시작하기 전 해야 할 일들

원활한 트레이닝을 위해 휴식 시간이나 낮잠 시간은 가급적 피하는 것이 좋다. 강아지의 생활 리듬을 염두에 두고 훈련 계획을 세워야 한다. 또한 강아지가 식사를 막 마친 다음에 훈련하는 것은 바람직하지 않다. 되도록 강아지가 허기를 느낄 때 훈련을 진행하면 훨씬 보상에 민감하기 때문에 훈련 효과가 배가된다. 훈련에 들어갈 때는 강아지가 배변은 마쳤는지, 물은 마셨는지, 훈련을 받을 만큼 체력은 되는지 따져봐야 한다. 또한 훈련 장소 주변에 반려견을 자극할 수 있는 물건들이 놓여 있지 않은지 미리 체크한다.

클리커와 보상을 연결시키는 차징 훈련 클리커 트레이닝의 개별 스킬들을 시도하기에 앞서 가장 먼저 할 일은 클리커로 먹이 보상을 연상시키는 작업이다. 클리커 트레이닝에 앞서 가장 기본적인 이 과정을 클리커 충전하기, 또는 '차징charging'이라고 부른다. 반려견이 보는 앞에서 클리커를 누르고 바로 보상을 주어서 클릭 이후에 보상이 뒤따른다는 사실을 알게 하는 과정이다. 파블로프의 개 실험에서 종소리와 사료의 관계와 같다고 보면 된다. 주인 입장에서는 이 차징 과정이 선행되어야 이후 클리커 트레이닝의 네 가지 훈련 스킬을 설계할 수 있다.

CLICKER TRAINING

차징으로 조건화 만들기

① 클리커를 한번 누르고, 바로 반려견에게 먹이를 보상으로 던져준다.

② 이 과정을 반려견이 인식할 수 있도록 몇 차례 반복한다.

③ 보상을 받은 후 반려견이 견주를 쳐다볼 때까지 기다린 다음, 다시 클리커를 누르고 먹이를 던져준다.

④ 이 과정을 몇 번 반복하다 보면, 반려견이 클릭 소리와 보상을 자연스레 연결 짓게 된다.

주의할 점 차징을 할 때 유념해야 할 사항은 클릭과 보상이 같아야 한다는 점이다. '원 클릭 원 보상one click one reward'이라는 대원칙은 어떤 경우에서도 지켜져야 한다. 클릭과 보상 사이에 일관성이 주어져야 이후 클리커 트레이닝이 수월해진다. 물론 이 과정에서 보상이 반려견에게 어떤 의미가 있을지 탐색을 게을리해서는 안 된다. 던져준 보상에 꿈쩍하지 않는다면 보상의 '양'을 바꾸지 말고 보상의 '종류'를 바꿔야 한다. 다음은 클리커를 차징할 때 주의해야 할 부분이다.

차징을 할 때 주인이 반려견에게 '앉아'나 '손' 같이 구체적인 행동을 요구해서는 안 된다. 이 단계에서는 반려견이 '딸깍 = 보상'이라는 단순한 조건화만 학습해야 한다.

CLICKER TRAINING

차징 시 주의해야 할 사항

- 어떤 경우에든 '원 클릭 원 보상'을 유지해야 한다.
- 보상으로 주어지는 간식은 한입에 먹을 수 있는 크기로 준비한다.
- 반려견이 잘 이해하지 못 한다고 느끼면, 1차 강화물을 다시 고려해본다.
- 차징 시 보호자의 불필요한 동작이나 소리는 최대한 자제하는 것이 좋다.
- 만일 반려견이 트레이닝에 집중을 하지 못한다고 느끼면, 즉시 트레이닝 세션을 멈추는 '타임아웃'을 실시해야 한다.

따라서 클리커 이외에 반려견에게 소리를 지른다거나 이름을 부르는 것도 자제해야 한다. 반려견은 오로지 클리커 소리만 들어야 한다.

또한 클리커를 작동할 때는 불필요한 손동작이나 모션, 기타 움직임이 있어서는 안 된다. 보상을 주기 위해 손을 내미는 행동 이외에는 최대한 반려견이 시각이 아닌 청각에 의존할 수 있도록 트레이닝 환경을 조성해줘야 한다. 일단 차징이 어느 정도 각인되었다고 느껴지면, 임의로 장소와 시간을 변경하면서 클리커에 대한 조건화가 확고하게 이루어졌는지 확인한다. 이렇게 만들어진 차징은 다음에 이어질 네 가지 훈련 스킬에 가장 견고한 토대가 된다.

클리커 트레이닝의 네 가지 스킬

클리커의 소리를 의미 있게 만드는 차징 과정이 끝나서 반려견이 클리커 소리에 반응하게 되었다면, 이제 본격적으로 클리커 트레이닝을 시작해도 좋다. 클리커 트레이닝의 핵심 스킬에는 캡처링과 타깃팅, 셰이핑, 그리고 큐잉이 있다. 이러한 스킬들은 어떻게 사용하는 것이고, 어떤 행동을 만들 때 사용할까?

클리커 트레이닝의 네 가지 훈련 스킬

차징 charging	
캡쳐링 capturing	타깃팅 targeting
행동을 포착하는 기술 관찰력, 순발력 요구	동작에 목표점을 만드는 기술 인내력 요구
셰이핑 shaping	큐잉 cueing
단계별 행동을 만드는 기술 창의력 요구	행동에 신호를 입히는 기술 지도력 요구

❶ 캡쳐링

캡쳐링은 트레이닝 스킬 중에서 가장 초보적이고 기초적인 방법이다. 반려견의 행동을 관찰하다가 주인이 원하는 행동을 하는 순간을 '포착', 즉 '캡쳐capture'하여 클릭 후 보상해주는 기법이다. 반려견은 우연히 그 행동을 했지만, 보호자는 그 행동에 클릭을 덧붙여서 보상을 조건화한다. 예를 들어, 강아지가 우연히 내 앞에 앉았을 때 그 행동에 클릭하여 '앉아'를 포착할 수 있다. 앞으로 계속 그 행동을 하면 보상을 주겠다고 손쉽게 표시한 셈이다. 평소에 눈을 부릅뜨고 강아지의 동작을 보다가 원하

마주 보고 '앉아'

는 행동을 보일 때 잊지 말고 클리커를 눌러서 그 행동을 포착한다. 보상이 뒤따른다는 사실을 감지한 반려견은 다시 그 행동을 반복할 가능성이 있다. 예를 들어, '앉아', '엎드려', '짖어', '인사', '빵야~' 등등 특정한 행동들을 포착하면, 나중에 큐잉을 통해 멋진 개인기로 완성시킬 수 있다.

CLICKER TRAINING

캡쳐링으로 '앉아' 행동 강화하기

① 행동을 유심히 관찰하다가 반려견이 앉는 순간, 클리커를 딸깍 누르고 바로 보상을 준다. 이때 보상은 반려견 뒤쪽에 던져주도록 한다.

② 반려견이 보상을 먹기 위해 자연스럽게 움직이고 앉는 행동을 하는 순간, 클리커를 다시 누르고 또 보상을 준다.

③ 이 과정을 여러 번 반복한다.

④ 1분에 약 6~10회 이상 반복하면 앉는 행위와 클릭 사이에 강화가 완성되었다고 판단할 수 있다.

⑤ 캡쳐링을 통해 앉는 행동이 충분히 강화되었다면, 보호자가 조금씩 이동하면서 위의 과정을 연습해 볼 수 있다.

⑥ 보호자가 이동하면서도 반려동물이 따라와서 앉는 동작이 충분히 강화되었다면, 방해요소를 추가하여 앉는 행동을 강화할 수 있다.

❷ 타깃팅

'타깃target'은 목표물이라는 뜻이다. 반려견의 신체 일부예를 들어, 코나 발이 목표물에 닿든지, 목표물로 가게 하든지, 목표물에 머무르게 하든지, 목표물을 따라 움직이게 하는 트레이닝 방법이 '타깃팅targeting'이다. 여기서 타깃 지점은 보호자의 손도 될 수 있고, 특정 장소나 지점, 타깃스틱 같은 특정 물건이 될 수도 있다. 보통 클리커와 안테나 형식의 스틱이 같이 붙어있는 타깃스틱을 많이 사용하고, 긴 막대기나 그 끝에 공 등을 매달아 사용하기도 한다. 타깃스틱을 사용하는 이유는 보호자의 손이나 팔보다 반려견에게 더 쉽고도 명확하게 방향을 제시해 줄 수 있는 길이가 확보되기 때문이다.

타깃팅을 응용하여 차를 타거나타깃 지점으로 이동하기, 손을 주는 행동을 하게 하거나타깃 지점을 신체 일부로 터치하기, 어질리티agility나 도그댄스움직이는 타깃 따라가기 등 난이도 높은 트레이닝을 보다 수월하게 가르칠 수 있게 된다.

타깃은 견종과 견체의 크기와 기호에 따라 다양하게 응용해서 사용할 수 있다. 예를 들면 포스트잇을 가지고 타깃팅을 해도 좋다. 포스트잇에 타깃을 설정하여 훈련을 하면, 그 포스트잇을 어디에 붙이든 그 지점을 정확하게 터치하게 된다. 만일 포스트잇을 종 위에 붙이면 종을 칠 수 있는 행동을 만들 수 있고, 전기스위치 위에 붙이면 불을 켜고 끌 수 있는 행동을 강화시킬 수 있다. 이렇게 타깃스틱, 포스트잇, 트레이너의 손, 발판, 하우스 등의 다양한 도구가 다 목표물이 될 수 있고, 그 목표물에 따라 멋진 행동을 만들어 갈 수 있다.

타깃스틱에 클리커 기능이 추가된 일체형 제품인 클릭스틱을 이용하는 것는 방법이다.

출처 : karenpryoracademy.com

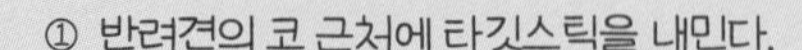

CLICKER TRAINING

타깃팅으로 '돌아' 행동 강화하기

① 반려견의 코 근처에 타깃스틱을 내민다.

② 반려견의 코가 스틱에 닿는 순간, 클리커를 누르고 바로 보상을 준다.

③ 스틱의 방향을 바꾸어도 반려견이 스틱을 터치하면 클릭하고 보상한다.

④ 스틱과 반려견의 거리를 점차 넓혀서 반려견이 따라와서 스틱을 터치하면 클릭하고 보상한다.

⑤ 타깃스틱에 코를 대는 행동이 충분히 강화되었다면, 스틱을 오른쪽에서 왼쪽으로 움직이도록 하여 반려견이 스틱을 따라 걸으며 터치하면 클릭하고 보상한다.

⑥ 직선으로 스틱을 따라오는 동작이 강화되었다면, 커브나 원형 동작을 추가하여 '돌아' 동작을 강화시킬 수 있다.

셰이핑으로 다리 사이 통과하기

❸ 셰이핑

반려견에게 원하는 행동을 단계별로 만들어가는 과정을 '셰이핑shaping'이라고 한다. 즉 목표 행동을 한 번에 완성하는 것이 아니라 여러 중간 단계들을 거쳐 도달할 수 있게 하는 트레이닝 방법이다. 쉐이핑의 단계가 모든 개체에게 똑같이 적용되는 것은 아니다. 반려견마다 다 다를 수밖에 없다. 어떤 강아지는 다섯 번 단계로 나누어 갈 수 있고, 어떤 강아지는 두 번만에 목표 행동에

CLICKER TRAINING

셰이핑으로 '다리 사이 통과하기' 행동 강화하기

① 반려견이 보호자의 왼쪽에 오도록 한다.

② 주인이 오른발을 앞으로 내민 후, 오른쪽에서 타깃스틱을 보여준다.

③ 반려견이 타깃스틱에 터치하며 머리가 다리 사이를 통과했을 때, 클릭하고 보상한다.

④ 반려견의 앞다리가 다리 사이를 통과했을 때, 클릭하고 보상한다.

⑤ 반려견의 뒷다리가 다리 사이를 통과했을 때, 클릭하고 보상한다.

⑥ 반려견이 다리를 통과하려고 할 때, 스틱을 제거하여 점차 타깃스틱이 없어도 잘 통과하도록 행동을 강화시킨다.

⑦ 빠르고 정확한 움직임에만 클릭하여 점차 정확하게 빠르게 다리 사이를 통과할 수 있도록 셰이핑 과정을 진행한다.

도달할 수 있다. 그렇기에 행동을 유심히 관찰하며 다음 단계로 진행시키는 것이 좋다. 처음부터 강아지가 따라오지 않는다고 단계를 짧게 조정하거나 급한 마음에 중간 단계를 뛰어넘는 자세는 바람직하지 않다.

이러한 셰이핑 기법으로 두 발로 서거나 뒤로 가는 것과 같은 보다 복잡하고 정교한 동작들을 반려견에게 학습시킬 수 있다.

❹ 큐잉

앞에서 배운 캡처링과 타깃팅, 셰이핑을 통해 강화된 행동에 이름신호을 붙이는 과정을 '큐잉cueing'이라고 한다. 기존의 복종 훈련은 명령어를 먼저 제시하고 행동을 가르치는 방법을 사용하였기 때문에 원하는 행동이 이루어지지 않으면 언어적 혹은

광고 촬영 현장에서 큐 사인에 맞춰 정해진 동작을 시연 중인 빡이

신체적인 교정이나 체벌을 받게 되지만, 큐잉은 이미 충분히 강화된 행동에 이름을 붙여 동물이 행동하게 하므로 불필요한 처벌이나 교정의 단계를 생략할 수 있다.

큐잉에 쓰이는 신호는 다양하다. 눈으로 보이는 것시각적, 소리로 들리는 것청각적, 냄새로 맡을 수 있는 것후각적, 피부의 감각이나 온도의 변화를 통해 느껴지는 것촉각적 등이 모두 신호가 될 수 있다. 눈이 안 보이거나 귀가 안 들리는 반려견이 아니라면, 일반적으로 '시각 큐visual cue'와 '청각 큐acoustic cue'를 사용하여 신호를 준다. 그래서 시각 큐를 '몸짓 신호' 혹은 '시부'라고 하고, 청각 큐를 '음성 신호' 혹은 '성부'라고 한다.

큐잉의 신호

청각 큐	시각 큐
음성/성부	몸짓/시부
단어/톤	수신호, 눈빛
호루라기, 휘슬, 클랙슨, 종소리	신호등, 교통표지판, 금연구역, 화장실
안 보이는 곳에서 큐 전달 가능	시끄러운 곳에서도 큐 전달 가능
보호자 입장에서 더 편함	청각 큐보다 빠르게 캐치 가능

CLICKER TRAINING

바람직한 큐의 조건

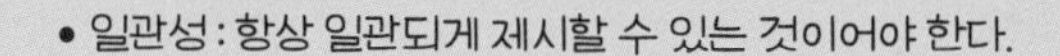

- 일관성 : 항상 일관되게 제시할 수 있는 것이어야 한다.
- 명확성 : 반려견이 한 번에 명확하게 이해할 수 있어야 한다.
- 독특성 : 다른 신호와 헷갈리지 않게 명확하게 구별되는 것이어야 한다.
- 범용성 : 다른 트레이너도 사용할 수 있는 것이어야 한다.

반려견에게 신체적인 신호에 반응하도록 훈련시키는 것이 언어적이고 청각적인 신호보다 더 쉽다는 연구도 있다. 여기에는 여러 가지 이유가 있겠지만, 중요한 것은 청각 큐와 시각 큐 사이에서 어떤 방법을 사용하려고 하든지 자신의 반려견에 가장 최적화된 큐가 되어야 한다는 점이다. 몸짓을 특정 동작을 위한 신호로 사용하려는 경우, 일관성을 유지하는 것이 때로 어려운 경우가 있다. 큐잉 과정 중에서 불필요한 몸놀림은 가급적 피해야 하는 이유가 바로 그것이다. 쓸데없는 몸짓을 보여줄수록 그 특정한 행동에 대한 의미가 넓어지게 되고, 그만큼 반려견은 실수를 자주 저지르게 된다.

그런 의미에서 명령어와 큐의 차이를 명확하게 할 필요가 있다. 큐잉을 하는 가장 중요한 목적은 주인이 하라고 할 때만 동작을 수행하도록 만들기 위해서이다. 강아지는 간식을 얻기 위해 주인만 보면 시도 때도 없이 정해진 동작을 하는 경우가 많다. 큐잉은 정확한 시간, 특정한 시점에 정해진 동작을 하도록 유도하는 스킬이다.

명령어와 큐, 무엇이 다를까?

	명령어	큐
훈련 종류	고전적 훈련법 선 : 명령어 후 : 행동 학습	클리커 트레이닝 선 : 행동 학습 후 : 큐
학습 내용	교정/체벌	보상/간식
동기	교정/체벌을 피하려고	보상/간식을 얻으려고

클리커 트레이닝의 주의사항

모든 훈련에 일정한 지침이 있는 것처럼, 클리커 트레이닝에도 보호자가 주의해야 할 사항들이 있다.

첫째, 클리커는 목적에 맞게 사용해야 한다. 클리커를 함부로 다른 용도로 사용해서는 안 된다. 훈련자가 먼저 룰을 지켜야 교육의 효과를 높일 수 있다. 반려견의 관심을 끌기 위해서, 나에게 오게 하기 위해서 클릭을 남발하면 그만큼 학습 과정은 퇴보한다. 재미로든 실수로든 클리커를 무분별하게 누르는 것을 조심하자.

둘째, 훈련 세션은 되도록 짧게 구성하고 임팩트 있게 마무리해야 한다. 이번에 승부를 보고야 말겠다 식으로 사생결단하듯 훈련시켜서는 안 된다. '될 때까지 한다.' '한 번에 몰아서 한다.' '잘해도 자꾸 반복한다.' '쉬는 시간에도 연습한다.' 모두 안 좋은 훈련 자세이다. 집중력을 살려 핵심만 가지고 훈련에 임한다. 트레이닝의 끝은 항상 임팩트 있게 성공적인 결과로 끝내야 한다. 늘 마지막을 기분 좋고 행복하게 마쳐야 반려견이 그 경험을 좋은 사건으로 기억하기 때문이다.

셋째, 훈련 중에 언제나 반려견보다 먼저 다음 행동을 예측하고 대비해야 한다. 트레이닝 도중 개가 먼저 자리를 뜨거나 항상 주의가 산만한 경우, 어쩔 줄 몰라 하는 보호자들이 많다. 사고가 나서 뒤처리를 하면 항상 교정할 수 밖에 없지만, 다음에 일어날 행동을 미리 예측하면 교정할 필요가 없고 보상의 기회가 늘어나게 된다. 그렇기 때문에 항상 보호자는 모든 경우의 수를 예측하고 그에 맞게 대비해야 한다.

넷째, 강아지가 잘하던 행동을 어느 순간 잘 못하게 되면 실망하거나 포기하지 말고 주저 없이 전 단계로 바로 돌아가 시작한다. 절대 배움이 늦다고 독촉해서는 안 된다. 바로 난이도를 낮추어 주어 강아지가 심기일전해서 다시 올라갈 수 있게 끌어 올려줘야 한다. 어떤 행동이라도 못하면 혼내지 말고 잘하던 전 동작으로 다시 돌아가야 한다. 마치 어린 시절 우리가 구구단 외우기를 할 때 6단을 잘 못 외우면 4단이나 5단부터 시작해서 다시 외웠듯이 말이다.

다섯째, 컨디션이 나쁘거나 기분이 좋지 않으면 훈련을 하지 않는다. 훈련에서 가장 중요한 것은 일관성이다. 내 기분에 따라 언제는 허용되기도 하고 언제는 허용되지 않는다면, 강아지에게 혼란만 주게 될 것이다. 몸이 찌뿌듯하고 아플 때는 그냥 한 템포 쉬어가자. 기분이 좋지 않을 때는 전혀 다른 것을 해보는 것도 좋다. 보호자의 기분은 알게 모르게 강아지에게 전달되기 때문에 흥이 나지 않는 훈련은 하지 않느니만 못하다.

여섯째, 클리커 트레이닝은 타이밍의 미학을 살리는 훈련이다. 항상 원하는 행동이 일어나고 있는 동안에만 클릭하여 보상한다. 동작이 끝난 뒤 한참 후에서야 클릭을 하거나, 동작을 시작하지도 않았는데 미리 클릭을 하는 것 모두 바람직하지 않다. 보상을 주고 나서 클릭을 하거나 보상에 한참 앞서 클릭을 하는 것도 안 좋다. 무조건

체이닝과 백체이닝

체이닝은 학습한 동작들을 하나의 연속 동작으로 연결시키는 작업이고, 백체이닝(back chaining)은 같은 동작을 거꾸로 연결시키는 작업을 말한다.

예를 들어, 체이닝이
A → (A + B) → (A + B + C) →
(A + B + C + D) 의 순이라면,
백체이닝은 D → (C + D) →
(B + C + D) → (A + B + C + D) 의
순이다.

클릭 후 보상이 바로 뒤따라야 한다. 훈련에서는 이 '클릭의 1초'가 하늘과 땅 차이이다! 또한 아무리 잘 한 행동에도 클릭은 단 한 번만 한다. '원 클릭 원 보상'이 원칙이다. 절대 클릭과 먹이가 개에게 복수로 나가서는 안 된다. 연결 동작을 구성하는 체이닝chaining의 경우, 그 연결 동작 끝나고 마지막에만 클릭하고 보상한다.

일곱째, 클리커 트레이닝에서 보상의 종류도 무시할 수 없는 요소이다. 먹이를 잘 고려해야 트레이닝의 목적을 쉽게 달성할 수 있다. 늘 먹던 사료를 주는 것은 바람직하지 않다. 견종과 몸집, 체형과 입 크기에 따라 다양하게 바람직한 간식을 선정할 수 있을 것이다. 가루처럼 작은 간식이나 덩어리가 커서 강아지가 한 번에 먹기 힘든 간식은 피하자. 육포나 개껌처럼 시간을 두고 오랫동안 질겅질겅 씹어야 하는 것도 좋지 않다. 또한 강아지가 배부르게 식사한 이후에 훈련을 진행하여 보상에 대한 욕구가 줄어드는 것도 트레이닝을 실패하는 요인이 된다.

고급 훈련으로 가는 3D 트레이닝과 강화 계획

반려인이라면 평소 자신의 강아지가 개인적으로 훈련한 행동을 잘하다가도 주변에 사람들이 많으면 꽁무니를 빼는 것을 한두 번쯤 본 적이 있을 것이다. 클리커 트레이닝으로 부정적인 행동을 교정하고 원하는 행동을 학습했다 하더라도, 그 행동에 일관성과 지속성이 없다면 훈련의 목적을 달성했다고 보기 어렵다. 어제는 잘만 하던 동작인데 오늘 와서 백지처럼 하얗게 지워지는 것은 강아지들에게 일상다반사이다. 이번 장에서는 반려견 훈련에서 '내 머릿속의 지우개'를 빼내는 방법을 알아보도록 하자.

3D 트레이닝의 세 가지 요소

반려견 트레이닝의 시작이 클리커 트레이닝이었다면, 완결은 3D 트레이닝이라고 할 수 있다. 3D는 영어에서 각기 D로 시작하는 단어 '지속시간duration'과 '거리distance', '방해요소distraction'를 뜻한다. 보통 우리가 '3D'라고 하면 3D 직종을 뜻하는 어렵고difficult, 위험하고dangerous, 더러운dirty 일을 뜻하거나, 3차원3-dimension 입체감을 나타내는 말이다. 어쩌면 3D 트레이닝이야말로 초보자들에게 3D 직종일지 모른다. 하지만 일단 트레이닝이 일정한 궤도에 오르면 반려견의 훈련을 입체적으로 만들어주는 멋진 과정이 될 수 있다.

특정한 훈련이 성공적으로 반려견에게 안착되려면, 무엇보다 그 행동의 지속시간이 확보되어야 한다. 어제 행동이 다르고 오늘 행동이 다르다면 완전한 트레이닝이라고 할 수 없다. 또한 주변에 반려견의 집중력을 흐트러트리는 방해요소들 속에서도 주인과 연습한 동작을 척척 해낼 수 있어야 하며, 주인과의 거리가 떨어져 있을 때도 주인이 원하는 행동이 자연스럽게 나와야 한다. 3D는 반려견이 훈련에 대해 보이는 집중력을 테스트하는 중요한 지표가 된다.

반려견과 함께 행동훈련을 시작할 때는 모든 3D 요소를 빼는 것이 좋다. 즉 가까운 거리에서, 짧은 시간 동안, 방해물이 없는 조용한 곳에서 연습을 진행한다. 욕심이 지나쳐 처음부터 3D를 추가하는 것은 바람직한 트레이닝이 아니다. 반려견이 어느 정도 훈련에 익숙해지고 보호자의 의사에 반응하는 횟수와 강도가 높아졌다고 판단되면 점차 이 세 가지 요소들을 단계적으로 늘리는 것이 좋다. 물론 거리와 시간, 방해물을 한꺼번에 늘리는 것은 좋지 못하다. 거리를 늘릴 때는 시간과 방해물의 유무는 변동이 없는 상태를 유지시키는 것이 필요하다.

클리커 트레이닝 스킬을 구체화하는 3D 트레이닝

지속시간 Duration	거리 Distance	방해요소 Distraction
점차 시간을 늘려도 해제 신호가 있을 때까지 학습한 행동을 유지할 수 있어야 한다.	점차 거리를 늘려 원거리에서도 평소 학습한 행동을 구사할 수 있어야 한다.	주변에 집중력을 뺏길만한 방해요소가 있어도 신호를 받으면 반려견이 평소 학습한 행동을 할 수 있어야 한다.
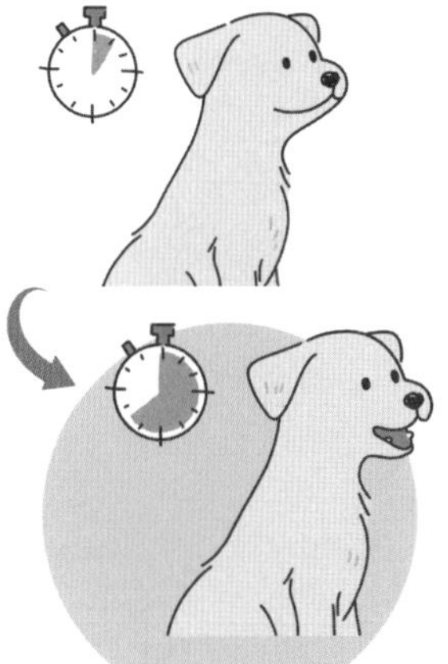		
시간을 천천히 늘린다	거리를 점차 늘린다	방해요소들을 단계적으로 늘린다

❶ 지속시간

지속시간은 처음 훈련에 임하는 많은 반려견들로 하여금 가만히 앉아서 주인의 지시를 기다리지 못하게 만드는 대표적인 지표이다. 조금만 보상이 늦어지거나 의도치 않은 지연이 일어나면 그 사이를 못 참고 강아지는 펄쩍 일어나 버린다. 특히 에너자이저처럼 활달한 성격을 가진 강아지들은 트레이닝 초반에 이 지표에서 낙제점을 받는 경우가 많다. 지속시간이라는 지표에 있어 보호자가 명심해야 할 사항은 처음부터 너무 급격하게 시간을 늘리지 말라는 것이다. 시간을 늘리기에 앞서 항상 반려견의 성격과 트레이닝 기간, 횟수와 주변 환경을 고려해야 한다.

❷ 거리

가까이서 잘만 하던 동작도 조금만 주인과 거리가 벌어지면 금세 집중력이 흩어지는 개들이 많다. 지근거리에서 한두 동작에 성공했다고 해서 섣불리 거리를 늘리면, 반려견들이 아예 주인을 쳐다보지 않게 된다. 주인과 거리가 멀어질수록 강아지의 주의력이 분산되기 때문이다. 그렇다면 반려견과 보호자 사이의 '적정 거리'는 어떻게 알아낼 수 있을까? 간단하다. 훈련 시 반려견과 주인 사이의 적정한 거리는 반려견의 집중력이 유지되는 순간까지이다. 고분고분하고 순종적인 반려견과 달리 부산하고 활달한 성격을 가진 강아지의 경우, 이 거리가 더 짧아지기도 한다.

❸ 방해요소

보호자가 보기에 아무리 하찮은 방해물이라도 반려견들에게는 중요한 관심사로 둔갑할 수 있다. 산책을 망치는 경우를 떠올려보자. 바람에 날리는 나뭇잎에서부터 누군가 뱉고 간 껌딱지에 이르기까지 산책로에서 마주하는 거의 모든 잡동사니들이 반려견에게는 집중력을 방해하는 요인이 된다. 평소 길에서 마주치는 온갖 방해물에 강아지가 관심을 보이는 모습을 관찰한 보호자라면 이 방해요소를 두고 하는 훈련을 게을리해서는 안 된다. 이러한 방해요소는 종종 개가 가만히 있지 못하게 하거나, 보호자와 의사소통을 유지하지 못하게 만드는 원인이 된다. 때때로 반려견들이 보이는 산만함은 주변 소음이나 환경적인 요인, 그 밖의 다른 개들의 출현 따위에서 촉발된다.

훈련 중 반려견의 집중력을 빼앗을 수 있는 다양한 요소들

시각	청각
고양이, 낯선 사람, 낯선 개, 비둘기, 지나가는 자동차나 자전거	전화벨 소리, 목소리, 봉지 소리, 발소리, 초인종, 자동차 경적 소리
후각	**촉각**
음식 냄새, 간식 냄새, 배변 냄새, 기타 독특한 냄새	잔디밭, 흙, 물, 자갈, 아스팔트, 이불, 발판, 방석, 배변 패드

사실 이러한 주변 요소들이 개들의 삶에 마냥 나쁜 것이 아니다. 실내에서만 생활하는 반려견의 경우 특히 그러하다. 개들은 오랜 기간 주변 사물의 변화와 움직임, 자신에게 다가오는 존재에 대한 피아 식별에 예민해지도록 진화해왔기 때문에 익숙한 집에서 익숙한 사람들, 익숙한 환경에만 노출된 강아지에게 잠자코 있으라고 요구하는 것은 가혹한 처사일 수도 있다. 3D 트레이닝 중에서 가장 어렵고 힘든 분야가 방해요소인 이유가 바로 여기에 있다. 하지만 방해요소는 어떤 일이 있어도 반려견 훈련의 일부분이기 때문에, 그러한 주변 환경에도 불구하고 항상 보호자의 시그널을 우선으로 할 수 있는 자세를 반려견에게 심어줄 필요가 있다.

3D의 우선순위

3D는 강아지 트레이닝에 있어 수학과도 같다. 견종의 특성과 상황, 현실적인 환경과

관심도에 따라 더하고(⊕) 빼기(⊖)가 가능한 영역이라는 이야기이다. 훈련 효과를 극대화하기 위해 세 가지 영역에서 모두 고른 성과를 기대하는 것이 무리일 때가 있다. 명확한 이유 없이 짧은 기간 내에 3D 모두에서 일정한 향상을 요구하는 것은 반려견에게 매우 도전적인 일이다. 필자의 경험에 의하면, 방해물이 낮을수록 지속시간과 거리를 증가시키기 쉽다. 따라서 지속시간과 거리 영역에서부터 차근차근 트레이닝을 시작하면 실패를 줄일 수 있는 데 도움이 될 것이다.

세 가지 영역을 모두 훈련시키는 것을 피해야 하는 또 다른 이유는 트레이닝이 성과를 거두지 못하고 실패했다는 결론에 도달했을 때, 과연 어떤 영역에서 반려견이 주인의 요구에 따라오지 못했는지 가늠하기 힘들기 때문이다. 세 가지 영역 전부 시험대에 올렸으니 자신의 강아지가 어떤 영역에서 낙제점을 받았는지 구분하기 어렵다. 그렇다고 이를 알아내기 위해 영역의 난이도를 여러 방향으로 조정하면 반려견이 주인의 시그널을 잘못 이해하게 되고, 혼란만 가중되기 쉽다. 3개의 D 중 하나에만 집중해야 훈련이 어디에서 실패하거나 성공하는지를 정확하게 알 수 있다.

하지만 후반부로 가면 결국 세 가지 영역을 다 같이 극복해야 한다. 그리고 엄밀히 말하면, 이 세 요인은 따로 떨어져 있는 문제가 아니고 다 유기적으로 연결되어 있다. 한 가지 영역이 다른 영역에 영향을 주기도 하고 영향을 받기도 한다. 때문에 훈련이 성숙해지면 후반부로 갈수록 지속시간과 방해요소, 거리의 세 영역을 종합해서 극복하는 연습이 필요하다.

강화계획

3D 트레이닝 시 소위 '강화계획'을 이용하면 훈련을 보다 심화할 수 있다. 앞선 3D에 이 강화계획Delivery of Reward까지 더해서 흔히 '4D'라고도 표현한다. 이를 이해하기 위해서는 앞서 언급한 스키너의 조작적 조건화 이론으로 다시 돌아갈 필요가 있다. 스키너는 강화를 통한 조건화를 설명하면서 시간interval과 비율ratio이라는 변수를 가지고 다양한 실험을 수행했다. 한편으로는 강화물을 주는 시간을 고정fixed하거나 가변적variable으로 만들고, 다른 한편으로는 강화물을 주는 횟수를 고정하거나 변화를 주어 동물들이 어떻게 반응하는지 살폈다. 이렇게 해서 각기 네 가지 강화계획reinforcement schedules을 수립했다.

❶ 고정간격강화

제일 먼저 강화 시간이 고정되는 고정간격강화fixed interval reinforcement를 실험했는데, 이를 위해 양에 상관없이 일정한 시간만 다가오면 동물에게 먹이를 주었다. 이해를 돕기 위해 쉬운 예를 들자면 주급이나 월급 같은 경우와 같다고 보면 된다. 보상으로 강화물을 받는 간격이 일정하게 정해져 있다는 사실을 깨닫게 되자, 보상을 받기 전에 반짝 최선을 다했다가 이후로 급격히 사기가 떨어지는 현상이 반복적으로 일어났다. 이처럼 고정간격강화는 늘 시간만 되면 주어지는 보상이다 보니 금세 매너리즘에 빠지고 말았다.

❷ 변동간격강화

이를 해결하기 위해 스키너는 강화물을 주는 시간을 다양하게 바꾸어보았다. 피실험동물은 비정기적인 보상을 받게 되자, 강화 시간이 고정되어 있을 때보다 비록 더디지만 폭이 떨어지지 않고 꾸준하게 향상되는 경향을 보였다. 이처럼 강화를 위해 아무 때나 보상이 주어지는 것을 변동간격강화variable interval reinforcement라고 한다. 일례로 군에서 불시에 내무반 점검을 실시하는 것이나 마트에서 특정 시간에 깜짝 세일을 하는 것과 같다. 언제 세일을 할지는 판매 직원의 마음이기 때문에 소비자는 항상 관심을 갖고 주변을 서성거려야 한다.

❸ 고정비율강화

한편, 스키너는 시간 외에도 강화물의 비율을 고정하거나 풀어주는 방식도 실험했다. 일정한 비율의 목표치를 달성하면 시간과 관계없이 보상을 준 것이다. 이처럼 반응하는 데 걸린 시간과 무관하게 항상 일정한 수만큼 반응을 해야 강화물을 받는 경우를 고정비율강화fixed ratio reinforcement라고 한다. 고정비율강화는 회사 내 성과급 제도나 중국집 쿠폰, 스티커, 포인트와 비슷한 경우에 해당한다. 예를 들어 공장에서 박스를 접는 아르바이트를 한다고 했을 때, 100개를 완성할 때마다 10분씩 휴식을 준다는 규정을 알고 있다면 목표치에 가까이 다가갈수록 박스 접는 일에 집중하게 될 것이다. 하지만 보상으로 휴식을 취한 후에는 급격히 생산성이 떨어질 것이 뻔하다.

❹ 변동비율강화

마지막으로 비율에도 변화를 주었는데, 무척 흥미로운 결과가 나왔다. 변동비율강화variable ratio reinforcement는 카지노 슬롯머신이나 도박, 로또 같은 경우에 해당한다. 언제 잭팟이 터질지 모르기 때문에 매번 긴장하고 있어야 한다. 강화 방식 중에서 가장 강력한 중독성을 주는 것으로 평가된다.

3D 트레이닝을 위한 네 가지 강화계획

	고정	변동
간격	고정간격강화	변동간격강화
	예) 주급, 월급, 중간고사	예) 낚시, 쪽지시험, 타임세일
비율	고정비율강화	변동비율강화
	예) 인센티브	예) 도박

위의 내용을 처음 듣는 보호자라면 강화계획의 절차와 방식에 있어 이해하기 힘든 부분들이 있을 것이다. 처음부터 너무 어렵다고만 생각하지 말고 쉬운 것부터 간단하게 시작하면 된다. 일정한 간격을 가지고 반려견을 훈련시키다가 점차 다양한 비율로 강화물을 지급하는 것이 좋다. 초보자의 경우에는 고정적인 간격에서 반려견 훈련을 시작하여 고정적인 비율로, 조금 경험치가 쌓인 경우에는 변동적인 간격에서 변동적인 비율로 훈련을 이어가는 것이 바람직하다. 3D 트레이닝과 함께 네 가지 강화계획을 통해 반려견의 트레이닝을 업그레이드하면 원하는 행동을 더욱 강화시킬 수 있다.

COLUMN

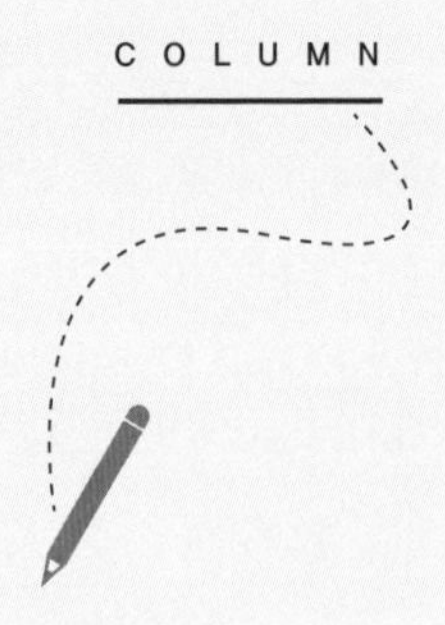

아무도 거들떠보지 않던 문제아에서 모두가 주목하는 멋진 스타로

과거 훈련소에 근무 중일 때 유난히 불쌍해 보이는 불도그 한 마리가 있었다. 잉글리시불도그라는 견종 자체가 주름투성이 얼굴이라 우스꽝스러워 보이기도 하지만 또 처량해 보이기도 한다. 불도그에 대해 물어보니 주인이 두고 안 데려갔는지, 누군가 훈련소에 버리고 갔는지 이미 몇 년 전부터 훈련소에서 생활하고 있는 아이라고 했다. 실제 당시 훈련소에는 주인들이 훈련을 시킨다고 맡기고는 안 찾아가는 개들이 상당히 많았다. 사연을 듣고 나서 그 얼굴을 보니 더없이 측은하게 느껴져서 그날부터 그 불도그에게 마음을 주었던 것 같다.

주인이 버리고 간 강아지들과 짬짬이 시간을 보내는 나는 그 불도그와 금세 친해졌다. 이름이 '빡이'라는 그 불도그는 이제는 자신이 누군가에게 관심과 사랑을 받는다는 사실을 느꼈는지 우울했던 표정에서 점차 밝은 얼굴로 바뀌었고, 훈련에 소질도 있어서 멋진 개인기를 하나둘 섭렵하더니 급기야 방송 출연까지 하게 되고 광고도 찍게 되었다. 빡이는 기라성 같은 배우들과 함께 어깨를 나란히 하고 영화와 드라마를 촬영했다. 나에게는 그 어떤 유명한 연예인보다 빡이가 제일 먼저 눈에 들어왔다. "컷!" 소리만 나면 나의 스타 빡이에게 달려가 여름이면 얼음물과 아이스팩을, 겨울이면 온수와 핫팩을 대령하고, 빡빡한 스케줄에 지칠까 봐 마사지해주고 담요와 방석을 챙겨서 틈틈이 쉬게 해주었다. 그래서인지 빡이는 유독 촬영 가는 것을 좋아했다. 며칠 스케줄이 없을 때는 차를 타고 나가자고 떼를 쓰기도 할 정도였다.

유기견에서 촬영장의 스타로 변신했던 빡이. 드라마 「유나의 거리」에서 배우 김옥빈과 함께 열연하기도 했었다.

촬영 현장에 가면 빡이는 혼자 PR하고 영업까지 하곤 했다. 촬영장 스태프들에게 다가가 애교를 부리고 감독님과 작가님을 찾아가 치명적인 엉덩이 인사를 던졌다. 그렇게 인기 관리를 한 덕분인지 원래 3회 분량이었던 배역의 비중이 늘면서 12회 최종회까지 출연한 드라마도 있을 정도였다. 급기야 그 제작팀이 다른 드라마의 촬영을 들어갈 때 빡이를 스카웃하기도 했다. 그야말로 스타 같은 대접을 받았다. 그런 녀석이 갑자기 작별 인사도 없이 내 곁을 떠났을 때, 정말이지 자식 잃은 엄마가 울부짖는다는 울음소리 같은 희한한 곡소리로 몇 날 며칠을 흐느끼며 살았던 것 같다. 매일 빡이를 생각하며 편지를 쓰고, 그러다 엎어져 울고, 또 지쳐서 잠들기를 반복하며 여러 달을 보냈다.

빡이를 그렇게 속절없이 잃고 두 번 다시는 개를 못 만질 것 같았는데, 나는 또 한 마리의 유기견을 운명처럼 받아들였다. 역시 주인이 훈련소에 버리고 간(아니 사정이 생겨서 끝내 못 찾아갔다고 믿고 싶다) 나이 많은 골든레트리버 루키와 살게 되었다. 루키를 데려오면서 문득 이런 생각을 했다. '내가 우리나라에서 최고로 훈련을 잘하는 훈련사도 아니

TV 예능 프로그램 「1박2일」에 출연하기도 했던 루키

고 앞으로 어떤 대회에 나가서 1등 할 목표를 가지고 개를 훈련시킬 사람도 아니니 강아지를 사지 말고 이렇게 빽이와 루키처럼 주인에게 버려진 아이들, 나이도 많고 성격도 안 좋아서 분양되기 어려운 아이들을 맡아 키우자.' '남들이 모두 손가락질하는 문제견들을 교육시켜 보란 듯이 멋진 스타 반려견으로 거듭나게 해야지.' '그래서 사람들에게 굳이 아기 때부터 안 키워도, 또 누군가 못 키우겠다고 버린 유기견도 이렇게 방송 출연도 할 수 있고 영화배우도 될 수 있다는 것을 보여주자.'

빽이와 루키는 나에게 이런 사명감을 심어주었다. 사람들이 자기가 키우던 반려견을 포기하지 않고 함께 오랫동안 살아갈 수 있게 해주고 싶었고, 이왕 새로 반려동물을 키우고 싶은 사람들은 애견샵에서 쇼핑하듯 사는 것이 아니라 유기견센터에서 분양을 받아 버려진 아이들에게 새로운 삶의 기회를 주게 하고 싶었다. 루키는 빽이처럼 나한테 마음을 온전히 열지는 않았지만, 점차 과거의 트라우마가 치유되면서 많은 방송과 광고에 출연할 정도로 성장했다. 나중에는 교육 활동에 시범견으로 활약하기도 했다. 앞서 밝혔듯이, 그 녀석 역시 불치병에 걸려 무지개 다리를 건넜고, 나는 다시 이별을 해야 했다. 그 후 한 달이 지나 나는 또 다른 버려진실제로 주인이 애견훈련소나 호텔에 개를 맡기고는 찾아가지 않는 일들이 일어나곤 한다. 골든레트리버를 데려왔다. 다시는 버림받지 말고 행복하게 살라는 의미로 'Lucky', 세상을 떠난 루키가 생각나서 이름을 '럭키'라고 지어주었다. 럭키는 성격이 '365일 맑음' 같아서 참 좋다.

물론 어린 강아지일 때부터 키우면 내가 데리고 있는 시간이 훨씬 더 길어서 반려견을 먼저 보내는 아픔을 겪는 횟수가 줄어들기는 할 것이다. 하지만 나는 교육자로서 내가 하는 선택과 활동들이 선한 영향력을 줄 수 있다고 생각한다. 나는 동물을 사랑하고 아끼는 사람으로서 동물권, 동물복지에 대해 매우 큰 관심이 있고, 교육과 훈련을 할 때도 항상 동물권과 복지에 대한 부분을 깊이 고민해왔다. 가끔 동물보호단체의 일부 관계자들을 만나 보면 동물 구조만이 동물을 위한 유일한 길이라고 생각하시는 분들을 어렵지 않게 보게 된다. 물론 매우 중요한 일이다. 눈앞에 생명이 위기에 처해있는데 미물이라도 그 생명을 구하는 일이 얼마나 값지고 고귀한 일인가. 매우 공감한다. 하지만 나는 그 길 말고도 동물을 위하는 길이 훨씬 넓고 다양하다고 믿는다. 동물을 사랑한다고 모두가 도시에 버려진 유기견들을 구하러 나설 수는 없다. 누군가가 앞에서 직접 활동한다면, 다른 누군가는 그런 분들을 위해 경제적으로 지원하고 후원해야 한다. 또 누군가는 합리적이고 인도적인 반려동물 정책을 위해 정부와 지자체, 관계기관과 싸워야 하며, 또 누군가는 반려동물에 대한 사람들의 전반적인 의식을 변화시키기 위해 운동에 투신해야 한다.

한편, 나는 클리커 트레이닝과 훈련 상담, 펫시터와 도그워커 실무, 반려견 교육의 이론과 실제를 가르치며 반려동물의 소중함과 생명 존중 의식, 장차 동물의 권리와 복지에 대해 기여하고 싶다. 나로 인해 반려동물 관련 직업군의 사람들이 환경풍부화와 복지에 대한 사고의 지평을 넓힐 수 있도록 더 밀도 있게 연구하고 현장을 누비고 싶다. 나는 그간 대학에서 학생들을 가르치고 지자체에서 일반인들을 교육하면서 반려견 훈련은 단순한 기술이나 전문 스킬을 얻는 것이 아니라 반려견과 소통의 관계를 만드는 일이라는 사실을 전달하려고 노력해왔다. 나는 이런 과목들을 가르치고 있지만, 동시에 이를 통해 동물에 대한 진지함을 전하고 싶다. 동물의 소중함, 동물의 권리와 복지, 생명 존중 의식 그리고 더 나아가 반려동물산업의 직업군들이 앞으로 닥칠 문제점과 그로 인한 스트레스를 적절하게 해소하여 반려동물에게 최상의 케어를 제공할 길을 모색하고 싶다. 그리고 무엇보다 그런 과정에는 모든 반려인들의 관심과 애정이 필요하다.

이 책을 읽고 계신 여러분들 역시 할 수 있다. 반려견들의 문제행동을 고치고 보다 원만한 반려 환경을 만들어 이 세상을 떠나는 그 순간까지 함께 행복하게 살 수 있는 동반자의 관계를 만들 수 있다. 나부터 책임감 있는 펫시터가 되고, 나부터 멋진 도그워커가 되어 미리 교육하고 미리 예방할 수 있다. 그래야 우리 댕댕이들을 지금보다 더 사랑하고 더 아끼고 더 보호해줄 수 있다.

펫시터, 도그워커에게 필요한 각종 서류 및 작성 방법

회사나 업체에 소속된 펫시터나 도그워커라면 정해진 양식과 서류가 있겠지만, 프리랜서로 활동하는 펫시터라면 각종 서류나 일지도 알아서 작성해야 한다. 처음 펫시팅 비즈니스에 임하는 분들이라면 경험 부족으로 인해 이러한 형식적인 업무들에도 어려움을 느낄 수 있다. 소속형으로 활동하다가 어느 정도 기간이 흐른 뒤 프리랜서로 독립한 펫시터들 중에도 스스로 막상 문서 업무나 서류 작성을 하려고 할 때 어디서부터 어떻게 해야 할지 막막해하는 경우가 있다. 회사나 업체가 제공하는 어플에 단순 입력만 해왔기 때문에 소속형 펫시터 중에는 평소 서류라는 것을 전혀 작성해본 적 없는 이들도 적지 않다. 이러한 분들을 위해 프로페셔널한 펫시터와 도그워커라면 꼭 알아야 할 각종 서류 및 작성 방법을 소개하고자 한다.

계약서 작성 기본 요령

❶ 6하원칙(5W1H : 누가, 언제, 어디서, 어떻게, 무엇을, 왜)에 의하여 작성한다.

❷ 계약 당사자들의 신원 정보를 정확하게 기재한다.

❸ 계약서 내에 계약의 조건과 이유에 대해 상세히 기술한다.

❹ 계약서 문구나 내용은 제3자의 객관성을 토대로 서술한다.

❺ 계약 당사자 간 분쟁이 생길 가능성이 있는 애매한 용어의 사용은 가급적 피하고 분명하고 정확한 용어를 사용한다.

❻ 계약 권리자가 누구이고, 의무는 누가 어떠한 방법으로 이행하는가를 정확히 전달할 수 있어야 한다.

❼ 그 밖의 세부적인 계약 내용은 특약 사항에 넣어 상세하게 기술한다.

제일 먼저 펫시터라면 고객 관리를 통해 확보된 의뢰인과 만나 계약서를 쓸 때 어떠한 부분을 짚고 넘어가야 할지 알아야 한다. 제일 중요한 것은 보호자(의뢰인)의 신상 정보이다. 보호자의 성명과 연락처, 주소, 생년월일 등이 확보되어야 하고, SNS 상으로 사진을 전송하고 받을 수 있도록 카톡 아이디나 인스타그램, 트위터, 페이스북 같은 다양한 플랫폼 아이디를 가지고 있어야 한다. 특별히 의뢰인이 강아지를 맡기면서 강조하는 주의사항과 바라는 점은 따로 기술해야 하며, 단골 고객인 경우, 이전 의뢰인과의 계약 사항들이 월일별로 순차적으로 적혀 있어야 한다.

두 번째로 가장 중요한 반려견의 정보가 확보되어야 한다. 의뢰인이 맡기는 강아지의 견명과 견종, 성별, 연령, 몸무게 정보가 제일 먼저 필요하며 강아지의 중성화 여부, 건강 관련 정보, 배변 장소, 배식 방법, 생활환경, 입양 경로, 양육 기간 등도 적혀 있어야 한다. 이 부분들은 전문적인 펫시팅과 도그워킹 과정에서 주의해야 할 여러 상황들을 펫시터가 미리 알고 있어야 하기 때문에 꼭 필요하다. 그다음 반려견의 세부 정보도 필요하다. 반려견의 성격이 어떤지, 문제행동은 없는지, 평소 좋아하는 것과 싫어하는 것은 무엇인지, 기타 반려견을 케어할 때 주의사항과 바라는 점은 무엇인지 기록해둔다.

계약서를 작성하는 시간은 펫시팅 비즈니스에 있어 절대적으로 중요한 순간이다. 이 과정을 통해 의뢰인들에게 보다 책임감 있고 전문성 있는 펫시터의 자질과 면모를 뽐낼 수 있고, 단골 고객을 만드는 데 첫 단추를 뀀 수 있다. 제일 먼저 펫시터와 의뢰인 사이의 라포rapport를 형성하는 것이 중요하다. 비즈니스적으로 절도 있는 모습을 보여줘야 하지만 동시에 의뢰인의 말을 경청하고 공감해줄 수 있는 다정다감한 부분도 가지고 있어야 한다. 쓸데없이 너무 전문적인 용어나 복잡한 내용을 말하는 것은 도리어 분위기를 해칠 수 있다. 언제나 진실성 있게 상대방의 의사를 존중하고 의뢰인의 요구를 수용하는 자세가 중요하다. 더불어 대화 과정 중에 유머감각을 잃지 않는 것도 중요하다.

계약서가 완성되고 펫시팅 당일에 산책 일지를 쓰는 것도 빼놓을 수 없는 중요 업무이다. 일지는 산책 과정을 매번 기록으로 남겼을 경우, 해당 반려견의 행동 변화를 지속적으로 관찰할 수 있다는 장점이 있다. 이러한 특성을 십분 활용해서 꼼꼼하게 기록된 일지를 통해 의뢰자를 단골 고객으로 만들 수 있다. 또한 일지는 반려견의 지속적인 관리를 용이하게 하고, 나아가 보호자와의 소통 도구가 되기도 한다. 부득이하게 서비스 과정에서 발생할 수 있는 여러 가지 문제가 일어났을 때 참고할 근거도 되기 때문에 서로의 관계를 법적으로 지킬 수 있는 도구이기도 하다.

산책 일지에는 산책 날짜와 산책 시간, 서비스 종류, 산책 거리, 배변 사항, 특이사항 등을 기록해야 한다. 특정 펫시팅 업체에 소속되어 있는 경우, 어플이나 앱으로 전산화되어 있기 때문에 간단히 수치를 입력하거나 파일을 다운로드 받아 작성할 수 있다. 일지를 쓰는 방식은 시간 순으로 써나가기(추보식), 행동 순으로 써나가기, 특이사항 순으로 써나가기가 있는데, 시간 순으로 나열하는 것이 일반적이다.

산책일지 작성 기본 요령

❶ 정확하고 객관적인 문장으로 서술하는 것이 좋다.

❷ 산책의 과정을 디테일하게 작성하는 것이 좋다.

❸ 그렇다고 일지가 너무 길고 장황한 것은 좋지 못하다.

❹ 자칫 추상적이고 감성적인 표현을 많이 넣는 것은 좋지 못하다.

❺ 일지가 너무 짧아도 좋지 않다. 성의 없어 보이기 때문이다.

❻ 있는 그대로 사실을 전달하려고 노력한다. 과장이 있으면 안 된다.

❼ 일지를 작성할 때 지나친 이모티콘 사용은 자제하는 것이 좋다.(전문성 결여)

❽ 반려견의 컨디션과 건강 관리와 관련된 특이사항들을 적어둬야 한다.

❾ 자칫 분쟁의 실마리가 될 수 있는 부분들은 일지에 적지 않는 것이 좋다.

예전에는 서류형 계약서들을 사용했는데, 요즘에는 다들 온라인으로 계약서를 제공하고 있다. 개인이 하는 곳도 구글이나 네이퍼폼의 설문 형식을 따와서 온라인 계약서를 대신하는 추세이다. 개인 펫시터 계약서는 검색을 통해 쉽게 찾을 수 있다. 또 펫시터 플랫폼 업체에서 계약과 관련된 정보 및 돌봄일지, 산책일지 등을 제공하니 필요한 분은 참고하기 바란다.

전문적인 펫시터가 되기 위해 알아두면 유용한 자격증 총정리

한국애견협회 kkc.or.kr

펫시터(Petsitter)

반려견과의 놀기, 운동하기, 산책하기, 목욕시키기 등을 통한 반려견 돌보미 역할 수행 능력을 검정.

펫시터강사(Petsitter Instructor)

반려견 돌봄 기술 개발과 펫시터에 대한 교육, 지도, 감독 등의 업무 수행 능력을 검정.

반려동물관리사Pet Master

애견에 관계되는 전반적인 면을 관리할 수 있는 지식을 갖추고 품종에 대한 특성과 사양 관리에 대해 상담할 수 있고, 용품 판매 시 정확한 정보를 전달할 수 있으며, 효율적인 고객 관리를 통하여 업체의 수익을 향상시킬 수 있는 관리자로서의 역할 수행 능력을 검정. 과거 애견종합관리사 단일 등급에서 반려동물관리사 1급, 2급으로 변경되었음.

클리커전문가(Clicker Traniner)

긍정강화 학습이론을 기반으로 클리커를 이용하여 사람이 원하는 행동을 자율적으로 반복하도록 함으로써 좋은 습관을 만들어줄 수 있는 수행 능력을 검정. 스타터, 마스터 등급으로 분류함.

반려견행동상담사(Canine behavior consultant)

반려견의 행동 분석과 보호자 교육 전반에 대한 전문적인 상담 지식과 반려견 훈련의 기술적 수준을 평가하여 반려견 행동문제 상담과 행동 수정 업무에 필요한 수행 능력의 유무를 검정. 1급, 2급, 3급으로 분류함.

반려견지도사(Dog Instructor)

반려견 훈련소 및 기관에서 개를 훈련할 수 있는 능력, 훈련사에게 필요한 업무 수행 능력 등을 검정. 과거 훈련사에서 반려견지도사로 명칭이 변경되었음. 사범, 1급, 2급, 3급으로 분류함.

반려동물목욕관리사(Pet Bather)

반려동물의 특성과 고객의 요구를 기반으로 준비, 브러시, 목욕, 드라이 등 과정 전반에 관한 수행 능력을 검정. 1급, 2급으로 분류함.

반려견스타일리스트(Pet Stylist)

인간과 더불어 사는 반려견의 위생과 아름다움을 위하여 고객의 요구와 개체별 특성에 맞는 미용 방법으로 일상적인 관리 및 스타일 작업을 하고, 고객 및 기자재 관리 업무를 수행하며, 다양한 견종에 대한 능숙한 미용 능력과 미용 교육을 할 수 있는 전문가적인 소양 등을 검정. 과거 애견미용사라는 명칭이 반려견스타일리스트로 변경되었으며, 2020년 1월부터 국가공인자격증으로 확정됨. 사범, 1급, 2급, 3급으로 분류함.

펫살롱프로페셔널(Pet Salon Professional)

견종별로 정해져 있는 표준 스타일이 아닌 개체 고유의 개성과 특성을 살리고 미용사들의 창의성과 예술성을 활용하여 자유롭게 스타일링 하는 미용을 말함. 틀에 박힌 미용방법에서 벗어나 다양한 도구와 장식품도 부착하여 반려인의 요구 수용과 반려견을 더욱 돋보이게 할 수 있는 제한 없는 미용을 수행함. 단일등급.

반려동물팝아트(Pet Pop Art Instructor)

견종, 묘종의 내외형적 특성 및 구조, 기타 반려동물(햄스터, 고슴도치, 도마뱀, 거북 등)을 이해하고 효과적으로 표현하고, 팝아트를 수행하기 위한 현대 미술사 및 색채학 등 기초 디자인 교육과 다양한 일러스트 기법들을 숙지하고, 스스로 작품 활동을 하는 데 무리가 없도록 수행함. 강사, 1급으로 분류함.

펫그루머(Pet Groomer)

펫그루머는 다양한 반려동물의 특징과 그 품종에 적합한 손질을 직접 수행하며 소유자에게 스타일 상담과 조언 및 그루밍 전반에 대한 서비스 제공과 교육을 할 수 있음. A클래스, B클래스, C클래스로 분류함.

반려동물아로마스페셜리스트(Pet Aroma Specialist)

아로마에 관한 지식 및 반려동물에 대한 이해를 바탕으로 증상별 적합한 아로마 컨설팅 제공, 고객과 반려동물이 함께 안정될 수 있도록 심리 점검 및 상담, 고객과 반려동물의 건강한 생활을 위한 조력 및 지도, 반려동물아로마스페셜리스트 과정 교육 담당, 반려동물을 키우는 가정, 애견미용실, 반려동물 사회에서의 각종 현장 상담 교육과 아로마 활용 상담, 반려동물 심리 상담에 관한 제반 사항을 수행함. 강사, 1급으로 분류함.

펫용품디자이너(Pet Products Designer)

반려견 옷에서부터 가구 등 제품을 디자인하고 직접 생산해 낼 수 있는 기술 및 능력을 검정. 1급, 2급으로 분류함.

핸들러(Handler)

도그쇼에서 출진견을 심사받을 수 있도록 조절할 수 있는 능력을 검정, 핸들러에게 필요한 업무 수행 능력을 검정. 사범, 강사, 1급, 2급, 3급으로 분류함.

애견브리더(Pet Breeder)

우수한 견종 보존을 위해 동물 보호 의식과 견종 표준의 이해를 기반으로 견종의 짝짓기, 출산, 사양 관리, 질병, 위생, 도그쇼, 자견 분양 등 번식에 전문적인 지식을 갖추고 관련된 전반적인 업무 수행 능력을 검정.

동물매개활동관리사(Angelleash)

동물과 인간의 매개 활동을 통하여 마음의 상처를 극복할 수 있도록 도와주는 역할을 하고 요양원이나 양로원 등의 봉사 활동과 어린이 및 청소년을 위한 생명 존중 교육과 펫티켓 교육 등을 실시하고 있으며 이에 대한 능력을 검정.

한국애견연맹 www.thekkf.or.kr

반려동물종합관리사

국내 반려동물의 종류와 특성에 대한 지식과 윤리의식을 바탕으로 반려 등의 위탁, 보호, 관리가 가능하며 기초 애견 미용, 기초 애견 훈련, 올바른 번식 방법을 숙지한 자로 반려동물 관련 법률 지식과 행정 업무 수행, 고객 응대 및 서비스 능력을 검정.

훈련사

견 관련 분야와 환경, 생물 관련 분야에 대한 지식을 요구하며, 훈련의 이론과 실기를 습득할 수 있는 학습력과 건강한 신체 및 인내심과 지구력에 대한 능력을 검정. 3등, 2등, 1등, 사범으로 분류함.

애견미용사

견종의 역사와 특성, 기초 수의학 및 견체학과 번식학, 그루밍의 기초 이론, 트리밍의 기초 이론, 애견 클립의 이해, 애완동물 개론 및 심리 등 애견 미용의 지식과 실무를 갖추어야 하고, 이에 대한 능력을 검정. 3급, 2급, 1급, 교사, 사범으로 분류함.

핸들러

견의 장점은 부각시키고, 단점을 보완하여 견의 매력을 이끌어내기 위해 다양한 견종에 대한 지식과 견체학, 개에 관한 기초 지식 및 견체의 구조, 쇼를 위한 그루밍 및 견종별 특징, 도그쇼 매너와 룰, 핸들러 용어 및 애견 미용 등의 전체적인 지식과 실무가 요구되고, 이에 대한 능력을 검정. 3급, 2급, 1급 교사, 사범으로 분류함.

한국반려동물아카데미 과정 petmanageracademy.com

반려동물관리사

동물복지를 존중하며 그 동물이 가진 특성을 지켜줄 수 있도록 습성과 기호에 맞는 환경을 마련하여 반려동물이나 특수·희귀 동물을 관리할 수 있는 전문가를 배출하는 과정.

한정된 공간 안에 주인의 의지에 의해 갇혀있는 동물들의 심리를 파악하여 최고의 상태를 유지 및 관리하기 위해 동물의 행동 및 심리학 등의 과목도 함께 이수하게 된다.

반려동물행동 교정사

사람과 함께 살아가면서 불편한 행동이나 과동한 공격성향 등을 보이는 반려동물을 직접 교육시키거나 교육상담을 통하여 사람과 동물이 행복하게 공존할 수 있는 문화를 만들어나가는 행동상담 전문가를 양성하는 과정.

반려동물장례코디네이터

반려동물을 떠나보내는 준비나 인식이 아직은 부족한 것이 현실이다. 이에 내담자를 대신하여 장례절차의 상담부터 진행, 납골, 주인의 펫로스 상담까지 장례 전반을 코디해주는 전문가를 양성하는 과정.

펫뷰티션

기초적인 그루밍 기술을 토대로 반려동물을 사육하고 관리하는 데 필요한 응용 능력을 함양하고, 기초 그루밍에서 배운 지식과 기술을 바탕으로 보다 전문적인 그루밍 기법 습득, 보다 다양한 미용 도구의 종류를 사용하며 반려동물의 피모를 위생적이며 심미적으로 관리하는 전문가를 양성하는 과정.

반려동물식품관리사

인간보다 냄새, 질감, 온도에 민감한 동물의 습성과 공중 위생을 이해하고 식성을 관찰하여 각 동물에 맞는 재료와 질감을 선별해 반려동물 라이브 스타일에 맞는 영양학적 음식 전반을 개발하거나 처방해주는 전문가를 양성하는 과정.

펫매니저

펫 산업 유통현장에서 필요한 기초적 개념을 토대로 반려동물의 품종, 법규, 공중위생 등의 이론 및 실무지식을 습득하여 위탁관리, 위생관리, 반려동물 관련 상담, 교육·훈련 등의 반려동물에 관련한 전문가를 양성하는 과정.

반려동물매개심리상담사

인간과 동물의 유대는 최근에 동물매개치료로 발전하여 동물이 사람에게 주는 이로운 이점들을 적극 이용함으로써 자폐나 치매, ADHD, 지적장애 등의 다양한 대상자들에 심리적·신체적·정신적 대체의학적 치료효과를 얻고 있다. 이 과정은 반려동물 매개치료에 대한 지식을 습득하고 반려동물매개심리상담에 관련한 전문가를 양성하는 과정.

펫유치원교원자격과정

늘어나고 있는 펫유치원과 같은 펫 전문 교육시설에서 전문 보육교사로 활약할 전문인력을 양성하는 과정. 반려동물 행동심리에 기초한 예절교육 및 기초훈련, 놀이지도, 교육 프로그램 및 운영 매뉴얼 개발, 사회화 교육 및 문제행동의 교정, 반려동물 주인과의 상담업무를 집중적으로 교육한다.

도그워커

앞으로 반려동물 시장에서 핵심적인 인력이 될 도그워커를 양성하는 과정. 반려견 건강상태에 맞는 맞춤산책, 노즈워크, 터킹, 리드줄의 사용, 음성신호의 사용 등 도그워킹의 기술들을 집중적으로 교육한다.

카렌프라이어아카데미 karenpryoracademy.com

클리커 트레이닝을 보다 전문적으로 배우고 싶은 독자라면 카렌프라이어아카데미를 활용할 수 있다. 필자 역시 이 아카데미를 거쳤고 개인적으로 많은 도움을 받았다. 전문가 과정 외에 대부분이 온라인 과정이라 마음만 있다면 언제 어디에서든 공부할 수 있다는 장점이 있지만, 전 과정이 영어라 언어가 가능한 분만 수강할 수 있다는 것이 단점이다.

클리커 트레이닝 기초 과정(Dog Trainer Foundations) $249

클리커 트레이닝의 입문 과정으로 훈련에 대한 기초 지식과 경험이 없는 분이라면 이 과정부터 시작하는 것을 권한다. 온라인 과정으로만 이루어져 있다. 매 챕터마다 온라인으로 시험을 치러야 다음 챕터로 넘어간다.

도그스포츠 필수 과정(Dog Sports Essentials) $449

PA의 온라인 강좌인 Dog Sports Essentials는 도그스포츠를 하는 데 필요한 자신감, 통제력, 산만한 환경에서도 실행할 수 있는 능력, 먼 거리에서의 신체 인식, 핸들링 기술 및 강력한 강화물 사용 기술을 향상시키도록 돕는다.

프리스타일 과정(Canine Freestyle) $329

도그댄스를 배울 수 있는 코스로 Heel To Music(HTM)과 프리스타일에 대한 설명, 주로 쓰이는 트릭을 만드는 방법 및 음악 선정과 루틴 짜는 법에 대해 배울 수 있다. 필자도 도그댄스를 좋아하기 때문에 등록했던 코스이기도 하다. 국제 프리스타일 대회에서 세 번이나 챔피언을 획득한 미셸 폴리오Michele Pouliot가 강의한다.

퍼피 트레이닝 및 사회화교육강사 과정(Puppy Start Right For Instructors) $479

전문 퍼피 트레이닝과 사회화 수업을 진행할 수 있는 지도자가 되도록 반려견에 대한 전반적인 지식과 교육 및 관찰 기술 및 마케팅 도구를 배울 수 있다.

스마트 강화물 과정(Smart Reinforcement) $495

스마트 강화물 과정은 먹이 보상물 외에 다른 강화물을 효과적으로 사용하는 방법에 대해 배울 수 있는 교육 과정이다.

보호소 동물 트레이닝 및 풍부화교육 과정(Shelter Training and Enrichment) $249

유기견 보호소 직원, 자원 봉사자, 관리자 또는 동물의 삶의 질을 향상시키고 복지를 고려하는 트레이너에게 필요한 코스이다. 켄넬 안에서 편하게 적응하게 하는 방법, 행동풍부화에 관한 아이디어, 동물의 문제행동에 대한 솔루션 등을 배울 수 있다.

수의사 및 수의 테크니션을 위한 트레이닝 과정(Better Veterinary Visits) $139

피어프리Fear Free와 협력하여 설계된 이 과정은 수의학 팀에게 진료 시 개와 고양이가 느끼는 두려움의 경험을 변화시킬 수 있는 실용적인 교육 프로그램을 제공한다.

콘셉트 트레이닝 : 기초 과정(Concept Training: Let's Get Started) $299

자유자재로 타깃팅을 사용하는 방법, 둔감화와 일반화를 시키는 방법, 신호 줄이는 방법 및 두 가지 이상의 큐를 구별하는 등의 방법 등을 배운다.

콘셉트 트레이닝 : 큐잉 활용 과정(Concept Training: Modifier Cues) $279

기초 과정을 이수해야 들을 수 있는 중급 단계의 코스로 개에게 좌우를 가르치는 방법,

크고 작은 것을 구별하게 하는 방법, 모양을 구별하게 하는 방법 등 다양하게 큐잉을 활용하는 기술을 배울 수 있다.

훈련사 종합 과정(Dog Trainer Comprehensive course) $999

종합 과정은 기본적인 가정 교육, 문제 해결, 도그스포츠 참가, 유용한 축산 기술 적용 등에 대한 지식과 기술을 배울 수 있다.

고양이 트레이닝 과정(Train Your Cat) $199

고양이 클리커 강좌로 트레이닝을 통해 상호관계를 깊게 하고, 고양이의 인지적 풍부화에 도움이 되며, 고양이의 일반적인 문제행동을 줄이는 데 도움을 받을 수 있다.

반려견훈련 전문가 과정(DOG TRAINER PROFESSIONAL) $5,300

전문가 과정은 일종의 클리커 트레이닝을 가르칠 수 있는 강사를 양성하는 과정으로 클리커 트레이닝에 대한 기초가 부족한 분들은 입문 과정인 Dog Trainer Foundations를 먼저 이수하길 권한다. 필자의 경우 Dog Trainer Foundations, Smart Reinforcement, Canine Freestyle 등 개인적으로 관심 있는 강좌를 공부하고 이 과정을 들었다. 약 6개월에 걸친 온라인 코스를 다 이수하고, 동영상 테스트에 모두 합격하면 오프라인 코스로 미국에 약 10일 동안 워크숍 겸 실기 테스트를 받아야 최종 합격증을 받을 수 있다.

카렌프라이어아카데미가 제공하는 세 가지 클리커 트레이닝 과정

출처 : karenpryoracademy.com

기초 과정 foundations	집중 과정 comprehensive
현대적인 개 훈련의 기초를 다지는 과정	현대적인 개 훈련에 응용되는 지식과 기술을 습득하기 위한 집중 과정
베이직 Basic • 온라인 과정 • 6~12주 과정 • 1시간 코칭 • 20+ 트레이닝 활동 • 40개의 데모 영상	**코어** Core • 온라인 과정 • 4~8개월 과정 • 10시간의 코칭 • 25+ 트레이닝 훈련과 액티비티 • 68개의 데모 영상
시간과 노력 낮음	**시간과 노력** 중간
등록 온라인 접수 언제든지 시작 가능	**등록** 온라인 접수 언제든지 시작 가능
필수 사항 없음	**필수 사항** 없음
비용 249달러 전문가 과정 연계 시 50% 보전 또는 집중 과정 연계 시 25% 보전	**비용** 999달러 전문가 과정 연계 시 25% 보전
목표 • 기술과 지식의 견고한 기초를 다진다. • 반려견을 대상으로 중요한 행동을 훈련시키고 공통의 행동 문제를 해결한다. • 반려견과 즐거운 액티비티를 갖는다. • 전문가 프로그램으로 나아가기 위한 속성 과정을 준비한다.	**목표** • 포괄적인 기술과 지식을 얻는다. • 높은 수준으로 반려견을 훈련시킨다. • 배운 기술을 유기견보호센터나 도그워킹, 동물병원에 적용할 수 있다. • 반려견과 유대를 강화한다. • 전문가 과정을 준비하는 데 최적의 프로그램이다.

전문가 과정 professional
개 훈련, 다른 이들 교육, 직업적 성공을 위한 전문적인 평가 과정
프로페셔널 Professional • 온라인 + 현장 교육 과정 • 6개월 과정 • 60시간+ 코칭 • 직접 개들과 실전 훈련 • 40+ 트레이닝 훈련과 액티비티, 게임 • 250개+ 데모 영상 • 지식, 트레이닝, 교육 스킬 테스트
시간과 노력 높음
등록 온라인 접수 정해진 날짜에 시작 가능
필수 사항 기본적인 지식과 경험 필요
비용 5,300달러 해외 통화(通貨) 가능 대출 프로그램 가능
목표 • 최고 수준의 전문적인 개 훈련 교육을 받을 수 있다. • KPA자격증을 얻는다. • 개 훈련에 관한 경력을 높일 수 있다. • 배운 기술을 적용하여 의뢰인의 개를 훈련시킬 수 있다. • 수업을 가르칠 수 있다. • 동물 관련 분야에서 일할 수 있다. • 개 훈련 사업 기술을 얻게 된다. • 믿을만한 동료들을 얻게 된다.